U0044818

物理

葉泳蘭、鄭仰哲　編著

全華圖書股份有限公司

編輯大意

一、 本書全一冊，適合大專院校「普通物理」課程授課使用。

二、 課文章節上標示「*」者屬進階綱要，為基礎綱要不需上課之內容。基礎綱要建議每週授課二學分以上，若包含進階綱要則建議每週授課三學分以上。

三、 本書編輯主旨在於幫助學生建立基本的物理知識，同時輔以日常生活中的物理現象相互比對，兼重基本概念的介紹與在科技工業上的應用。

四、 本書編寫方式力求流暢易讀，淺顯易懂，適合學生自行閱讀，同時著重理論與觀念的說明，並提供生動自然的圖片增進學生的學習動機，幫助學生學習與理解，奠定科學研究的基礎。

五、 本書內含實驗部分，可供教師做示範實驗或學生實驗使用，實驗內容配合課程綱要，讓學生由觀察與實作中理解各項原理。

六、 本書於各章節中列有「思考問題」，目的在增進學生思考並活用所學知識，培養推理及解決問題的能力。

七、 本書於各章末皆附「本章重點」，提供該章之重點觀念與重要公式整理，幫助學生掌握重點所在，方便複習；「習題」供學生自我測驗，或由授課教師依實際狀況指派作業，以供學生複習，增進學習效果。

八、 本書另編有教師手冊與課程內容投影片，以提供授課教師於教學時參考與搭配使用。

九、 本書編寫時雖力求完善，審慎彙編，但疏漏在所難免，仍有未盡妥善之處，祈請專家學者與任課教師等讀者不吝賜教指正，以供修定之參考依據。

目　錄

近四、五百年來，人類文明的發展及科技的進步，與物理學的成長息息相關。物理學是研究自然科學的基礎，在這科技與生活密切聯繫的時代，探究各項科技之前應先了解物理學的內涵，以及物理學與各項自然科學的關係。本章介紹物理學簡史與內容，使你了解物理學者對真理的執著，並介紹物理量的觀念與單位換算，作為其他單元的基礎。

「想像比知識重要，因為知識是有限的，而想像則涵蓋了整個世界，它刺激進步，是演化的起源。」……愛因斯坦（Albert Einstein, 1879-1955，德國人）。

浩瀚的宇宙中，萬物現象皆有一定的道理，擁有知識的人們為了探索本源，無不竭盡所能，企圖在眾說紛紜的科學理論中，找出能夠釐清事物的真理。因此，科學家們前仆後繼，無不貢獻心力，如同小孩一般的好奇，一再的提問、質疑與實驗，利用想像力，創造出探索真理的方法，這就是科學研究的精神。

藝術可以是美的，無庸置疑，但是科學也能夠達到美的層次嗎？重大科學理論的知識道理形成，和藝術創作的要素安排並沒有不同。在科學的實驗中，完美的實驗並不是自動即會產生或必然的結果，是需要獨特的創意，而這創意必須藉由想像力與創造力，來產生獨有的典範傳統，實驗的美由此發現了！

千百年來，科學實驗的發展逐步修正了人類的宇宙觀，也同時塑造了人類對於美的全新認知與感受。科學實驗之美的三個要素包含：明確性、深度與效能。「明確性」是指實驗所觀測到的結果必須是最後的定論，不需要再藉由進一步的推論或歸納，就能將結果顯現出來。「深度」是指實驗結果必須大幅翻新現有的科學知識，改變人類對世界的認識，並影響我們的宇宙觀。「效能」則是指此項科學實驗能廣泛融入許多當時科學領域的知識與定律，且其設計及安排必須非常巧妙與精密，並十分簡約。能夠同時具備以上三個要素的科學實驗，就可以稱作是一項美的科學實驗。

　　物理學是實驗的科學，也是自然科學的基礎；物理學的進步，往往帶動其他科技的重大發展。現代國民需具備足夠的科學知識，提高自己的科學素養，才能有足夠的能力認識新的科技。

1-1　物理學與其他科技的關係

1-1.1　物理學探討的方向，及其涵蓋的範疇

　　早期的物理學被稱爲**自然哲學**（natural philoso-phy），源自於希臘文「自然」，探討自然現象的規律，舉凡時間與空間的概念、物質與能量的關係，或是氣象與天文等，都包含在物理學研究的範圍之內。然而，哲學家重視思考，因此當時的理論幾乎都未曾經過實驗證實，而只是一種思考的產物。例如：亞里斯多德（Aristotélēs, 384-322 B.C.）就當時觀察到的自然現象，曾提出：「在空氣中讓不同重量的物體同時從相同的高度落下，重的物體將會先著地」，就是一個未經實驗證實而提出的錯誤例子。

圖 1-1　阿基米德利用滑輪與槓桿原理製造出的守城武器。

　　物理學的發展是循序漸進的。約在公元前 300 年，希臘文化蓬勃發展，科學發展到達巔峰，此時的代表人物爲阿基米德（Archimedes, 287-212 B.C.），他在物理學上著名的學說爲浮力原理與槓桿原理。據說他在保衛祖國敘拉古（Syracuse）時，利用了槓桿、滑輪、曲柄、螺杆和齒輪等機具，製造出守城的武器（圖 1-1）。而後羅馬人承襲了希臘人在科學上的成就，且在運用上更勝一籌，使得西方世界在科學領域上有了偉大的進步，例如運用圓拱和圓頂解決梁柱系統在力學上的不足，因而建造了著名的羅馬圓形競技場（圖 1-2）。

圖 1-2　羅馬競技場。

　　羅馬滅亡後，由於基督教的神學主宰一切，對科學家的言論採取諸多限制，使得科學發展進入一個停滯期。在十七世紀以前，科學家大多只做一些零散現象的觀察與紀錄，而缺乏實驗的證實與整理。一直到文藝復興時期，科學思想才逐步從神學的禁錮中解放，此段時間實驗觀念逐漸發達，於是科技與實驗互相扶持，使得物理學有了快速的進展，成爲內容充實且結構嚴謹的科學。

在天文科學上，哥白尼（Nicolaus Copernicus, 1473-1543，波蘭人）在 1543 年發表《天體運行論》，他以天體繞行太陽運轉的日心說推翻了西方教會長期支持的地心說。之後，克卜勒（Johannes Kepler, 1571-1630，德國人）依據哥白尼的學說，並繼承了天文學家布拉赫（Tycho Brahe, 1546-1601，丹麥人）花費畢生精力仔細觀察所記錄下來的天文資料，且善用自己的數學才能，歸納出著名的行星三大運動定律，這三條定律乃是運用數學統整了太陽系中行星的運動規則，更加肯定哥白尼學說的正確性。

圖 1-3　伽利略。

伽利略（Galileo Galilei, 1564-1642，義大利人，圖1-3）支持哥白尼日心說的理論，他於1632年出版《關於托勒密和哥白尼宇宙論的對話》一書，以假想雙方相互辯證、對話的方式，說明地心說的理論是錯誤的，因而受到教會的審判，並加以軟禁。伽利略探討自然界的物理現象，重視實驗觀測，並自製望遠鏡（圖1-4）、溫度計與鐘擺，以利於實驗研究，並將實驗結果經歸納與分析後，形成基本觀念。

圖 1-4　伽利略式望遠鏡。

在1687年，牛頓（Isaac Newton, 1642-1727，英國人）依據伽利略的研究結果，發表了他一生中最重要的著作：《自然哲學的數學原理》（*Philosophiae Naturalis Principia Mathematica*），書中所提及的萬有引力定律和三大運動定律，在力學與天體運行上建樹良多，奠定了古典力學的基礎。

在牛頓之後，緊接著就是電學與磁學的重要發展，包括伏打（Alessandro Volta, 1745-1827，義大利人）發明伏打堆（電池組），提供了產生穩定電流的電源；富蘭克林（Benjaming Franklin, 1706-1790，美國人，圖1-5）訂定了電性；厄斯特（Hans Christian Oersted, 1777-1851，丹麥人）發現電流的磁效應；法拉第（Michael Faraday,1791-1867，英國人）的電磁感應為電動機與發電機創造了發明的條件。而後馬克士威（James Clerk Maxwell, 1831-1879，英國人）統一了電磁學方程式，並預言空間中存在電磁波；赫茲（Heinrich Hertz, 1857-1894，德國人）以簡單的電磁振盪方式（利用電感－電容振盪的原理），在實驗室中產生人工的電磁波，證實了馬克士威的理論。

圖 1-5　富蘭克林為美國獨立革命的領導人之一，協助起草美國《獨立宣言》。

圖 1-6　焦耳以實驗證實熱也是一種能量的形式。

在熱學上，克耳文（Lord Kelvin, 1824-1907，英國人）與焦耳（James Prescott Joule, 1818-1889，英國人，圖1-6）經由一連串精密設計的實驗，證實了熱是能量的一種形式，並訂定出熱能與功此兩種單位之間的轉換比值，也就是「熱功當量」。

物理學在眾多科學家的努力下，針對各種觀念進行研究與實驗，如此蓬勃發展至十九世紀末年已幾近完備，而在二十世紀之後又進入了新的階段。因此，物理學的內容可分類為古典物理（classical physics）與近代物理（modern physics）兩大部分，大約以西元 1900 年做為區隔。

■ 古典物理

古典物理是以巨觀體系的物理現象為探討對象，並以觀察者本身或一般簡單儀器設備為觀測工具，所建立起來的物理觀念與理論。古典物理大致上已建立了相當完備的古典力學、熱物理學、光學、電磁學等基本理論體系，以下簡單描述古典物理各主要分支。

1. 古典力學（classical mechanics）：研究質點與物體的運動。包含力學、流體力學與天體力學等等。

2. 熱物理學（thermophysics）：研究與熱相關的物理現象以及大量質點的平均巨觀物理性質。包含分子動力論、熱力學與統計力學等等。

3. 光學（optics）：研究光的本質與特性。包含光的波動說、微粒說與繞射干涉現象等等。

4. 電磁學（electromagnetism）：研究電、磁等現象，以及電磁波的特性。包含電學、磁學與電磁學等等。

■ 近代物理

十九世紀末，物理學的研究進入了原子結構與基本粒子的微觀體系，這些問題無法用古典物理的理論來解釋，因此發展出來的新物理學稱為近代物理學，量子論與愛因斯坦（圖 1-7）的相對論則被稱為近代物理的兩大基石，其內容如下：

1. 量子論（quantum theory）：認為波具有粒子性，而粒子具有波性，波或粒子的能量不一定連續。例如光的能量量子（光子）觀念可以解釋黑體輻射與光電效應；原子世界中的微觀現象也必須用量子論才能解釋。

圖 1-7　愛因斯坦。

2. 相對論（theory of relativity）：狹義相對論（special theory of relativity）研究運動質點的速度接近光速時的物理性質，其基本原理包含相對性原理（relativity principle）與光速不變原理。廣義相對論（general theory of relativity）則是重力的幾何理論，認為物質的存在造成空間的彎曲，空間的彎曲相當於重力的效應，是粒子在彎曲的空間中以最短距離方式前進的理論。

1-1.2　物理學與其他基礎科學的關係

科學的定義，是經由觀察、想像、推理、創造與實驗等方法，將相關的各項知識、經驗與現象加以整理，建立起有組織、有系統的學問，再將學問歸納成原理、定律及其推論，進而形成一個嚴謹的知識系統。

科學（圖 1-8）可概略分為基礎科學（basic science）與應用科學（applied science）。基礎科學包含了自然科學（natural science）、社會科學（social science）與數學。其中，數學常被稱為純科學，其觀念源自於人類對數目的觀察，本質是抽象的；也有人認為數學是獨立的學科，不屬於科學。而應用科學則包含甚多領域，舉凡生化醫療、電子電機、土木建築、航太科技與農業科技等，都在其範疇之內。

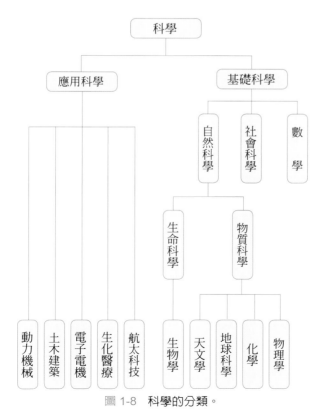

圖 1-8　科學的分類。

物理與數學之間相輔相成，有了數學的協助，實驗數據更容易處理，許多物理現象更容易歸納出規律；用簡潔明瞭的數學語言，更容易深入探究物理的內涵。天文學上著名的行星三大運動定律以及電磁學的馬克士威方程式，就是克卜勒與馬克士威以優秀的數學基礎，將所有實驗數據統整出令人讚嘆的式子，使後人驚豔其公式之美。此外，有些數學方法的起源也是因為物理問題而發展出來的，例如微積分是為了解決星球天體運行與萬有引力等問題，而發展出來的計算方式。

物理與其他自然科學間的關係，則是層層重疊，領域間互相重複。例如原子結構、核能、電子軌域等研究，緣起於化學，而物理學則令其成長。地球科學則是一門運用物理學的理論知識與研究方法，來研究地球的科學，包含地震、地磁、火山、重力等，兩者皆有關聯。天文學中對於星球的運轉，包含公轉、自轉的現象，與物理學碰撞出火花，因而衍生出克卜勒的行星運動定律和牛頓的萬有引力定律。生物學中對於化石年分的測定，則需要物理學對放射性物質衰變的研究；而生物的演化，也需要了解地球的地殼變動、大陸漂移等現象才能推測，而這些亦屬於物理與地球科學的研究範圍。

綜上所述，因為基礎科學所包含的知識範圍太廣泛，因此將其分門別類以利研究。但相互間實屬於合作的關係，且以物理為中心，做為各個基礎科學所涵蓋之知識體系的基礎。

1-1.3　物理學與應用科學的關係

應用科學乃是利用基礎科學研究所得的理論基礎，結合人性、創新與想像力，配合工業技術的進步，所發展出來的研究領域。其研究的目的是將科學應用在人們的日常生活中，使大家的生活更便利與舒適。

在應用科學中，無論航太科技、生化醫療、電子電機或土木建築等，都與物理學息息相關，各項科學技術環環相扣，缺一不可。例如人造衛星（圖 1-9）與火箭（圖 1-10）的升空，若無克卜勒、牛頓的行星運動定律、萬有引力定律與圓周運動等理論，則人類無法相信其可行；而科技中所涵蓋的電子通信、機械材料、控制系統與導航推進等，都無法擺脫與物理學中的力學、電磁學、熱力學等的關係。

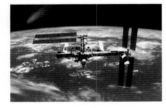

圖 1-9　人照衛星能向地球傳送有關太空情況的信息，並在地球上兩地之間傳遞信息，還可以與其他衛星保持通訊。

圖 1-10　火箭升空運用的科技與物理學有密切關聯。

建築科技的運用，也是將物理學中的力學理論做推廣延伸；而溫度計、X 光機、超音波、心電圖儀器、內視鏡等醫療器材，電燈、電話、無線傳輸等電子器材，汽機車、飛機、機械手臂等動力機械，電腦、液晶螢幕、雷射、半導體等現代科技，無不應用了物理學的原理（圖 1-11）。

總而言之，應用科學的產物就是將物理學中各項學術領域結合，佐以其他基礎科學，結合創新且符合人性的思維，再將所得結果產品化，使人類的生活更加幸福。

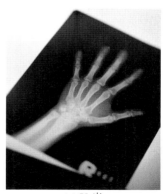
(a) X 光

(b) 雷射

1-2　物理量的測量與單位

物理是一門實驗的科學，藉由實驗與理論之間相互激盪，以取得正確的概念，而實驗的基礎就是「測量」。因此，測量是學習物理的基礎，而一個實驗的測量結果，須與一標準量作比較，才有意義。測量所得的結果稱為物理量（physical quantity），包含數值和單位兩個部分。

物理量十分眾多，很難逐一介紹，然而它們之間並非毫無相干。例如速度是位移對時間的變化率，密度是單位體積內的質量。因此，我們只需要選定少數物理量並加以定義，其他的物理量就能利用這些少數物理量來推導出表示的方法。這些少數被定義的物理量稱為基本量，是可以直接測量的物理量，其他的物理量則稱為導出量。在力學上，時間、長度與質量是最廣泛使用的三個基本量；而密度、力、功、速度與加速度等則為導出量。

(c) 無線電

圖 1-11　X 光、雷射、無線電等科技，都是運用物理學原理而實現的。

1-2.1　時間、長度與質量的測量

■ 時間

自古以來，人類觀測自然，可以發現許多具週期性的變化，如太陽東升西落與四季變化等，也利用這些規律的變化作為時間的測量。此外，人們也利用脈搏、單擺、沙漏、線香與日晷（圖 1-12）等具有週期性變化或可以重複發生的事物來測量時間，進而發展出機械鐘表、石英表等計時工具。而長時間的測量則可以用放射性同位素為工具，利用其衰變週期求出物質的年代。

圖 1-12　日晷是古代的計時工具。

中國古代將一天分成十二個時辰,希臘人則將日夜各分為十二個小時。1967 年以前的時間單位是以平均太陽日為基準,一個太陽日是指太陽連續兩次通過同一子午線正上方所經歷的時間,一年所測得的太陽日平均值稱為平均太陽日,再定義出「時」、「分」、「秒」等單位,**1 秒當時被定義為一個平均太陽日的 1/86400**,其關係為

$$1 \text{ 日} = 24 \text{ 時;}$$
$$1 \text{ 時} = 60 \text{ 分;}$$
$$1 \text{ 分} = 60 \text{ 秒。}$$
$$1 \text{ 日} = 24 \times 60 \times 60 = 86400 \text{ 秒。}$$

然而,因為月球繞地球運轉所引起的潮汐現象,會使得地球的自轉週期變慢,這會造成平均太陽日逐年改變,雖然變動並不大,但在講究精確的現代科技研究上,誤差不能忽略,加上此標準並不容易精確測得,且不容易複製,在使用上會有不方便之處。

根據近代物理的發現,某些原子內的振動具有固定的頻率,且不會受到外界溫度、溼度、壓力等現象的影響,具有較佳的穩定性,科學家就依此原理製作成原子鐘(圖 1-13)。在 1967 年,第十三屆國際度量衡會議將 1 秒鐘定義為「採用銫 – 133($^{133}C_s$)原子二特定能階躍遷時之輻射電磁波振動 **9,192,631,770** 次所需的時間」,並沿用至今,目前精度更高達 $1/10^{18}$ 秒,亦即大約經 3×10^{10} 年才可能累積到 1 秒的誤差。

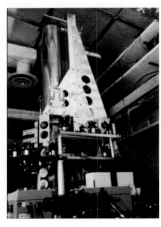

圖 1-13   原子鐘。

表 1-1   時間間隔的比較。

時距	秒
質子壽命(預估)	$\sim 10^{39}$
宇宙的年齡	5×10^{17}
人的平均壽命	$\sim 10^{9}$
一天	10^{5}
心跳週期	8×10^{-1}
閃電的時間	10^{-4}
大部分不穩定粒子的壽命	$\sim 10^{-23}$

■ 長度

十八世紀時，長度單位是以由北極出發，通過巴黎到達赤道的子午線長度的一千萬分之一稱為一公尺。1889 年，國際度量衡會議決定根據上述規定，以 90% 鉑與 10% 銥鑄造一個鉑銥合金的標準公尺原器（圖 1-14），在攝氏 0 度時兩端刻痕間的長度為一標準公尺。公尺原器存放於法國巴黎附近塞佛（Sevres）的國際度量衡標準局中，並複製至各國作為各國長度單位的標準。後來經過精密測量發現此標準尺並非剛好等於子午線長度的一千萬分之一，且容易受熱脹冷縮的影響而產生誤差。

因此，在 1960 年的第十一屆國際度量衡會議決定改用「氪 -86（^{86}Kr）原子在真空中之橘紅色光波波長的 **1,650,763.73** 倍為一標準公尺」。此後，為了更方便、更準確，又歷經變革，最後於 1983 年的第十七屆國際度量衡會議中，重新制定一標準公尺為「光在真空中行進 **299,792,458** 分之一秒的長度」，此標準沿用至今。

測量長度的工具包括長尺、游標尺、螺旋測微器、雷達、雷射與光等。短距離測量使用游標尺、螺旋測微器，原子的間距則利用光的干涉與繞射原理測量，遙遠的距離則利用雷達與雷射等工具。

■ 質量

物體內所含物質多寡的量稱為質量，是利用天平測量物體所得到的物理量。1889 年以前，公制的標準質量是把「一大氣壓下一公升的純水，在攝氏 **4** 度時的質量定義成一公斤」。但這樣的標準有兩點缺點：(1) 純水不易取得；(2) 須定義另一個單位－溫度，且溫度的控制必須十分精準。

因此，於 1889 年的國際度量衡會議中決議，採用一以鉑銥合金製成的圓柱體為標準公斤原器（圖 1-15），將其質量定為一公斤，作為質量單位的標準。我國的複製品為 NO.78 原型公斤（Prototype Kilogram NO.78），於民國 84 年 5 月 30 日啟用，現存放於新竹工業技術研究院的量測技術發展中心。

等臂天平乃是用來測量質量的工具，當兩端秤盤放上不同的物體而平衡時，此時兩秤盤上物體的質量相等。因此，測量物體質量時，在等臂天平其中一端的秤盤放置標準砝碼，另一端放置待測物，選擇砝碼使天平平衡，則可由砝碼求得物體質量。

圖 1-14 標準公尺原器（米原器）示意圖。

表 1-2 常用長度單位的換算。

1 英吋 = 2.54 公分
1 英呎 = 30.48 公分
1 英哩 = 1.609 公里
1 公里 = 1000 公尺
1 奈米 = 10^{-9} 公尺
1 Å（埃）= 10^{-10} 公尺

圖 1-15 國際公斤原器模型，是一個高度與直徑皆為 3.9 公分的實心圓柱體。

表 1-3 常用質量單位的換算。

1 磅 = 0.4536 公斤
1 盎司 = 28.35 公克
1 磅（lb）= 16 盎司（oz）
1 台斤 = 0.6 公斤
1 台斤 = 16 兩
1 公噸 = 1000 公斤

1-2.2　國際單位系統

　　常用的單位制為公制與英制。公制單位為十進位制，故有較多國家採用，包括 **MKS** 制與 **CGS** 制兩種。MKS 制以公尺（meter）、公斤（kilogram）與秒（second）為基本單位；CGS 制以公分（centimeter）、公克（gram）與秒為基本單位。常用的英制單位為 **FPS** 制，以呎（foot）、磅（pound）與秒為基本單位。

表 1-4　常用的單位制。

單位制	長度	質量	時間
MKS 制	公尺（m）	公斤（kg）	秒（s）
CGS 制	公分（cm）	公克（g）	秒（s）
FPS 制	呎（ft）	磅（lb）	秒（s）

　　為了因應世界各國的需求，避免各國因單位制度不同造成合作與交流的不便，在 1960 年 10 月的第十一屆國際度量衡會議中，協議訂定了國際單位系統，由六個基本物理量所構成，並於 1971 年的第十四屆國際度量衡會議中，因應化學計量的需要，加入「莫耳」這個單位，此七個基本單位簡稱為 **SI** 制單位（法文為 Le Système International d'Unités；英文全名為 The International System of Units）。它是以十進位制為基礎的一種現代化的新計量體制，目前國際基本單位共有七個，補充單位（即附加單位）現有兩個，原則上由這些單位即可導出所有的其他單位。

表 1-5　國際單位系統（SI 制單位）。

	物理量	中文單位	英文名稱	符號
基本單位	長度	公尺	meter	m
	質量	公斤	kilogram	kg
	時間	秒	second	s
	電流	安培	ampere	A
	溫度	克耳文	kelvin	K
	光強度	燭光	candela	cd
	物量	莫耳	mole	mol
補充單位	平面角	弧度	radian	rad
	立體角	球面度	steradian	sr

為了表示很大或很小的數字，科學記法（scientific notation）因而產生。科學記法就是將數值記為：

$$a \times 10^b，1 \leq a < 10，b \text{ 為整數。}$$

例如 36,200,000 寫成 3.62×10^7；0.000000058 寫成 5.8×10^{-8}。

除此之外，單位上的表示也會在單位前加上一數量級，以用於表示較大或較小的單位。例如公斤 kg 為 10^3 g，奈米 nm 為 10^{-9} m，微米 μm 為 10^{-6} m。

雖然國際單位系統早已訂定，但在各國的工業與民間上仍有習慣的單位制度，所以使用上仍需注意，以避免發生單位不符的情況。因此，我們也需要了解各種單位的換算。

表 1-6　常用的數量級符號。

符號	中文單位	字首	倍數
da	十	deka	10^1
h	百	hecto	10^2
k	千	kilo	10^3
M	百萬	mega	10^6
G	吉	giga	10^9
T	兆	tera	10^{12}
P	沛	peta	10^{15}
E	艾	exa	10^{18}
d	分	deci	10^{-1}
c	厘	centi	10^{-2}
m	毫	milli	10^{-3}
μ	微	micro	10^{-6}
n	奈	nano	10^{-9}
p	皮	pico	10^{-12}
f	飛	femto	10^{-15}
a	阿	atto	10^{-18}

思考問題

科技進步的今天，人類藉由人造衛星，可精確觀測出地球的正確外形，目前最好的測量技術顯示地球的赤道直徑比兩極直徑長了四十多公里（12755.89公里對 12713.12 公里）。但是在西元前三世紀，就已經有科學家開始測量地球周長，所測得的數值與現今的正確數值相比較，誤差大約是 20%。想想看，古代的科學家是如何在沒有先進儀器的環境下，而可以估算出地球的周長呢？

例題 1

光在真空中的速度約為每秒 30 萬公里，

(1) 請用科學記法寫出光的速度為每秒多少公尺？

(2) 光年是指光一年所走的距離，試求出 1 光年等於多少公尺？

答：(1) 光的速度

$$c = 300000 \text{ km/s} = 3 \times 10^5 \text{ km/s}$$
$$= 3 \times 10^5 \times 10^3 \text{ m/s} = 3 \times 10^8 \text{ m/s}。$$

(2) 1 光年 $= \underset{\text{光速}}{(3 \times 10^8)} \times \underset{\text{天 \quad 時 \quad 分 \quad 秒}}{(365 \times 24 \times 60 \times 60)}$

$$= 94608 \times 10^{11} \fallingdotseq 9.46 \times 10^{15} \text{ (m)}。$$

類題 1

黃光的波長約為 5800Å，Å（埃）為一長度單位，$1 \text{ Å} = 10^{-10}$ m，試問黃光波長為多少奈米？多少微米？

例題 2

X-43C 美國超高音速飛機在 1 小時內飛 8000 公里；F-22 猛禽戰鬥機在 1 分鐘內飛 40 公里；灣流商用飛機在 1 秒內飛 270 公尺，試問：三種飛機平均速度分別為多少公尺／秒？

答：平均速度 = $\dfrac{位移}{時間}$。

(1) X-43C：

$$v_1 = \frac{8000 \text{ km}}{1 \text{ h}} = 8000 \times \frac{1000 \text{ m}}{3600 \text{ s}} = 2222 \text{ m/s}。$$

(2) F-22：

$$v_2 = \frac{40 \text{ km}}{1 \text{ min}} = 40 \times \frac{1000 \text{ m}}{60 \text{ s}} = 667 \text{ m/s}。$$

(3) 灣流商用飛機：$v_3 = \dfrac{270 \text{ m}}{1 \text{ s}} = 270 \text{ m/s}。$

類題 2

以 MKS 制表示時，黃金的密度為 19300 公斤／公尺^3，若改以 CGS 制表示，其值為何？

1-3 物理量的因次與因次分析

1-3.1 物理量的因次

物理量的因次（**dimensions**）是指構成該量的單位或基本量的組合。舉例來說，面積的因次為長度的平方，可記成 $[L]^2$，其單位可為 m^2 或 cm^2；速度的因次為長度除以時間，可記成 $[L/T]$ 或 $[L][T]^{-1}$，其單位可為 km/h 或 m/s 等。一個物理量的公式在不同情形中會有所不同，但其因次會保持相同。例如三角形面積的公式為底乘高除以 2（$\dfrac{h \times d}{2}$），圓形面積則為 πr^2，雖然算式不同，但面積單位的因次皆為 $[L]^2$。

表 1-7　常見力學物理量的因次。

物理量	SI 單位		因次
位移	m		$[L]$
質量	kg		$[M]$
時間	s		$[T]$
速度	m/s		$[L][T]^{-1}$
速率	m/s		$[L][T]^{-1}$
加速度	m/s^2		$[L][T]^{-2}$
角速度	rad/s		$[T]^{-1}$
力	N	kg·m/s^2	$[L][M][T]^{-2}$
力矩	N·m	kg·m^2/s^2	$[L]^2[M][T]^{-2}$
動量	N·s	kg·m/s	$[L][M][T]^{-1}$

物理量	SI 單位		因次
衝量	N · s	kg · m/s	$[L][M][T]^{-1}$
功	J	kg · m²/s²	$[L]^2[M][T]^{-2}$
動能	J	kg · m²/s²	$[L]^2[M][T]^{-2}$
功率	W	kg · m²/s³	$[L]^2[M][T]^{-3}$

　　物理量的因次都以基本量表示，而不使用導出量。力學上大多以時間 [T]、長度 [L] 和質量 [M] 來表示。例如加速度 a 的因次為 $[L][T]^{-2}$，體積 V 的因次為 $[L]^3$，以國際單位系統表示時，則 a 的單位為 m/s²，V 的單位為 m³。

1-3.2 　因次的均勻性

　　因次對於求出關係式有所幫助，這種程序稱為因次分析（dimensional analysis）。不同的量只有在具有相同因次時，才可以相加減（但仍須考慮單位），也就是說 $A = B + C$ 的式子只有在三個量的因次均相同時才有意義，所以將速度與加速度相加是不合理的。因此，一個公式等號兩邊的量需具有相同的因次，此規則稱為因次的均勻性（**dimensional homogeneity**）。

　　因次的均勻性可以利用等式左右兩邊因次是否相符來幫助檢驗推導結果的正確性，雖然這並不能保證此等式一定正確，但至少可以去除一些因式不相等的式子。

例題 3

牛頓第二運動定律提到：當運動物體的質量固定時，力等於質量乘以加速度，試將力的單位「牛頓，N」以物理量的因次表示。（以國際單位系統表示）

答：$F = ma \Rightarrow$ N = kg×m/s²

以因次表示：

牛頓　$[N] = [M]×[L]×[T]^{-2}$。

類題 3

功率 $P = \dfrac{W}{t} = \dfrac{F\Delta x}{t}$，$W$ 表示功的大小，Δx 表示位移，F 表示力，t 表示時間，試以國際單位系統表示 W 與 P 的單位。

例題 4

牛頓萬有引力定律 $F = \dfrac{Gm_1m_2}{r^2}$ ，說明了兩質點相互的引力關係，r 為兩質點間的距離。而依據牛頓第二運動定律：$F = ma$，求 G 的因次為何？

答：$F = \dfrac{Gm_1m_2}{r^2}$，以因次表示：

$[F] = [G][M][M][L]^{-2} = [G][M]^2[L]^{-2}$

$F = ma$，以因次表示：

$[F] = [M][L][T]^{-2}$

故可知 $[F] = [G][M]^2[L]^{-2} = [M][L][T]^{-2}$，移項後可得

$[G] = \dfrac{[M][L][T]^{-2}}{[M]^2[L]^{-2}} = \dfrac{[L]^3[T]^{-2}}{[M]}$

$= [M]^{-1}[L]^3[T]^{-2}$。

類題 4

若 v 為速度（m/s），a 為加速度（m/s^2），x 為距離（m），t 為時間（s），請檢查下列各式左右的因次是否相等？

(1) $x = \dfrac{1}{2}at$

(2) $v = 2ax$

(3) $t = 2\pi\left(\dfrac{x}{a}\right)^{\frac{1}{2}}$

(4) $x = \dfrac{v^2}{2a}$

1-1　物理學與其他科技的關係

1. 早期的物理學被稱為自然哲學，源自於希臘文「自然」，探討自然現象的規律。

2. 物理學的內容可分類為「古典物理」與「近代物理」兩大部分。

3. 古典物理包含古典力學、熱物理學、光學與電磁學；近代物理包含量子論與相對論。

4. 科學可概略分為基礎科學與應用科學。

1-2　物理量的測量與單位

1. 物理是一門實驗的科學，而實驗的基礎就是「測量」。

2. 測量所得的結果稱為物理量，包含「數值」和「單位」兩個部分。

3. 在力學上的三個基本量為「時間」、「長度」與「質量」。

4. 國際單位系統的基本單位共有七個，包含長度（m）、質量（kg）、時間（s）、電流（A）、溫度（K）、光強度（cd）與物量（mol）。

1-3　物理量的因次與因次分析

1. 物理量的因次是指構成該量的單位或基本量的組合。力學上大多以時間 [T]、長度 [L] 和質量 [M] 來表示。

2. 一個公式等號兩邊的量需具有相同的因次，此規則稱為因次的均勻性。

習　題

一、選擇題

(　　) 1. 下列何者並不屬於古典物理的主要分支　(A) 電磁學　(B) 光學　(C) 熱物理學　(D) 量子力學。

(　　) 2. 有關 SI 制的敘述，下列選項中，何者錯誤？　(A) 物量以莫耳數表示　(B) 時間的單位「秒」是以 ^{86}Kr 電磁波的振動週期為基準　(C) 溫度的單位是克耳文 K　(D) 1 公尺的基本定義是將子午線由北極經巴黎到赤道的長度訂為 1 千萬米。

(　　) 3. 密度為 5g/cm^3 的合金，將其切成體積比為 2：1 的兩部分，則大、小兩塊的質量比為　(A) 1：1　(B) 2：1　(C) 1：2　(D) 3：1。

(　　) 4. 承上題，大、小兩塊合金的密度比為　(A) 1：1　(B) 2：1　(C) 1：2　(D) 3：1。

(　　) 5. 某車的速率為 54 哩 / 小時，也可表示為　(A) 24　(B) 15　(C) 36　(D) 20　公尺 / 秒。【提示：1 哩 ≒ 1.6 公里】

(　　) 6. 下列何者為導出量而非基本量？　(A) 質量　(B) 力量　(C) 長度　(D) 溫度。

(　　) 7. 某車的速率為 108 公里 / 時，則可表示為多少公尺 / 秒？　(A) 20　(B) 25　(C) 30　(D) 35。

(　　) 8. 1 公里等於多少 Å（埃）？　(A) 10^3　(B) 10^6　(C) 10^{10}　(D) 10^{13}　Å。

(　　) 9. 科學上長度單位曾以　(A) 氫　(B) 鉑　(C) 氦　(D) 氪　發光波長之 1,650,763.73 倍為 1 公尺。

(　　) 10. 將 60 公斤的物體拿到月球上，則此物體的質量變成　(A) 0　(B) 10　(C) 30　(D) 60　公斤。

二、填充題

1. 一光年是指光在真空中一年所走的距離，則一光年約有_____公尺。

2. 古典物理包含_____、_____、_____與_____四大部分。

3. 近代物理的兩大基石為_____與_____。

4. 物理量需同時包含_____與_____。

5. 力學的三大基本量為_____、_____、_____。

6. 依照 1 公尺的基本定義推論，地球圓周長約為_____公尺。

7. 大、小兩球體的表面積比為 4：9，則其半徑比為_____，體積比為_____。

8. 雷射光波長為 650 奈米，可表示為_____埃。

運動學 **2**

美國職籃NBA、美國職棒MLB是我生命中不可或缺的一部分，喜愛運動的人絕對無法抵抗這些球賽的誘惑。自然界中處處可見運動現象，運動與力和我們的生活如此靠近，雖然生活中的「運動」與物理學的「運動」之意義不盡相同，但了解物理學中運動學的原理一定能使我們更加享受運動的樂趣。

我們生活在不停運動的世界中，小如原子，大至星辰，時時刻刻持續在運轉，運動無疑是物理世界中必須徹底研究的首要部分。對於物體運動的研究，加上有關力與能的觀察，形成了力學的科學領域。力學可分爲兩部分：描述物體如何在空間與時間中移動的運動學（**kinematics**），以及討論物體爲何如此移動的動力學（**dynamics**）。本章內容屬於前者，第三章內容則爲後者。

2-1 直線運動

當物體僅沿著一條直線前進或後退運動時，稱爲直線運動；這條直線可能是水平的，也可能是鉛直或傾斜的。運動場上的 100 公尺賽跑、游泳池內的游泳競賽以及自由落體運動等，都近於直線運動（圖 2-1）。我們將藉由直線運動的現象，來說明物理學上描述運動所運用到的位移、速度與加速度等概念。

2-1.1 位移與路徑

物體的位置發生改變，就稱為運動；研究物體的運動，首先要訂出它的位置，才能觀察其所在位置與時間的關係。描述物體的位置時，會將物體視爲一質點（particle），再找出它相對於某參考點（reference point）的位置。質點爲不占體積的點，參考點則需要明確指出且具唯一性，才能正確無誤的表示物體所在位置。以數線而言，參考點爲原點 0，每一點都對應於一個數，代表該點到原點的距離，向右爲正、向左爲負。

圖 2-1 直線運動。

位移（**displacement**）是描述物體位置變化的物理量，路徑（**path**）則是指質點運動時軌跡的移動長度。位移僅需比較物體運動前後位置的差距，不用考慮運動過程；路徑則決定於整個運動過程中，物體的所有位置。位移具有大小與方向，屬於向量（**vector**）；路徑只有大小而無方向，屬於純量（**scalar**）。

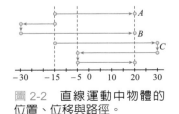

圖 2-2　直線運動中物體的位置、位移與路徑。

如圖 2-2 所示，A、B、C 三球運動前的位置都在數線上的 -15 m，而運動後的位置則都在數線上的 $+20$ m，此三球的位移都是 $20 - (-15) = +35$（m）。但若要知道此三球的路徑，就需要計算整個軌跡的長度，因此，A 球路徑 $\Delta S_A = 35$（m），B 球路徑 $\Delta S_B = 15 + 50 = 65$（m），$C$ 球路徑 $\Delta S_C = 45 + 35 + 25 = 105$（m）。

2-1.2　速度與速率

物理學中的速度（velocity）與速率（speed）都是用來描述物體運動的快慢。

質點位置隨時間變動的快慢程度稱為速度，即物體在每單位時間內所經歷的位移。令質點在 t_1 時刻的位置為 x_1，在 t_2 時刻的位置為 x_2，則其位移為 $\Delta \vec{x} = x_2 - x_1$，所經歷的時間為 $\Delta t = t_2 - t_1$，此質點的平均速度（average velocity）定義為

$$平均速度 = \frac{位移}{時間}$$

$$\overline{\vec{v}} = \frac{\Delta \vec{x}}{\Delta t} = \frac{x_2 - x_1}{t_2 - t_1} \tag{2-1}$$

$\overline{\vec{v}}$ 上方的箭頭表示平均速度屬於向量，需包含大小與方向。常用的單位包含 m/s、km/h、mph（哩／小時）等。

平均速率（average speed）則與質點的路徑長有關，與方向無關。其定義為：物體在每單位時間內所經過的路徑長，即

$$平均速率 = \frac{路徑長}{時間}$$

$$\overline{v} = \frac{S}{\Delta t} \tag{2-2}$$

ΔS 為路徑長，Δt 為所經歷的時間。由於速率是以路徑長來定義，故其值必為正值，單位與速度相同。

　　舉例來說，若圖 2-2 中 C 球的運動共費時 7 秒，則其平均速度為 $\frac{35}{7} = 5$ m/s，方向向右；平均速率為 $\frac{105}{7} = 15$ m/s。

　　當質點在不同時刻運動程度的快慢並不相等時，利用平均速度的概念來描述運動狀況並不適當。為了能適切的說明質點的速度因時而變，則需要「瞬時」的觀念；極短時間內的速度稱為瞬時速度（**instantaneous velocity**）。其定義為

$$\vec{v} = \lim_{\Delta t \to 0} = \frac{\Delta \vec{x}}{\Delta t} \qquad (2\text{-}3)$$

而運動物體的瞬時速率（instantaneous speed）量值與瞬時速度的大小相同。如圖 2-3，機車上的時速表可用以顯示機車瞬時速度的大小。

　　等速率運動每一秒的瞬時速率皆相同，故其瞬時速率等於平均速率。

圖 2-3　機車時速表可顯示機車瞬時速度的大小。

例題 1

鐵人三項運動包含游泳、單車與跑步。假設此三項運動皆為直線運動，鐵人阿哲以 1 公尺／秒的速率向東游過 500 公尺水潭，再以 36 公里／小時的速率向東騎單車 50 分鐘，最後以 4 公尺／秒的速率向西跑完最後 6 公里的路程，試求：

(1) 平均速度為多少公尺／秒？

(2) 平均速率為多少公尺／秒？

答：游泳的時間：$\frac{500}{1} = 500$ 秒，

位移：500m 向東；單車的時間：50 分 = 3000 秒，

位移：$36 \times \frac{50}{60} = 30$ km = 30000 m 向東；

跑步的時間：$\frac{6000}{4} = 1500$ 秒，

位移：6000 m 向西

(1) 平均速度 = $\dfrac{\text{位移}}{\text{時間}}$

故 $\overline{\vec{v}} = \dfrac{\Delta \vec{x}}{\Delta t} = \dfrac{500 + 30000 - 6000}{500 + 3000 + 1500}$

$= \dfrac{24500}{5000} = 4.9$（m/s）向東。

(2) 平均速率 = $\dfrac{\text{路徑長}}{\text{時間}}$

故 $\overline{v} = \dfrac{S}{\Delta t} = \dfrac{500 + 30000 + 6000}{500 + 3000 + 1500}$

$= \dfrac{36500}{5000} = 7.3$（m/s）。

類題 1

如圖，假設物體在 A 的位置，經 8 秒後，由 A 跑到 B 再跑至 C，試求此物體的平均速度與平均速率？

例題 2

某人從高雄至臺北旅行，北上時搭時速 60 公里 / 小時的平快車，回程時改搭時速 80 公里 / 小時的莒光號列車，求往返一趟時，

(1) 平均速度大小為多少公里 / 小時？

(2) 平均速率為多少公里 / 小時？

答：

(1) 因為位移為 0 km，

   故平均速度為 0（km/h）。

(2) 假設高雄至臺北，火車行駛的距離為

   X km，則此人移動的總路徑長為 $2X$ km

   又高雄至臺北所花的時間為 $\dfrac{X}{60}$ h，

   臺北至高雄所花的時間為 $\dfrac{X}{80}$ h

因平均速率 $=\dfrac{\text{路徑長}}{\text{時間}}$，

故平均速率 $=\dfrac{2X}{\dfrac{X}{60}+\dfrac{X}{80}}$

$=\dfrac{480}{7}$（km/h）。

類題 2

假設時鐘的分針長 30 公分，試求下列時間間隔內，分針針尖的平均速度與平均速率為多少？（以 CGS 單位表示）

(1) 由 12 時到 12 時 30 分。

(2) 由 1 時到 1 時 15 分。

(3) 由 2 時到 3 時。

2-1.3　加速度

當質點的速度隨時間而改變時，則此質點具有加速度（acceleration）。加速度的定義為：單位時間內物體的速度變化量。

若物體的運動速度在 t_1 時是 $\vec{v_1}$，在 t_2 時是 $\vec{v_2}$，則在時間間隔 $\Delta t = t_2 - t_1$ 內速度變化了 $\Delta \vec{v} = \vec{v_2} - \vec{v_1}$，此物體的平均加速度（average acceleration）定義為

$$\vec{a} = \frac{\Delta \vec{v}}{\Delta t} = \frac{\vec{v_2} - \vec{v_1}}{t_2 - t_1} \tag{2-4}$$

若時間間隔 Δt 很小時，此時所計算出來的加速度稱為瞬時加速度（instantaneous acceleration）。其定義為

$$\vec{a} = \lim_{\Delta t \to 0} \frac{\Delta \vec{v}}{\Delta t} \tag{2-5}$$

加速度也是向量，具有方向性，其方向就是速度變化的方向。加速度的單位為速度單位除以時間，常用單位為公尺 / 秒²（m/s²）及公分 / 秒²（cm/s²）。

2-1.4　等加速度運動

　　質點運動時，若加速度與速度同方向，則速度變快；反之，若加速度與速度反方向，則速度變慢。當任一時刻的瞬時加速度均相同，也就是質點運動時的加速度保持不變時，我們稱此運動為等加速度運動（**constant-acceleration motion**）。等加速度運動的瞬時加速度與平均加速度相同。

　　假設質點的初速度為 v_0，以加速度 a 作等加速度運動，經過 t 秒後速度變成 v，質點的位置由 x_0 移動到 x 處，其位移為 $S = x - x_0$（圖2-4）。依據平均加速度的定義可寫出

$$a = \frac{v - v_0}{t}$$

經移項可得

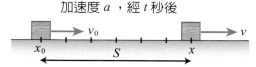

圖 2-4　等加速度運動示意圖。

$$v = v_0 + at \tag{2-6}$$

　　由於等加速度運動的物體，其速度以固定比率增減，形成線性函數，故平均速度為初速度與末速度的中間值，可寫為

$$\bar{v} = \frac{v_0 + v}{2} \tag{2-7}$$

　　此外，平均速度的定義也可寫成 $\bar{v} = \frac{x - x_0}{t}$（式 2-1），可改寫為 $x - x_0 = \bar{v}t$。將（2-6）式、（2-7）式與此式合併，可得

$$x - x_0 = \frac{v_0 + v}{2}t = \frac{v_0 + (v_0 + at)}{2}t = \frac{2v_0 + at}{2}t$$

而 $x - x_0 = S$（位移），故

$$S = v_0 t + \frac{1}{2}at^2 \tag{2-8}$$

　　若以式子 $a = \frac{v - v_0}{t}$ 求 t，可得 $t = \frac{v - v_0}{a}$，代入上式 $S = \frac{v_0 + v}{2}t$ 中可得

$$S = \frac{v_0 + v}{2} t = \frac{v_0 + v}{2} \times \frac{v - v_0}{a} = \frac{v^2 - v_0{}^2}{2a}$$

則 $2aS = v^2 - v_0{}^2$，故

$$v^2 = v_0{}^2 + 2aS \qquad (2\text{-}9)$$

例題 3

一汽車作等加速運動，其初速度為 0 公尺／秒，經 10 秒後速度變成 30 公尺／秒，試求：

(1) 汽車的平均加速度量值？

(2) 汽車的位移？

答：初速度 $v_0 = 0$，時間 $t = 10$ s，

末速度 $v = 30$ m/s。

(1) 平均加速度

$$a = \frac{\Delta v}{\Delta t} = \frac{30 - 0}{10} = 3.0 \ (\text{m/s}^2) \ \circ$$

(2) 位移

$$S = v_0 t + \frac{1}{2} a t^2 = 0 \times 10 + \frac{1}{2} \times 3.0 \times 10^2$$
$$= 150 \ (\text{m}) \ \circ$$

類題 3

火車以 2.0 公尺／秒 ^{2} 作等加速運動，10 秒後位移 300 公尺，試求：

(1) 火車的初速度？

(2) 火車的末速度？

例題 4

汽車以 20 公尺／秒的速度在行駛，突然 100 公尺前有小孩騎單車竄出，若此車以等加速度的方式停在小孩面前，試求：

(1) 汽車的加速度？

(2) 需多少時間方能停住？

答：初速度 $v_0 = 20$，位移 $S = 100$，

末速度 $v = 0$

(1) 求 a，代入（2-9）式 $v^2 = v_0{}^2 + 2aS$ 中，

得 $0^2 = 20^2 + 2 \times a \times 100$

故 $a = -2 \ (\text{m/s}^2)$，加速度負值代表與初速度方向相反。

(2) 求 t，代入（2-6）式 $v = v_0 + at$ 中

得 $0 = 20 + (-2) \times t$，故 $t = 10 \ (\text{s}) \ \circ$

類題 4

小汽車以 20 公尺／秒的速度等速駛入市區，因已超過速限，停在路旁的警車在該車經過瞬間以 2 公尺／秒 ^{2} 的等加速度往前追去，試問此超速駕駛幾秒後會被警車追到？

【提示：假設 t 秒後追到，則兩車位移相等】

思考問題

運動的圖形表示

對於運動的描述，有時以圖形表示更爲明顯而直接。常用的圖形包含位置－時間圖 (x-t) 與速度－時間圖 (v-t)。圖形的畫法以 x-y 坐標圖爲基礎，橫軸爲時間，縱軸則爲位置或速度，將每一單位時間的位置與瞬時速度在坐標圖上標記，再將這些被標記的點連接，即可得到所需要的圖形。

圖 2-5 爲常見的 x-t 圖，(a) 表示物體爲靜止，(b) 表示物體作等速度運動，(c) 表示物體作加速度運動。其中 (b) 圖中包含兩條直線，較陡峭的直線表示其速度較快。

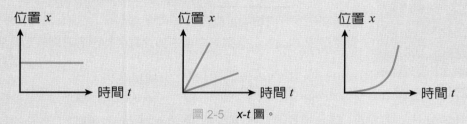

圖 2-5　x-t 圖。

圖 2-6 爲常見的 v-t 圖，(a) 表示物體作等速度運動，(b) 表示物體作等加速度運動，(c) 表示物體作變加速度運動，且加速度愈來愈大。其中 (b) 圖中包含兩條直線，較陡峭的直線表示其加速度愈大。

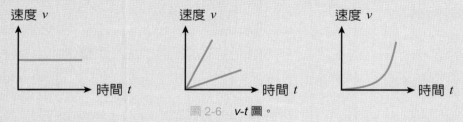

圖 2-6　v-t 圖。

利用圖形解答題目時常會運用到下列要點：

(1) 切線斜率 $m = \dfrac{\Delta y}{\Delta x}$：x-t 圖的斜率代表該時間點的瞬時速度；v-t 圖的斜率代表該時間點的瞬時加速度。

(2) 圖形與 x 軸所夾的面積：v-t 圖的面積代表該段時間內的位移。

2-1.5　自由落體運動

　　早在十七世紀時，伽利略發現了一個重要的事實：不計空氣阻力，所有落體因受到重力的影響，都有相同的加速度，此事實不受物體的大小或形狀所改變。

　　當你將物體向上或向下拋，使其在空中飛行，若忽略空氣的阻力，物體會以一特定值向下加速，此特定值被稱爲自由落體加速度或重力加速度（acceleration of gravity），以 **g** 來表示。重力加速度會隨著所在位置的高度或緯度而略有改變，但若在地表上，則其變化甚小，在北緯 **45** 度海平面的 **g** 值是 **9.8** 公尺／秒^2（**32** 呎／秒^2）。

一個物體在地表附近運動時，若除了地球引力外，不受任何其他外力施加作用，則此運動稱為自由落體運動（free-falling body），為一等加速度運動，其加速度 $a = g$，方向恆指向地心。刺激的高空彈跳（圖 2-7）與遊樂場的自由落體遊樂設施，都可以讓我們親身體驗自由落體的現象。

因此，計算自由落體運動時，可利用等加速度的公式，將 a 以 g 代入即可（圖 2-8(a)）。若是以初速 v_0 將物體垂直地面上拋時，由於初速度與加速度方向相反，故代入公式時，需將 a 以 $-g$ 代入（圖 2-8(b)）。也就是說，a 的 $\pm$ 必須考慮重力加速度與初速度之間的方向關係。

圖 2-7　高空彈跳。

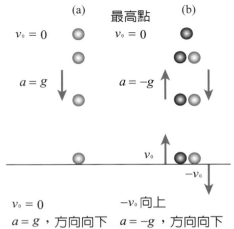

圖 2-8　自由落體運動垂直上拋運動。

例題 5

自水平地面將石塊垂直上拋，若 4 秒後到達最高點，重力加速度 $g = 9.8$ 公尺／秒^2 向下，試求：

(1) 石塊的初速？

(2) 最高點的高度？

(3) 第 6 秒時的速度？

(4) 石塊的飛行時間？

答：石塊 4 秒後到達最高點，此時速度為 0，運動方向由向上變為向下

(1) 假設石塊以初速 v_0 向上，經 4 秒後（$t = 4$），

末速 $v = 0$

加速度 $a = -9.8$（與初速度方向相反）

代入（2-6）式 $v = v_0 + at$ 中，

得 $0 = v_0 + (-9.8) \times 4$，故 $v_0 = 39.2$（m/s）。

(2) 利用（2-8）式，

得 $S = v_0 t + \dfrac{1}{2} at^2$

$= 39.2 \times 4 + \dfrac{1}{2} \times (-9.8) \times 4^2$

$= 78.4$（m）。

(3) 利用（2-6）式，

得 $v = v_0 + at = 39.2 + (-9.8) \times 6$

$= -19.6$（m/s）

負號代表此時的速度與初速度方向相反。

(4) 飛行時間包含由地面上升至最高點的時間，以及由最高點下降至地面的時間

題目已提供上升的時間為 4 秒，

故僅需算出下降的時間

最高點初速 $v_0 = 0$，加速度 $a = -9.8$，

下降高度 $S = -78.4$（皆以向上為正）

代入（2-8）式 $S = v_0 t + \dfrac{1}{2} at^2$ 中

得 $-78.4 = 0 \times t + \dfrac{1}{2} \times (-9.8) \times t^2$，

故 $t = 4$（s）

我們可以發現，在自由落體的上拋運動中，

上升時間與下降時間相同

因此，石塊的飛行時間為 $4 + 4 = 8$ 秒。

類題 5

皮球自高樓樓頂上自由落下，經 3 秒後落地，試求：（$g = 9.8$ 公尺／秒²）

(1) 落地前瞬間的速度？

(2) 此樓的高度？

2-1.6 相對運動

質點的位置與速度必須與其他物體比較才有意義，之前課文內容提及的速度、加速度，都是比照地球上的道路而測量出來的；也就是說，我們先去認定地面道路是靜止的，再去描述物體的運動狀態。但是若將視野拉遠，加入地球自轉的現象，地表一直改變其運動方向，則道路就不是靜止的，此時道路上物體的運動狀態將會有不同的解釋。

因此，物體的運動狀態一定是相對於某種參考系統而描述的，此參考系統可以是自然界中的任何物體，如道路、汽車、飛機或桌面等。一個質點的速度決定於測量者所在的參考系統之坐標，最常用的參考坐標就是地面。當參考坐標改變了，物體的運動狀態必有所變化。

舉例來說，圖 2-9 中的兩火車相向而行，觀測者若站在地面上，測得 A 火車的速度為 50 公里／小時向東，B 火車的速度為 30 公里／小時向西；但是若觀測者坐在 B 火車上測量 A 火車的速度，則 A 火車的速度將會變成 80 公里／小時向東。

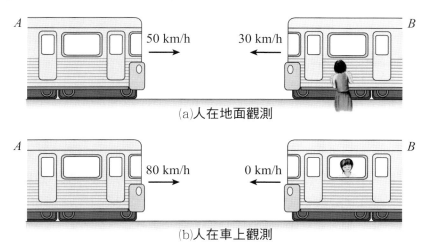

(a) 人在地面觀測

(b) 人在車上觀測

圖 2-9　相對運動 —— 兩相向而行的火車。

例題 6

寬 100 公尺的河流，水流速度為 1 公尺 / 秒，探險者想要搭乘速度為 2 公尺 / 秒的小船渡河，若要在最短時間內到達對岸，則須沿垂直河岸的方向前進，試求：

(1) 需要多久時間才能到達對岸？

(2) 到達對岸時，小船會隨河流往下游移動多遠？

(3) 若不想讓小船往下游移動，則剛開始渡河時，小船船頭的方向要如何調整？

(4) 承 (3)，此時需要多久時間才能到達對岸？

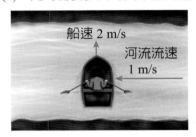

答：

(1) $100 \div 2 = 50$（s）。

(2) $50 \times 1 = 50$（m）。

(3) 若不想讓小船往下游移動，則船速度在河流流速方向的分速度，必須與河流流速抵銷，也就是說分速度要與河流流速的大小相同、方向相反。如圖所示，由圖形可知 $\sin\theta = \frac{1}{2}$，即 $\theta = 30°$

故船頭的方向與河岸法線的夾角為 30°。

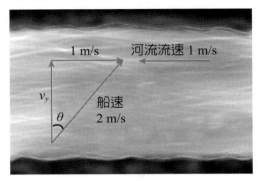

(4) 因水平方向的速度相互抵銷，只剩鉛直方向的速度 v_y

由圖可知 $v_y = 2 \times \cos 30° = \sqrt{3}$，

故 $t = \frac{S}{v_y} = \frac{100}{\sqrt{3}} = \frac{100\sqrt{3}}{3} \doteqdot 57.7$（s）。

類題 6

火車向北以 80 公里 / 小時的速度行駛，火車上有一小孩以 5 公里 / 小時的速度由車頭向車尾跑去，試求車外地面上的樹木相對於小孩的速度？

2-2　等速率圓周運動

　　質點以等速率繞圓運動，就稱為**等速率圓周運動**（uniform circular motion）。雖然質點的速度大小不變，但方向一直在變化，表示質點受到外力的作用，而有加速度的存在。由於一般人常會認為：當物體受外力作用而有加速度時，就會造成速度大小發生變化；而這正是令人較難以理解的地方。其實速度包含大小與方向，當只有方向改變時，速度也發生了變化，這就是因為受到加速度的影響而改變的。

2-2.1 切線速率與角速率

首先討論物體進行等速率圓周運動時的快慢程度，可利用切線速率（tangential speed）或角速率（angular speed）來敘述。

等速率圓周運動之瞬時速率的方向為切線方向，故稱為切線速率。由於等速率運動的瞬時速率等於其平均速率，故可以利用平均速率推算出切線速率。假設質點繞圓周的平均速率為 v，圓的半徑為 r，繞圓周轉動一圈的週期為 T 時，則切線速率為

$$v = \frac{\Delta S}{\Delta t} = \frac{2\pi r}{T} \qquad (2\text{-}10)$$

角速率 ω 則是利用轉動的角度來敘述圓周運動的快慢，假設質點在 Δt 時間內轉動的角度為 $\Delta\theta$ 時，其角速率的定義為

$$\omega = \frac{\Delta\theta}{\Delta t} \quad （弧度／秒，\text{rad/s}）$$

此處的 $\Delta\theta$ 為圓心角。當一圓弧的弧長為 S，且圓半徑為 r 時，則 $\Delta\theta = \frac{S}{r}$，稱為弧度（rad）或弳（圖 2-10）。

因此，一完整圓形的圓心角為 $\Delta\theta = \frac{S}{r} = \frac{2\pi r}{r} = 2\pi$，也就是 360 度 $= 2\pi$ 弧度。

由此可知，當質點繞圓一周的週期為 T 時，其角速率為

$$\omega = \frac{\Delta\theta}{\Delta t} = \frac{2\pi}{T} \qquad (2\text{-}11)$$

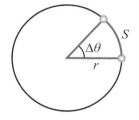

圖 2-10 弧度示意圖。$S = r\Delta\theta$。

依照 $\Delta\theta = \frac{S}{r}$ 可知質點作等速率圓周運動時，所經過的路徑長 $S = r\Delta\theta$，當時間 Δt 很短時，質點所走的弧形路徑幾乎為直線，且其方向與圓的切線平行，故質點的瞬時切線速率為

$$v = \lim_{\Delta t \to 0} \frac{S}{\Delta t} = \lim_{\Delta t \to 0} \frac{r\Delta\theta}{\Delta t} = r \lim_{\Delta t \to 0} \frac{\Delta\theta}{\Delta t}$$

可得

$$v = r\omega \qquad (2\text{-}12)$$

即切線速率等於圓的半徑與角速率的乘積。

2-2.2 　向心加速度

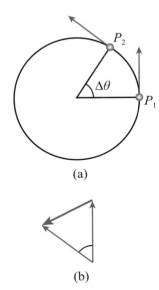

(a)

(b)

圖 2-11 　等速率圓周運動示
意分析圖

等速率圓周運動的速率雖然不變，但其運動方向不停的在改變，故物體必定受力作用而有加速度。如圖 2-11(a)，質點作等速率圓周運動，經 Δt 秒後，質點的位置由 P_1 點移動至 P_2 點，切線速率皆為 v。若質點所轉過的角度為 $\Delta\theta$，由於切線與半徑垂直，故兩點速度方向的夾角也是 $\Delta\theta$。

將 P_1 點與 P_2 點上的速度以向量平移方式作圖，可得圖 2-11(b)。圖中的 $\Delta\vec{v}$ 為兩點的速度差，即 $\Delta\vec{v} = \overrightarrow{v_{P_2}} - \overrightarrow{v_{P_1}}$，當 Δt 時間很小時，$\Delta\theta$ 也很小，可將 $\Delta\vec{v}$ 視為弧長。依照弧度定義（圖 2-9），$S = r\Delta\theta$，可知

$$\Delta v = v\Delta\theta$$

而瞬時加速度的定義為

$$\vec{a} = \lim_{\Delta t \to 0} \frac{\Delta\vec{v}}{\Delta t}$$

故加速率為

$$a = \lim_{\Delta t \to 0} \frac{v\Delta\theta}{\Delta t} = v \lim_{\Delta t \to 0} \frac{\Delta\theta}{\Delta t} = v\omega \tag{2-13}$$

1. 將（2-11）式 $\omega = \dfrac{2\pi}{T}$ 代入（2-13）式，可得

   加速率為 $a = v\omega = \dfrac{2\pi v}{T}$

2. 將（2-12）式 $v = r\omega$ 代入（2-13）式，可得

   加速率為 $a = v\omega = (r\omega)\omega = r\omega^2$

3. 改寫（2-12）式為 $\omega = \dfrac{v}{r}$，代入（2-13）式，可得

   加速率為 $a = v\omega = v(\dfrac{v}{r}) = \dfrac{v^2}{r}$

4. 將（2-10）式 $v = \dfrac{2\pi r}{T}$ 代入上式可得

$$a = \frac{v^2}{r} = \frac{(\frac{2\pi r}{T})^2}{r} = \frac{4\pi^2 r}{T^2}$$

將上述推導整理後可知：等速率圓周運動的瞬時加速率為

$$a = v\omega = \frac{2\pi v}{T} = r\omega^2 = \frac{v^2}{r} = \frac{4\pi^2 r}{T^2} \qquad (2\text{-}14)$$

等速率圓周運動之瞬時加速度的方向恆指向圓心，與切線速度的方向垂直，故稱為向心加速度（centripetal acceleration）。通常加速度可分為法線加速度與切線加速度。法線加速度與速度垂直，只會改變速度的方向而不會改變大小；切線加速度與速度平行，只會改變速度的大小而不會改變方向。因此，向心加速度又可稱為法線加速度。

思考問題

摩托車行駛道路時，常常可以看見有騎士「壓車過彎」，這個動作對機車過彎到底有什麼幫助呢？而為什麼在轉彎處的地方，常常設計外側的道路比內側高呢？

例題 7

一賽車繞圓形跑道前進，跑道內圈的半徑為 20 公尺，外圈的半徑為 25 公尺。今賽車以 50 公尺／秒的速度繞行內圈，
(1) 試求向心加速度的值？
(2) 承 (1)，若使向心加速度固定，則賽車繞外圈前進時的速度應為何？
答：
(1) 已知 $r = 20$ m，$v = 50$ m/s，利用（2-14）式，
得 $a = \frac{v^2}{r} = \frac{50^2}{20} = 125$（m/s²）。

(2) 使向心加速度固定，將 r 改用 25 m 代入，則可求出外圈的速度
即 $a = 125 = \frac{v^2}{25}$，故 $v = 25\sqrt{5}$（m/s）。

類題 7

在 3 公尺的繩子一端上綁上 1 公斤的石塊，另一端用手握住甩圈作等速率圓周運動。假設每 2 秒繞行一圈，試求：
(1) 石塊的平均速率？
(2) 石塊的角速率？
(3) 向心加速度？

本章重點

2-1 直線運動

1. 位移是描述物體位置變化的物理量，路徑則是指質點運動時軌跡的移動長度。

2. 平均速度 = $\dfrac{位移}{時間}$，即 $\overline{\vec{v}} = \dfrac{\Delta \vec{x}}{\Delta t} = \dfrac{x_2 - x_1}{t_2 - t_1}$；平均速率 = $\dfrac{路徑長}{時間}$，即 $\overline{v} = \dfrac{S}{\Delta t}$。

3. 平均加速度定義爲 $\overline{\vec{a}} = \dfrac{\Delta \vec{v}}{\Delta t} = \dfrac{\vec{v_2} - \vec{v_1}}{t_2 - t_1}$。

4. 質點的初速度爲 v_0，以加速度 a 作等加速度運動，經過 t 秒後速度變成 v，質點的位置由 x_0 移動到 x 處，其位移爲 $S = x - x_0$。此等加速度運動的常用公式爲：

   (1) $v = v_0 + at$；

   (2) $\overline{v} = \dfrac{v_0 + v}{2}$；

   (3) $S = v_0 t + \dfrac{1}{2} at^2$；

   (4) $v^2 = v_0^2 + 2aS$。

5. 自由落體運動除了地球引力外，不受任何其他外力施加作用，是一種等加速度運動，加速度 $a = g = 9.8$ 公尺／秒^2，方向恆指向地心。

6. 物體的運動狀態一定是相對於某種參考系統而描述的。

2-2 等速率圓周運動

1. 質點以等速率繞圓運動，就稱爲等速率圓周運動。其速度大小不變，但方向一直在變化。

2. 物體進行等速率圓周運動時的快慢程度，可利用切線速率或角速率來敘述。切線速率定義爲 $v = \dfrac{\Delta S}{\Delta t} = \dfrac{2\pi r}{T}$，角速率定義爲 $\omega = \dfrac{\Delta \theta}{\Delta t}$，而 $v = r\omega$。

3. 等速率圓周運動的瞬時加速率爲

   $a = v\omega = \dfrac{2\pi v}{T} = r\omega^2 = \dfrac{v^2}{r} = \dfrac{4\pi^2 r}{T^2}$，方向恆指向圓心。

4. 法線加速度與速度垂直，只會改變速度的方向而不會改變大小；切線加速度與速度平行，只會改變速度的大小而不會改變方向。

5. 向心加速度又可稱爲法線加速度。

習　題

一、選擇題

(　　) 1. 甲坐在向東疾駛的汽車上，乙靜止站立於路旁，則　(A) 甲見乙靜止　　(B) 乙見甲向西移動　(C) 甲見乙向東移動　(D) 乙見甲靜止於車上。

(　　) 2. 如右圖，假設物體在 A 的位置，經 4 秒後，由 A 跑到 B 再跑至 C，則平均速度為　(A) -0.5　(B) 3　(C) -1　(D) 1 公尺 / 秒。

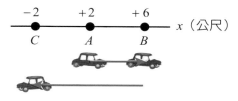

(　　) 3. 假設上山的速率為 6 公里 / 小時，下山的速率為 12 公里 / 小時，今來回一趟，則 (A) 平均速率為 0　(B) 平均速度為 9 公里 / 小時　(C) 平均速率為 10 公里 / 小時 (D) 平均速率為 8 公里 / 小時。

(　　) 4. 某人以 3 公尺 / 秒的速度等速走了 12 公尺後，接著在原方向以 5 公尺 / 秒的速度等速走了 6 秒，則這段時間內平均速度的大小為　(A) 3.2　(B) 4.2　(C) 5.0　(D) 6.4 公尺 / 秒。

(　　) 5. 假設物體運動速率 v 與時間 t 的關係如右圖所示，則此物體加速度 a 與時間 t 的關係圖為何？

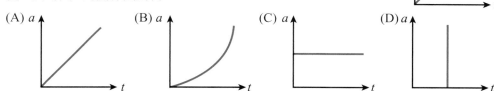

(A) a↑ ... t　　(B) a↑ ... t　　(C) a↑ ... t　　(D) a↑ ... t

(　　) 6. 一物體的加速度為零，則此物體是呈現何種狀態？　(A) 靜止　(B) 作等速度直線運動　(C) 作等速率圓周運動　(D) 靜止或作等速度直線運動。

(　　) 7. 一物體作等加速度直線運動，其初速度為 5 公尺 / 秒，經 5 秒後，速度變為 35 公尺 / 秒，則在這 5 秒內物體共移動了多少距離？　(A) 25　(B) 50　(C) 100　(D) 125 公尺。

(　　) 8. 不計空氣阻力，有一石頭自高為 44.1 公尺的樓頂自由落下，則其著地瞬間的速度大小為（$g = 9.8$ 公尺 / 秒^2）　(A) 9.8　(B) 19.6　(C) 29.4　(D) 44.1　公尺 / 秒。

(　　) 9. 若不計空氣阻力及浮力，一個 2 公斤重的物體自樓頂自由落下，經 10 秒後到達地面，則一個 6 公斤重的物體自同一地點自由落下，經幾秒後可到達地面？　(A) 5　(B) 10 (C) 20　(D) 30　秒。

(　) 10. 一球以 24.5 公尺／秒的初速度垂直上拋，則當此球到達最高點時，其加速度是多少公尺／秒²？　(A) 0　(B) 9.8，向上　(C) 9.8，向下　(D) 由原來的 9.8 向下突然改變為 9.8 向上。

(　) 11. 試問在何種情況下，位移大小與路徑相等？　(A) 物體作圓周運動時　(B) 物體在直線上運動時　(C) 物體沿直線運動且沒有折返時　(D) 物體的起點與終點相同時。

(　) 12. 在地表垂直向上拋擲一石，假設空氣阻力可忽略，則下列敘述何者為非？　(A) 加速度 a 的大小一定，方向向下　(B) 石頭在最高點時，速度為零　(C) 落地時的瞬時速度大小等於上拋時的初速度大小　(D) 向上飛行的時間多於向下飛行的時間。

(　) 13. 物體作等速率圓周運動時，其運動情形屬　(A) 等速度運動　(B) 變速率運動　(C) 等加速度運動　(D) 變加速度運動。

二、填充題

1. 汽車以速度 v 轉彎時，需 500 牛頓的向心力，若車速增為 $2v$，則轉彎時所需的向心力為 _____ 牛頓（向心力為質量乘以向心加速度，即 $F = ma$）。

2. 水平光滑桌面上有一小孔，一細繩穿過此孔，兩端分別與質量 m、M 的小球及木塊連接。其中小球在桌面上作等速率圓周運動，而木塊則靜止離地懸掛，作用如右圖所示。忽略所有阻力與細繩質量，則小球的速率為 _____，又圓周運動的週期為 _____。

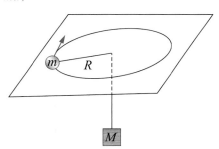

三、計算題

1. 一人在地面上以 49 公尺／秒的初速垂直上拋一球，如不考慮重力以外的作用力，則球在空中停留的時間為多少秒？（$g = 9.8$ 公尺／秒²）

2. 一物由高處自由落下，若不計空氣阻力，自落下後經 1 秒、2 秒、3 秒、4 秒，試求：
   (1) 落下距離比。
   (2) 末速度比。
   (3) 加速度比。

3. A 球在地面上以 39.2 公尺／秒的速度鉛直上拋，今在 A 球正上方 78.4 公尺處有一 B 球，與 A 球同時間以 9.8 公尺／秒的初速度鉛直下落，試求 A、B 兩球何時相撞？撞擊處距離地面多高？

4. 美國最近在研發 20 倍音速的超音速戰機，若地球一圈的圓周長為 4000 萬公尺，已知音速為 340 公尺／秒，則戰機繞地球一周約多少分鐘？

Chapter

3

牛頓運動定律與萬有引力

提到牛頓就會想到蘋果，但在歷史上，這個傳說是被質疑的。儘管如此，牛頓運動定律對物理研究的重要性仍然無庸置疑，萬有引力定律之美也流傳千古。而了解摩擦力的特性，方能運用它讓生活更便利。

第二章的內容中，討論了物體的位置、速度與加速度，也討論了等加速度運動、拋體運動、圓周運動等，這些內容都是在探討物體的運動狀態。本章則進入動力學的範疇內，將探討物體為何會運動？哪些因素造成物體的運動狀態改變，也就是產生加速度的原因？這些因素就是力的特性，我們並將探討物體受力後的現象。

3-1 牛頓第一運動定律

討論力與力所引起的加速度之間的關係，最重要的人物就是牛頓（圖 3-1），他將伽利略等科學家對力的理論加以引申，最後所歸納出的理論稱為牛頓力學（Newtonian mechanics），我們通常討論其內容中主要的三個運動定律。

在牛頓力學提出後的兩個世紀，為物理學發展的重要里程碑，但是到了 19 世紀末，此發展出現了瓶頸與極限，也就是在某種狀況下，一些物理現象無法被正確的解釋。其中一項為「當物體的速度接近光速時」，牛頓力學的描述有重大誤差，因此必須以愛因斯坦的狹義相對論來解釋；另一項則為「原子構造的微觀問題」，必須由量子力學加以說明。儘管如此，牛頓力學的重要性仍然無法被取代。

圖 3-1 牛頓。1705 年英國女皇授予爵士爵位。

圖 3-2　力的作用。

註 何謂接觸呢？當兩原子之間真的發生「碰觸」，才能稱之為接觸嗎？實際上，在原子尺度範圍時，並沒有原子是真正的接觸，原子之間存在著電磁力使其相互隔開。若採用如此極端的看法，則沒有任何「粒子」是真正接觸的。

3-1.1　力的意義與量測

我們看不見力，但是力所產生的效果卻是可以看見或感覺到的，例如用手施力擠壓皮球或海棉、手推車使其運動等（圖 3-2）。凡是能夠使物體產生形變或改變其運動狀態的作用，稱為力（**force**）。

力依照其作用的方式可以分為兩種：一種是兩物體必須互相接觸方能作用的接觸力（contact force）；另一種是兩物體不需要互相接觸，即使相隔一段距離仍可作用的超距力（action at a distance）。手推車、腳踢球的力以及摩擦力等屬於接觸力，而重力、磁力與靜電力等屬於超距力。

力具有大小與方向，屬於向量。當力的大小與方向改變時，對物體的影響也會改變。此外，力作用在物體的位置不同，也會有不同的結果。因此，描述力的三要素包含了大小、方向與作用點。

力的大小常用彈簧來測量，將彈簧的一端固定，另一端施力拉長，當施力愈大時，彈簧的伸長量就愈大，因此伸長量與外力的大小必有關係（圖 3-3）。英國科學家虎克（Robert Hooke, 1635-1703）經多次實驗歸納出以下結果：在彈性限度內，彈簧伸長量與所受外力成正比，此關係稱為虎克定律（**Hooke's law**），如圖 3-4。假設對一彈簧施外力 F 後，彈簧伸長了 ΔX，依照虎克定律，其關係式為

$$F = k\Delta X \qquad\qquad (3\text{-}1)$$

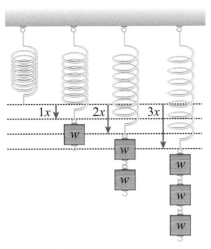

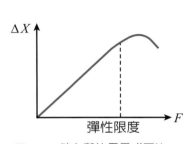

圖 3-3　伸長量與物體的重量成正比。　　圖 3-4　外力與伸長量成正比。

k 為彈性常數（force constant of spring），其值與彈簧的材質與構造有關，k 值愈大代表此彈簧愈不容易伸縮。當彈簧所受的外力太大，超過某一臨界值時，即使外力移除，彈簧仍無法恢復原狀，此一臨界值就稱為彈性限度。

例題 1

一遵循虎克定律的彈簧，已知其彈性常數為 50 牛頓／公尺，請回答下列問題：

(1) 施以 5.0 牛頓的力量時，彈簧的全長為 24 公分，則彈簧的原長為何？

(2) 改施一外力，使彈簧的全長成為 38 公分，則該力的量值應為何？

答：(1) 設彈簧的原長為 ℓ_0，彈簧受 5.0 牛頓的外力後，總長度成為
$\ell = 24$（cm）$= 0.24$（m），
因此彈簧的伸長量為 $\Delta X = \ell - \ell_0$。
依據虎克定律，彈簧的伸長量會與所受的外力量值成正比。

因此 $F = k\Delta X = k(\ell - \ell_0)$，
可得 $5.0 = 50 \times (0.24 - \ell_0)$，
解之可得彈簧的原長
$\ell_0 = 0.14$（m）$= 14$（cm）。

(2) 設外力為 $\vec{F}$，則依虎克定律可得此力的量值
$F = 50 \times (0.38 - 0.14) = 12$（N）。

類題 1

將原長 40 公分的彈簧掛上 30 牛頓的砝碼，長度變成 42 公分。今在彈性限度內懸掛一物體，發現彈簧長度變成 49 公分，試求此物體的重量？

力的單位可分為**重力單位**與**絕對單位**。重力單位包含公克重、公斤重與磅重，**質量 1 公克的物體在北緯 45 度的海平面上所受的重力大小定義為 1 公克重**。絕對單位包含達因、牛頓與磅達，是依據牛頓第二運動定律所訂定的。1 牛頓的力是指讓質量 1 公斤的物體以 1 公尺／秒^2 的加速度運動時，所受到的外力大小；1 達因的力則是指讓質量 1 公克的物體以 1 公分／秒^2 的加速度運動時，所受到的外力大小。

表 3-1 力的重力單位與絕對單位。

	MKS 制	CGS 制	FPS 制
重力單位	公斤重（kgw）	公克重（gw）	磅重（lb）
絕對單位	牛頓（N）	達因（dyne）	磅達（pdl）

重力單位與絕對單位之間的換算，如下列關係：

$$1 \text{ kgw} = 1\text{kg} \times 9.8 \text{ m/s}^2 = 9.8 \text{ N}$$

$$1 \text{ gw} = 1\text{g} \times 9.8 \times 10^2 \text{ cm/s}^2 = 980 \text{ dyne}$$

$$1 \text{ N} = 10^5 \text{ dyne}$$

3-1.2　慣性與牛頓第一運動定律

亞里斯多德曾提出以下看法：物體最終自然狀態是靜止，若要使物體保持運動，例如使物體沿著水平面持續移動時，就需要一直施加外力。此觀念影響西方科學世界達千年之久。

約兩千年後，伽利略對此說法提出質疑，並設計一套實驗以推論出與亞里斯多德完全不同的結論。此實驗乃是假設在桌面上以等速率推動相同重量的物體，可發現到：在粗糙的桌面上需要一定力量才能使物體等速率移動；而在較光滑的平面上所需要的力就比較小一些；若在桌面塗上油或潤滑劑時，則物體移動幾乎不需要力。伽利略就假設將桌面塗上一層完美的潤滑劑（即假設無摩擦力影響時），得到一個重要的結論：移動中的物體若沒有受外力作用，則物體將以等速率沿一直線運動，而物體之所以速度會減慢，乃是因為受到外力作用。

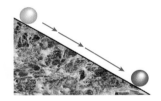

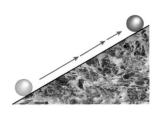

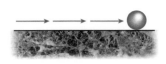

圖 3-5　伽利略觀察的斜面運動。

此外，伽利略觀察球沿斜面運動的情形（圖 3-5），發現當球沿一斜面下滑時，速度會愈來愈快；球沿斜面往上衝時，速度會愈來愈慢；當斜面的斜角愈來愈小時，下滑速度與上衝速度的改變量也會愈來愈少。而如果球是沿著一個沒有傾斜角的光滑平面滾動時，其速度將不會變快或變慢，也就是說球會作等速度運動。

伽利略為了強化他的論點，設計出另一個實驗（圖 3-6）。考慮一個左右兩邊皆為光滑斜面的裝置，當小球由左側斜面滾下，將會滾到右側斜面上與原下滑高度幾乎等高的位置上。若我們改變右側斜面傾斜的角度，使其較為平緩，則小球會在右側斜面上滾動較長的路徑，並且依然會到達幾乎與原下滑點等高的位置。依此推論，右側斜面若變成光滑的水平面，則球將沿此水平面運動，永遠無法到達與原下滑點等高的位置，而只能永遠不停的向前移動。

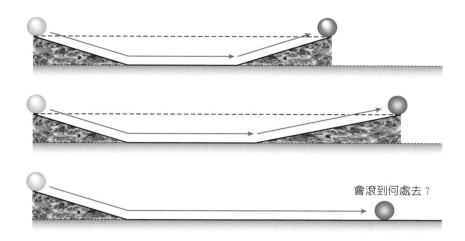

圖 3-6　伽利略的斜面實驗。物體在兩斜面運動，無論傾斜角度大小，都有到達原來高度的傾向。

　　依據上述實驗結果，<u>伽利略</u>推論出：當物體有了速度，除非有外力使它加速或減速，否則物體將會維持等速度運動的狀態。這種在不受外力下，物體將保持原有運動狀態的特性，稱為慣性（**inertia**）。伽利略的實驗結果是一個理想化的推論，並沒有考慮到摩擦力作用的情形，但他建立起慣性的概念，以及自由落體的實驗（<u>比薩斜塔</u>的實驗），奠定了牛頓力學的基礎。

　　<u>牛頓</u>將伽利略以實驗與假想所得到的推論加以引申，並做更清楚的論述，得到下列結論：當物體不受外力作用或所受外力的合力為零時，則靜者恆靜，動者恆沿一直線作等速度運動。此即牛頓第一運動定律（Newton's first law of motion），又稱為慣性定律。

　　日常生活中處處可見慣性定律的例子：搭乘公車時，若公車突然開動，則乘客往後仰；緊急煞車時，乘客向前傾（圖 3-7）。賽跑選手到達終點後，無法立即停止。這些都是慣性的現象。

圖 3-7　公車開動、煞車時，乘客前後傾斜為慣性定律的現象。

3-2　牛頓第二運動定律

　　牛頓第一運動定律提到，無外力作用時，物體保持原有的運動狀態。當有外力作用於物體時，又將會如何變化呢？我們利用下列兩個實驗來說明。

示範實驗

實驗目的

驗證牛頓第二運動定律，了解三項變數：外力、質量與加速度之間的關係。

實驗器材

滑車	1 臺	軌道	1 組
打點計時器	1 個	砝碼掛鉤	1 個
砝碼	1 組	直尺	1 支
細線	1 捲	紙帶	1 捲

實驗步驟

A 實驗：加速度與作用力的關係

1. 如圖 3-8 所示，將滑車、軌道、打點計時器與掛鉤等器材安裝於實驗桌上。

2. 在滑車上放置數個砝碼，並在掛鉤上放置 1 個砝碼。假設滑車本身與車上砝碼的總質量為 m_1，而掛鉤本身與掛鉤上砝碼的總質量為 m_2。

3. 啟動打點計時器，同時放手使滑車運動，記錄此次運動的數據。

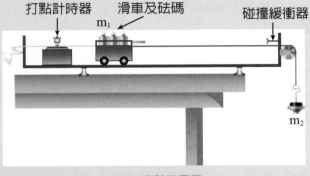

圖 3-8　**實驗裝置圖**。

4. 將滑車上的砝碼逐一移到掛鉤上放置，每次只移動一個砝碼，重複步驟 3。此時系統總質量 $(m_1 + m_2)$ 不變。

5. 記錄掛鉤處總重量 m_2g（F）與所測得的加速度大小 a，並在坐標紙上畫出 a 與 F 的關係圖。

B 實驗：加速度與總質量的關係

1. 如圖 3-8 所示，將滑車、軌道、打點計時器與掛鉤等器材安裝於實驗桌上。

2. 將滑車上的所有砝碼取下，並在掛鉤上放置 1 個砝碼。假設滑車本身與車上砝碼的總質量為 m_1，而掛鉤本身與掛鉤上砝碼的總質量為 m_2。

3. 啟動打點計時器，同時放手使滑車運動，記錄此次運動的數據。

4. 逐一增加滑車上的砝碼數，但不改變掛鉤上的砝碼數，每次只移動一個砝碼，重複步驟 3。此時系統所受的外力 m_2g 不變。

5. 記錄總質量 $(m_1 + m_2)$ 與所測得的加速度大小 a，並在坐標紙上畫出兩者的關係圖。

實驗結果

　　由上述兩實驗的結果可以得知：

(1) 加速度 a 與外力 F 成正比。

(2) 加速度 a 與運動物體總質量的倒數 $\dfrac{1}{m}$ 成正比，其中 $m = m_1 + m_2$。

　　合併兩實驗的結果可知：$a \propto \dfrac{F}{m}$。若選用適當單位，讓比例常數為 1，則可寫成 $a = \dfrac{F}{m}$。其意義為：

(1) 當物體質量保持不變時，物體的加速度與外力成正比。

(2) 當物體所受外力不變時，物體的加速度與質量成反比。

　　歸納上述實驗結果，再加上向量的規則，可得下列結論：物體受外力作用時，會產生與淨外力同方向的加速度，此加速度的大小與淨外力成正比，而與其質量成反比。此結論稱為牛頓第二運動定律（Newton's second law of motion），其數學式可表示為

$$\vec{F} = m\vec{a} \qquad\qquad (3\text{-}2)$$

　　上式 F 的單位為牛頓（N），m 的單位為公斤（kg），a 的單位為公尺／秒²（m/s²）。當質量 1 公斤的物體受力作用而有 1 公尺／秒² 的加速度時，此力的大小即為 1 牛頓（圖 3-9）。

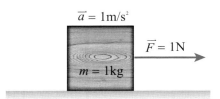

圖 3-9　對質量 1 公斤的物體施力 1 牛頓，則加速度為 1 公尺／秒²。

例題 2

如圖所示，質量 3 公斤的木塊放置於無摩擦力的光滑地面上，木塊受兩平行地面的外力作用，假設還有第三個力作用於木塊上，則當

(1) 木塊靜止；

(2) 木塊向左以 1 公尺／秒作等速度運動；

(3) 木塊向右以 2 公尺／秒²作等加速度運動，試求第三個力的大小及方向？

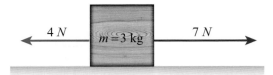

答：

(1)(2) 當木塊靜止與作等速度運動時，加速度 = 0，此時木塊所受的合力為 0

三力應互相抵銷，

故第三力 = 7 − 4 = 3（N），方向向左。

(3) 木塊加速度 = 2 m/s² 向右時，

所受合力為 = 3×2 = 6（N）向右

即 F + 7 − 4 = 6，故 F = 3（N），方向向右。

類題 2

將 2 公斤的木塊放置於無摩擦力的光滑地面上，受力情形如圖，試求木塊的加速度大小與方向？

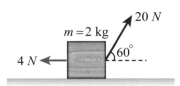

3-3 牛頓第三運動定律

思考問題

拔河比賽只是靠力量的大小決定勝負嗎？如果想要獲勝，還需要運用哪些技巧呢？

鐵鎚受鐵釘所給的反作用力 F_2

鐵釘受鐵鎚所給的作用力 F_1

圖 3-10　鐵鎚敲鐵釘時，作用力 F_1 的大小等於反作用力 F_2。

　　牛頓第二運動定律描述力如何影響物體的運動狀態，但是力是從哪裡來的呢？由觀察可知，力必由另一個物體提供，例如人以手推車、腳踢足球、馬拉車與鐵鎚敲鐵釘等。這些例子都是一物體施力，另一物體受力。不過牛頓認為施力與受力的情形絕非是單方面的，舉例來說，鐵鎚施一力於鐵釘上，鐵釘受力後釘入木頭內，而鐵鎚的速率也迅速變為零，這樣的現象必須是有力作用於鐵鎚上才能解釋。也就是說：在鐵鎚接觸鐵釘時，鐵鎚以力作用於鐵釘上，而鐵釘也同時對鐵鎚施力（圖 3-10）。

　　牛頓第三運動定律（Newton's third law of motion）就是在說明這種現象，其敘述為：當施力物體施一作用力於受力物體上時，受力體必然會同時施一反作用力於施力體上，兩力的大小相同、方向相反。

　　此定律中的作用力與反作用力之間的關係必須滿足

1. 同時產生與同時消失。

2. 作用力與反作用力分別作用在不同的物體上，兩者不能抵銷。

步行時以腳施力於地面上，地面施予反作用力於腳上，推動我們向前走；游泳時以手向後划水，手施力於水上，水施予我們反作用力讓我們向前游；穿上溜冰鞋站在牆邊，以手推牆，牆施予我們反作用力，因而向外滑動，這些都是反作用力的例子（圖 3-11）。

另一個簡單的例子為蘋果與地球，地球對蘋果有作用力（萬有引力）是大家都知道的，相對的，蘋果也會對地球有一反作用力，就很少人有注意到。這是因為蘋果受萬有引力作用後，會明顯的往地心方向掉落，而地球因為質量較蘋果大太多了，因此蘋果對地球施予反作用力的影響幾乎無法察覺，所以被忽略掉了。

思考問題
衝浪運動是目前最「夯」的水上運動，為什麼滑水運動員站在滑板上，於水面乘風破浪時，卻不會沉下去呢？

3-4　萬有引力

一顆蘋果造就了一個流傳千古的萬有引力定律，是神話，亦或是真實？就讓我們一窺這個定律的涵義。

3-4.1　行星運動定律

古希臘的天文學家認為地球是宇宙的中心，天空中所有的星體都是繞著地球而運行的，科學家托勒密（C. Ptolemy）依此觀念提出了「地心說」，建立了宇宙的中心是地球的理論（圖 3-12）。這個觀念因為符合當時的宗教信仰，教廷甚至禁止人們有不同於「地心說」的想法，故許久都沒有科學家對此加以查證或反駁。

圖 3-11　步行、游泳與溜冰都是利用反作用力。

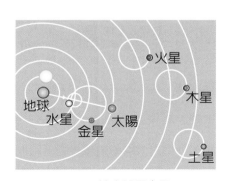

圖 3-12　地心說示意圖。

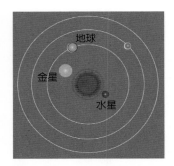

圖 3-13　日心說示意圖。

直到波蘭天文學者哥白尼在 1543 年發表了《天體運行論》一書，在卷一第十章〈天體排列的次序〉中提到，宇宙中最外面的是恆星天球，其次為土星、木星、火星、地球、金星和水星，太陽位在靠近宇宙中心的地方並靜止不動，地球則每年繞日一周。這樣的天球秩序之排列，改變了「地球」（Earth）的意義，使得它從世界中心靜止不動的位置，改變角色為繞著太陽運轉的第三顆行星。此學說被稱為「日心說」，強調地球是繞著太陽運轉的（圖 3-13），與「地心說」顯著不同，雖然被當時的教會排斥，但也讓人對「地心說」有所質疑。

德國科學家克卜勒深信哥白尼的日心說，且他幸運的繼承了天文學家布拉赫花費畢生精力仔細觀察所記錄下來的天文資料。克卜勒發揮自己的數學才能，從眾多天文數據中，歸納出著名的行星三大運動定律，這三條定律乃是運用數學統整了太陽系中行星的運動規則，更加肯定哥白尼學說的正確性。這三個定律分別為：

第一定律：**軌道定律**。行星繞太陽運轉的軌道形狀為橢圓形，太陽位在橢圓兩焦點的其中一個上面。

第二定律：**等面積定律**。行星繞行太陽運轉時，其與太陽中心的連線，在相同時間內掃過相同的面積（圖 3-14）。

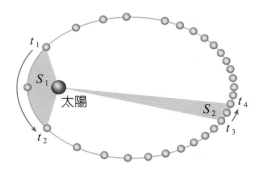

圖 3-14　克卜勒第二定律：當 $t_2 - t_1 = t_4 - t_3$ 時，行星與太陽中心的連線掃過相同的面積，即 $S_1 = S_2$。

第三定律：**週期定律**。若太陽系內任一顆行星繞太陽的週期為 T，其平均軌道半徑為 R 時，R^3 與 T^2 成正比，即 $\dfrac{R^3}{T^2} = K$（K 為常數）。

由上述定律可知，行星與太陽的距離會隨著時間變化而改變，在橢圓軌道的長軸上，行星距太陽最近的位置稱為近日點，距太陽最遠的位置稱為遠日點。由第二定律可知，在近日點附近，行星繞行太陽的速率

較快，在遠日點附近的速率較慢。表 3-2 列出了各行星繞行太陽的軌道
資料，證明了第三定律的正確性。

表 3-2　行星繞行太陽的軌道資料。

行星	公轉週期T（y）	平均軌道半徑R（A.U.）	$\dfrac{R^3}{T^2}$
水星	0.2409	0.3871	0.9995
金星	0.6152	0.7233	0.9998
地球	1.0000	1.0000	1.0000
火星	1.8809	1.5237	0.9999
木星	11.862	5.2026	1.0008
土星	29.458	9.5549	1.0052
天王星	84.022	19.2184	1.0054
海王星	164.774	30.1104	1.0054

註 A.U. 為地球繞日的平均軌道，稱為天文單位，1 A.U. = 149,598,000 公里。

3-4.2　萬有引力定律

　　牛頓以克卜勒的行星三大運動定律為基礎，觀察月球繞地球運轉
的情形與蘋果落地的現象，思索著行星為何會以近乎圓形的橢圓軌道
繞日運行，到底是什麼樣的力量作用在行星上呢？牛頓並且推測此力
同時也會作用在月球與蘋果上，進而推算出著名的萬有引力（universal
gravitation）理論。

　　牛頓認為：宇宙中，任何兩物體之間都有一相互吸引的力量，稱為
萬有引力，此力的大小與兩物體的質量乘積成正比，且與兩物體間距離
的平方成反比，方向為兩物體中心連線的方向。

　　若兩物體的質量為 m_1、m_2，距離為 r（球心與球心間的距離），則
兩物體間的萬有引力 F 可寫成

$$F = \frac{Gm_1m_2}{r^2} \tag{3-3}$$

式中的 G 稱為**重力常數**（Gravitational constant），其值為 6.67×10^{-11}
（$m^3/kg \cdot s^2$）。

　　牛頓的大膽假設，造就出偉大的萬有引力定律。由（3-3）式中的 G 值很小可知，日常生活中是很難發覺兩物體彼此之間有相互吸引的力量，例如兩顆保齡球或兩個人之間很難感受到彼此間的吸引力，物體只有在受到巨大質量物體的影響下，萬有引力的作用才會顯著。1798 年，英國科學家卡文迪西（H. Cavendish, 1731-1810）首先測量出萬有引力，他設計一套精巧的扭秤裝置（圖 3-15）以進行有名的卡文迪西實驗。這個實驗證明兩物體間確實存在著萬有引力，並第一次量出 G 值的大小，此時已比牛頓發表萬有引力定律的時間晚了一百年以上。

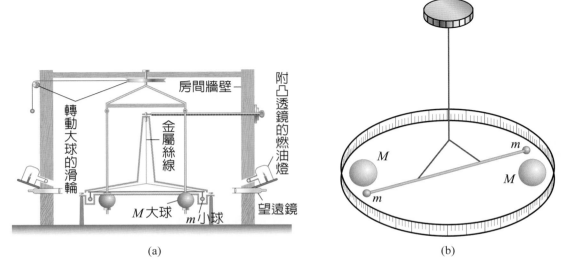

(a)　　　　　　　　　　　　　　　　(b)

圖 3-15　(a) 卡文迪西的扭秤實驗裝置圖；(b) 實驗裝置中扭秤的簡易示意圖。

　　以某人在地球表面上所受萬有引力的大小為例，假設地球質量為 M，此人的質量為 m，與地心之間的距離為地球半徑 R_e，則此人所受的重力會讓他有一重力加速度 g，其關係可寫為

$$W = F = \frac{GMm}{R_e{}^2} = mg$$

可得重力加速度的值為

$$g = \frac{GM}{R_e{}^2} \qquad\qquad (3\text{-}4)$$

其中地球質量 $M = 5.97 \times 10^{24}$ 公斤，地球半徑 $Re = 6.37 \times 10^6$ 公尺。重力加速度的大小與星球的質量成正比，與物體和星球中心間的距離平方成反比。

因此，當距離地心愈近時，重力加速度愈大；距離地心愈遠時，重力加速度愈小。因此在高山或高空時，所受的重力加速度較平地小，而地球爲赤道寬兩極窄的橢圓形，故赤道的重力加速度值較南北兩極來得小。也因爲如此，地球每一處的重力加速度大小會因爲經緯度與海拔高度而有所不同，但若在地表上則變化甚小，在北緯 45 度海平面上的 g 值約爲 9.8 m/s^2（32 ft/s^2）。

> **思考問題**
> 浩瀚的太空中，人造衛星於軌道上繞行地球運轉，需要對人造衛星提供動力嗎？

例題 3

A 星球的半徑爲地球的兩倍，密度與地球相同，則將地球上 98 牛頓的物體改置於 A 星球時，重量的變化爲何？質量的變化爲何？

答：因 A 星球的半徑 r 爲地球的兩倍，

即 $R_A : R_E = 2 : 1$

體積比爲半徑比的立方倍，

故 $V_A : V_E = 2^3 : 1^3 = 8 : 1$

而質量 $M =$ 體積 $V \times$ 密度 D，

又兩星球的密度相同

故兩星球質量比等於體積比，

即 $M_A : M_E = 8 : 1$

由（3-4）式知重力加速度 $g = \dfrac{GM}{R_e^2}$

則 A 星球與地球的重力加速度比爲

$g_A : g_E = \dfrac{8}{2^2} : 1 = 2 : 1$

故 A 星球的重力加速度爲地球 g 值的 2 倍

而 $F = mg$，故物體在此星球所受的重力爲在地球上的 2 倍

所以物體的重量變成 98×2 = 196（牛頓）

而質量不會因物體所在的位置而改變，

故仍爲 98 ÷ 9.8 = 10 公斤。

類題 3

若地球半徑爲 R，地表的重力加速度爲 g，試求距地表 $2R$ 處的重力加速度？

3-5　摩擦力

前面的討論大多將摩擦力（friction force）忽略，然而實際情形是摩擦力幾乎存在於所有的運動之中。在一個平面上搬運重物時，利用有輪子的推車會較徒手直接推動來得省力，這就是因爲摩擦力大小不同所造成的影響。摩擦力可以使滾動的輪子停止，也可以讓我們不會滑倒；汽車行駛時，約有20%的汽油用於克服引擎與傳動系統內部的摩擦力，但摩擦力也可以讓汽車以高速過彎。摩擦力有時讓我們感到困擾，有時卻幫助我們運動。

摩擦力存在於兩物體的接觸面之間，當物體在另一物體表面上滑動或有滑動的趨勢時，就會在接觸面產生一阻止物體運動的力，此力即爲摩擦力（圖 3-16）。摩擦力的產生主要是因爲兩物體接觸面間的凹凸不

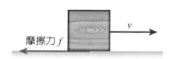

圖 3-16　物體受力與摩擦力方向。

圖 3-17　磨擦力的來源是因為接觸面間凹凸不平所致。

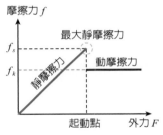

圖 3-18　施力大小與摩擦力的變化情形。

平所致，即使看似光滑的平面，在顯微鏡的觀察下，仍然顯得相當粗糙，故兩物體表面互相擠壓緊扣，因而阻礙兩物的相對運動（圖 3-17）。

施力推動物體，若物體受力後仍然靜止不動，代表推動物體的外力與物體表面的摩擦力為平衡關係，即兩力大小相等、方向相反，此時所受的摩擦力稱為靜摩擦力（static frictional force）。

當施力逐漸增加，大於某一定值時，粗糙表面擠壓緊扣的情形獲得舒緩，使得接觸面開始有相對滑動的現象，也就是物體即將開始運動。此定值是物體受力後，運動狀態與靜止狀態的臨界點，此力為靜摩擦力的最大值，稱為最大靜摩擦力（**maximum static frictional force**），以 f_s 表示。

當施力超過最大靜摩擦力時，物體開始緩緩移動，由於物體與接觸面有相對運動的關係，粗糙表面的凹凸小塊較不容易相互卡住，因此阻擋的力量相對減少，摩擦力自然降低，此時所受的摩擦力稱為動摩擦力（kinetic frictional force），以 f_k 表示。

物體開始運動後，其表面與接觸面間的摩擦力會瞬間降低，小於最大靜摩擦力，且維持一定值，與物體運動速度的快慢無關，而方向則與物體運動的方向相反。

因此，當物體放置於一水平面上，施一水平作用力而使物體由靜止變成運動狀態時，其施力大小與摩擦力的關係如圖 3-18 所示。

此外，物體沿接觸表面滾動時也會有摩擦力，稱為滾動摩擦力（rolling friction），其值較滑動時的動摩擦力來得小。

當物體放置於桌面時，物體受重力的作用，產生重量壓向桌面，此時桌面同時也給物體一個向上的力，以平衡重力的作用，這個力稱為正向力（normal force）。正向力作用在兩物體的接觸面，力的方向垂直於接觸面。

假設物體的重量為 W，水平放置於桌面，此時物體所受的正向力 N 會等於物體的重量 W；若是置於斜面上，則正向力會小於物體的重量（圖 3-19）。

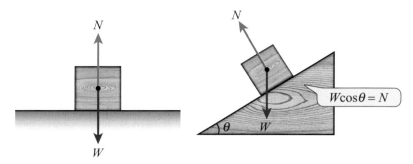

圖 3-19　正向力。

　　實驗發現，最大靜摩擦力與所受正向力的大小成正比，而動摩擦力也與正向力成正比，但兩者都與接觸面的大小無關（圖 3-20），可分別用下面兩式表示：

$$最大靜摩擦力 \quad f_s = \mu_s N \tag{3-5}$$
$$動摩擦力 \quad f_k = \mu_k N \tag{3-6}$$

其中，μ_s 稱為靜摩擦係數（coefficient of static friction），μ_k 稱為動摩擦係數（coefficient of kinetic friction）。摩擦係數會因為兩接觸面的材質不同而改變，表 3-3 列出常見材料的摩擦係數。

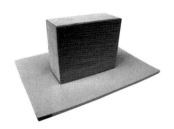

圖 3-20　物體和平面的接觸面積與摩擦力無關。

表 3-3　常見材料的摩擦係數。

相互接觸的材料	靜摩擦係數 μ_s	動摩擦係數 μ_k
鐵氟龍與鐵氟龍	0.04	0.04
鋼與鋼	0.74	0.57
鋼與銅	0.53	0.36
鋼與鋁	0.61	0.47
銅與鑄鐵	1.05	0.29
銅與玻璃	0.68	0.53
玻璃與玻璃	0.94	0.40

例題 4

有一鐵塊 40 牛頓，水平放置於桌面上，若桌面的靜摩擦係數為 0.6，動摩擦係數為 0.4，今施一水平作用力推此鐵塊，試求：

(1) 當作用力大小為 10 牛頓時，摩擦力的大小為何？

(2) 當作用力大小為 20 牛頓時，摩擦力的大小為何？

(3) 當作用力大小為 30 牛頓時，摩擦力的大小為何？

(4) 當作用力大小為 40 牛頓時，摩擦力的大小為何？

答：鐵塊置於此桌面的最大靜摩擦力為

$f_s = \mu_s N = 0.6 \times 40 = 24$（N）

若鐵塊所受的水平作用力 $F > 24\,N$，則鐵塊會由靜止變成運動狀態

若鐵塊所受的水平作用力 $F < 24\,N$，則鐵塊仍保持靜止狀態

(1) 10 N < 24 N，鐵塊仍保持靜止狀態，此時摩擦力＝施力大小＝ 10 N。

(2) 20 N < 24 N，鐵塊仍保持靜止狀態，此時摩擦力＝施力大小＝ 20 N。

(3) 30 N > 24 N，鐵塊會由靜止變成運動狀態，此時摩擦力為動摩擦力
即 $f_k = \mu_k N = 0.4 \times 40 = 16$（N）。

(4) 40 N > 24 N，鐵塊會由靜止變成運動狀態，此時摩擦力為動摩擦力
即 $f_k = \mu_k N = 0.4 \times 40 = 16$（N）。

類題 4

鐵塊與地面的動摩擦係數為 0.3，靜摩擦係數為 0.5，今欲施力將一 80 牛頓的鐵塊推動，則至少要施多少牛頓的力？鐵塊滑行時的摩擦力為多少牛頓？

圖 3-21　滾珠軸承可以減少轉動時的摩擦力。

圖 3-22　氣墊船利用氣流減少與水面接觸。

當有摩擦力存在時，會消耗掉原本物體運動的能量，轉換成熱能或其他形式的能量，同時也造成物體表面的磨損，因此我們常會藉由各種方法減少摩擦力。例如：讓滑動摩擦變成滾動摩擦、使用滾珠軸承裝置（圖 3-21）來減少摩擦。儘量使接觸面堅硬而光滑，或是在推動物體時，於地面灑上滑石粉或油脂，都可以減少摩擦力。

由於摩擦力源自於物體接觸面的作用，故將接觸面隔開也是降低摩擦力的好方法。例如：氣墊船（圖 3-22）將氣體由船身下方吹出，減少與水面的接觸；磁浮列車利用磁力的排斥，將列車車身浮於軌道之上，並不與軌道接觸，故只受到空氣阻力的作用，而減少與軌道間的摩擦力。實驗室中模擬無摩擦力環境的器材，也是將桌面打洞，利用鼓風機打氣，使小孔噴出氣體，讓桌面上的物體漂浮。

但是，摩擦力的存在並非只有缺點，例如：在冰上或雪地上走路與開車時（圖 3-23），容易滑倒或難以控制方向，這是因為走路是靠鞋底與地面的摩擦力而移動的；汽車也是靠輪胎與地面的摩擦力而前進的，當摩擦力過小時反而難以移動。日常生活中我們也會因情況所需，而增加摩擦力，例如：在浴室的地板上，鋪設防滑磚以防止滑倒；在鐵槌把手印上紋路，讓手掌能握的更牢、更緊；鞋子或輪胎底部的紋路，是用來增加與地面的摩擦力，使得抓地力較強，不易滑倒。汽車、機車的煞車器也是利用壓力來增加煞車鼓的摩擦力，使得阻力增加而得以降低速度。這些現象都是摩擦力帶給我們方便的地方，端看人們如何運用。

圖 3-23　汽車雪鍊是用來增加摩擦力的。

思考問題
仔細觀察賽車的輪胎，可以發現賽車的輪胎比一般轎車的輪胎寬，這是因為輪胎愈寬，與地面的接觸面積愈大，所以可以使摩擦力愈大嗎？如果不是這個原因，那是為什麼呢？

3-6　牛頓運動定律的應用

將牛頓運動定律、重力與摩擦力等動力學觀念與第二章運動學的觀念相結合，就幾乎能解釋所有的運動現象。熟悉並運用這些力學觀念，是學習物理的一大重要課題。

例題 5

如圖所示，A 木塊的質量 $m_A = 6$ 公斤，置於一光滑桌面上，以細線經滑輪將此木塊與 B 木塊相連接，B 木塊的質量 $m_B = 4$ 公斤。試求：（假設 $g = 10$ 公尺 / 秒 ^{2}）

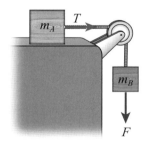

(1) A 木塊的加速度 a？
(2) 繩子的拉力 T？
答：
(1) 整個系統受力 $F = m_B g = 4 \times 10 = 40$（N）

A 木塊與 B 木塊同時向右或向下移動
總質量為 $m_A + m_B = 6 + 4 = 10$（kg）
代入 $F = ma$ 中，得 $40 = (6 + 4) \times a$，
得 $a = 4$（m/s^2）。
(2) ① 以 A 木塊來看，受到繩子拉力 T_1 作用
有加速度 $a = 4$，代入 $F = ma$ 中
得 $T_1 = m_A a = 6 \times 4 = 24$（N）。

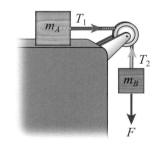

②以 B 木塊來看，受到繩子拉力 T_2 與重力 $m_B g$ 兩力的作用

有加速度 $a = 4$，代入 $F = ma$ 中，

即 $m_B g - T_2 = m_B a$

得 $4 \times 10 - T_2 = 4 \times 4$，故 $T_2 = 24$（N）。

T_1、T_2 皆為繩子的拉力，大小相同、方向相反。

類題 5

假設例題五的桌面有摩擦力，試求在下列狀況中木塊 A 的加速度？

(1) 桌面的靜摩擦係數為 0.5，動摩擦係數為 0.2。

(2) 桌面的靜摩擦係數為 0.8，動摩擦係數為 0.3。

例題 6

以 50 牛頓的力推動 10 公斤的鐵塊在一粗糙木板上滑行，鐵塊的速度由 5 公尺／秒增加到 7 公尺／秒，滑行了 6 公尺，試求：（假設 $g = 10$ 公尺／秒²）

(1) 鐵塊的加速度？

(2) 摩擦力的大小？

(3) 木板與鐵塊接觸面的動摩擦係數？

答：

(1) 鐵塊初速 $v_0 = 5$，末速 $v = 7$，位移 $S = 6$

代入（2-9）式 $v^2 = v_0^2 + 2aS$ 中

得 $7^2 = 5^2 + 2 \times a \times 6$，故 $a = 2$（m/s²）。

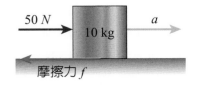

(2) 鐵塊所受合力 $F = ma = 10 \times 2 = 20$（N），向右

故 $50 - f = 20$，得摩擦力 $f = 30$（N），向左。

(3) 代入（3-6）式 $f_k = \mu_k N$ 中，

得 $30 = \mu_k \times (10 \times 10)$，故 $\mu_k = 0.3$。

類題 6

木塊與地面的靜摩擦係數為 0.5，動摩擦係數為 0.2，若木塊的質量為 5 公斤，靜止放置於地面，以 30 牛頓推動此木塊，試求：

（$g = 10$ 公尺／秒²）

(1) 木塊的加速度？

(2) 6 秒後木塊的位移？

3-1 牛頓第一運動定律

1. 牛頓力學在某種狀況下，無法正確的解釋某些物理現象。其中一項為「物體的速度接近光速時」，牛頓力學的描述有重大誤差，必須以愛因斯坦的狹義相對論來解釋；另一項則為「原子構造的微觀問題」，必須由量子力學加以說明。儘管如此，牛頓力學的重要性仍然無法被取代。

2. 凡是能夠使物體產生形變或改變其運動狀態的作用，稱為力。

3. 描述力的三要素包含了大小、方向與作用點。

4. 在彈性限度內，彈簧伸長量與所受外力成正比，此關係稱為虎克定律，其關係式為 $F = k\Delta X$。

5. 當物體不受外力作用或所受外力的合力為零時，則靜者恆靜，動者恆沿一直線作等速度運動。此即牛頓第一運動定律，又稱為慣性定律。

3-2 牛頓第二運動定律

1. 物體受外力作用時，會產生與淨外力同方向的加速度，此加速度的大小與淨外力成正比，而與其質量成反比，此稱為牛頓第二運動定律，其數學式可表示為 $\vec{F} = m\vec{a}$。

3-3 牛頓第三運動定律

1. 牛頓第三運動定律的敘述為：當施力物體施一作用力於受力物體上時，受力體必然會同時施一反作用力於施力體上，兩力的大小相同、方向相反。

2. 此定律中的作用力與反作用力之間的關係必須滿足

   (1) 同時產生與同時消失。
   (2) 作用力與反作用力分別作用在不同的物體上，兩者不能抵銷。

3-4 萬有引力

1. 克卜勒歸納出著名的行星三大運動定律，這三條定律說明了太陽系中行星的運動規則。

2. 第一定律：軌道定律。

   行星繞太陽運轉的軌道形狀為橢圓形，太陽位在橢圓兩焦點的其中一個上面。

3. 第二定律：等面積定律。

   行星繞行太陽運轉時，其與太陽中心的連線，在相同時間內掃過相同的面積。

4. 第三定律：週期定律。

   若太陽系內任一顆行星繞太陽的週期為 T，其平均軌道半徑為 R 時，R^3 與 T^2 成正比，即 $\dfrac{R^3}{T^2} = K$（K 為常數），且對所有行星均相同。

5. 宇宙中，任何兩物體之間都有一相互吸引的力量，稱爲萬有引力，此力的大小與兩物體的質量乘積成正比，且與兩物體間距離的平方成反比。萬有引力 F 可寫成 $F = \dfrac{Gm_1m_2}{r^2}$，G 稱爲重力常數，其值爲 6.67×10^{-11}（$m^3/kg \cdot s^2$）。

6. 重力加速度的值爲 $g = \dfrac{GM}{R_e^2}$。

3-5　摩擦力

1. 摩擦力存在於兩物體的接觸面之間，當物體在另一物體表面上滑動或有滑動的趨勢時，就會在接觸面產生一阻止物體運動的力，此力即爲摩擦力。

2. 正向力作用在兩物體的接觸面，力的方向垂直於接觸面。

3. 最大靜摩擦力與所受正向力的大小成正比，而動摩擦力也與正向力成正比，兩者的關係式爲 $f_s = \mu_s N$；$f_k = \mu_k N$。

習　題

一、選擇題

( ) 1. 在彈性限度內，於彈簧下端懸掛 60 牛頓的物體時，全長爲 20 釐米；懸掛 100 牛頓的物體時，全長爲 24 釐米。則未懸掛物體時，彈簧的原長應爲　(A) 4　(B) 12　(C) 14　(D) 18　釐米。

( ) 2. 下列敘述，何者正確？　(A) 慣性是物體保持靜止狀態的性質　(B) 急駛的汽車突然停止，則車上的人會向前傾　(C) 所有物體不管原來的狀態是靜止或是在運動，如果不受外力作用，則物體最終一定會恢復靜止狀態　(D) 在地球上滾動的石頭，漸漸減慢速度，是因爲所受外力爲零的結果。

( ) 3. 一孩童坐在等速度前進的火車上，向上直拋一球，球將落在　(A) 其前方　(B) 其後方　(C) 不一定　(D) 正落於其手中。

( ) 4. 有一質量爲 2 公斤的物體，同時受到向東 8 牛頓和向南 6 牛頓的作用力，則此物體的加速度大小爲　(A) 2　(B) 3　(C) 4　(D) 5　公尺／秒²。

( ) 5. 馬拉著車，馬施一力於車，依牛頓第三運動定律知車亦施一反方向的力於馬，且此兩力大小相等，則此兩力似乎可互相抵銷而得合力爲零，如此車應該是靜止不動的，但實際上馬卻可以拉動車，這是什麼原因呢？　(A) 此現象不適用牛頓第三運動定律　(B) 車輪施力於地上　(C) 能量守恆定律　(D) 此兩力的著力點不同。

( ) 6. 質量比 2：1 的甲、乙兩人在光滑的平面上互推，甲用 20 牛頓的力推乙，乙用 10 牛頓的力推甲，則
(A) 甲、乙受力比爲 1：2
(B) 乙受力較大
(C) 甲、乙由靜止而後退，後退速度比爲 1：2
(D) 當兩人分開後，均作等加速度運動。

( ) 7. 甲、乙、丙三物體的質量分別爲 10 公斤、5 公斤、3 公斤，且三物體等距，則甲、乙間的萬有引力：乙、丙間的萬有引力：甲、丙間的萬有引力＝　(A) 3：6：10　(B) 10：3：6　(C) 10：5：3　(D) 3：2：1。

( ) 8. 有一繞地球運轉的衛星，其半徑爲地球半徑的 $\frac{1}{5}$，質量爲地球質量的 $\frac{1}{50}$，則某人在此衛星上的重量爲在地球上重量的幾倍？　(A) $\frac{1}{10}$　(B) $\frac{1}{5}$　(C) $\frac{1}{2}$　(D) 1。

(　) 9. 有關克卜勒行星運動定律的敘述，下列選項中，何者正確？

　　(A) 每一行星軌道均呈橢圓形，太陽在橢圓的中心點

　　(B) 不同的行星與太陽中心的連線，在相等時距內，所掃過的面積相等

　　(C) 任一行星與太陽距離的立方對其繞日週期的平方之比為一常數

　　(D) 地球繞行太陽運轉，在近日點的運行速率較遠日點為慢。

(　) 10. 水平桌面上的木塊，受大小相同的力作用，其方向如下列各選項所示，則哪一選項中的木塊所受的摩擦力最小？

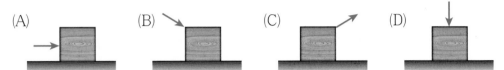

二、填充題

1. 力的三要素包括_____、_____及_____。

2. 5 公斤重等於_____牛頓。

3. 若地球半徑較原來增大一倍，而密度不變，則地面上物體的重量變為原來的_____倍。

4. 重量為 50 牛頓的物體靜置於水平桌面上，接觸面的靜摩擦係數為 0.7，動摩擦係數為 0.4。今施一水平拉力 30 牛頓，則物體和桌面之間的摩擦力為_____牛頓；若改施 40 牛頓的拉力，此時物體和桌面之間的摩擦力為_____牛頓。

5. 質量為 10 公斤的木塊水平置於地面，木塊與地面的摩擦係數為 0.1。若平行地面施以 29.8 牛頓的力推動木塊，則木塊的加速度為_____公尺／秒^2。（$g = 9.8$ 公尺／秒^2）

三、計算題

1. 一靜止的物體質量為 3 公斤，受 6 牛頓的力作用，試求：

　　(1) 4 秒後物體末速度的大小為何？

　　(2) 物體移動的距離為何？

2. 兩木塊被 15 牛頓的定力推動，沿著無摩擦力的水平面上移動，如右圖所示。若 $m = 2$ 公斤，$M = 3$ 公斤，試求：

　　(1) 木塊的加速度？

　　(2) 作用於 M 的力為多少牛頓？

3. 質量 1.0 公斤的木塊靜止於水平桌面上，當木塊受 3.0 牛頓的推力作用後，自靜止開始運動，已知木塊於 4 秒內前進 8.0 公尺，假設重力加速度 $g = 10$ 公尺／秒^2，試求：

　　(1) 木塊加速度量值為多少公尺／秒^2？

　　(2) 木塊與桌面間的動摩擦係數為何？

靜力學 **4**

喜歡玩疊疊樂嗎？把積木抽出後放到最上方的動作，要膽大心細，且要運用到靜力平衡的原理，過程中使積木保持穩定與平衡是最重要的。而學會運用槓桿原理，能夠讓我們在抬起重物時省力或省時。馬戲團的表演者能夠用刀尖頂住數支尖刀而不掉落，就是掌握其重心位置，方能有令人驚奇讚嘆的表演。

要使物體改變運動狀態，就必須有外力作用，然而當物體受外力作用後，就一定會改變運動狀態嗎？受外力而使物體運動狀態改變的現象，在前一章的「牛頓運動定律」中已有所解釋；而受外力作用後，物體若沒有出現運動狀態的改變，又必須符合哪些條件呢？

當物體受外力作用後，運動狀態沒有發生任何改變，我們稱此物體處於「靜力平衡」的狀態下。本章即在探討此現象。

4-1 移動平衡

物體的運動主要分為**移動**與**轉動**兩大部分。所謂移動（translation），是指物體內各質點均作同一方向且互相平行的運動；所謂轉動（rotation），是指物體內各質點均繞著一中心軸作同心圓的運動。

物體移動的方式有許多種，包括直線運動與曲線運動等。當物體移動的狀態維持不變，即作等速度直線運動或靜止時，我們稱此物體保持「移動平衡」（**translational equilibrium**），此時物體不受力或所受合力為零。因此，移動平衡可表示為

$$\Sigma \vec{F} = 0$$

若考慮平面上物體的受力與運動，可將每個外力分解為 x 軸分力與 y 軸分力，而力的分解方法與第二章中的向量分解相同。當兩軸分力的合力皆為零時，此時處於力的平衡，即

$$\Sigma F_x = 0 \text{，} F_{x1} + F_{x2} + F_{x3} + \cdots + F_{xn} = 0$$
$$\Sigma F_y = 0 \text{，} F_{y1} + F_{y2} + F_{y3} + \cdots + F_{yn} = 0$$

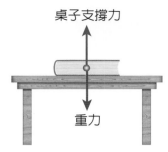

圖 4-1　物體靜止時為力平衡狀態。

以置於桌上靜止不動的書本為例（圖 4-1），書本必定受到向下的重力作用，但仍然靜止不動，代表還有其他外力作用，此力即為桌子向上的支撐力，兩力大小相等、方向相反，故合力為零。若再以水平推力推動書本而依然靜止時，表示除了 y 軸的兩力平衡外，x 軸的水平推力必然會與摩擦力互相抵銷。

4-2　力矩及轉動平衡

4-2.1　力矩

圖 4-2　施力推動門板時，離轉軸愈遠愈省力。

為何門把要盡可能的遠離門軸？這是有原因的。要將門打開或關上，施力是必要的，但是在何處施力與施力方向的選擇，所得到的效果將會不同。當你靠近門軸施力，或者力作用的角度不與門平面成 90 度時，則所施的力量必然會大於遠離門軸且垂直門平面的情形，如此才能推動門（圖 4-2）。甚至當所施的力的延長線通過門軸時，無論你用多大的力量，門板依然不動如山。

因此，轉動物體的能力與力的大小、力與轉軸間的距離以及力的方向有關，我們將此物理量定義為力矩（**torque**），代號為 τ。

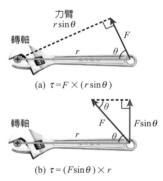

(a) $\tau = F \times (r\sin\theta)$

(b) $\tau = (F\sin\theta) \times r$

圖 4-3　計算力矩的兩種方法。

計算力矩的方法有兩種，第一種方法為力乘以力臂（圖 4-3(a)），若 θ 為轉軸至施力點的連線與施力線的夾角，則轉軸到施力線的垂直距離稱為力臂，其值為 $r\sin\theta$，故 $\tau = F(r\sin\theta)$。第二種方法為垂直於力臂的分力乘以力與轉軸間的距離（圖 4-3(b)），垂直分力的大小為 $F_{\perp} = F\sin\theta$，故 $\tau = (F\sin\theta)r$。兩種方法所得到的結果相同，故力矩可表示為

$$\tau = Fr\sin\theta = rF\sin\theta \tag{4-1}$$

當力矩愈大時，物體愈容易繞軸轉動。力矩的單位用 SI 制表示為牛頓·公尺（N·m），與功的單位相同。然而，力矩與功是兩個完全不同的物理量，切勿搞混。力矩屬於向量，其方向有順時針與逆時針兩種，通常將逆時針方向轉動的力矩稱為正力矩，順時針方向轉動的力矩稱為負力矩。

例題 1

如圖所示，試分別求出各力的力矩與方向。

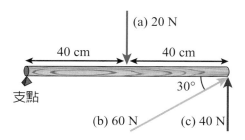

答：代入（4-1）式 $\tau = Fr\sin\theta = rF\sin\theta$ 中

(1) $\tau_1 = 20 \times 0.4 = 8$（N·m），
順時針方向（負）。

(2) $\tau_2 = 60 \times 0.8 \times \sin 30° = 24$（N·m），
逆時針方向（正）。

(3) $\tau_3 = 40 \times 0.8 = 32$（N·m），
逆時針方向（正）。

類題 1

今欲拔取釘在木板上的釘子，於是對拔釘桿施力 80 牛頓，若拔釘桿與木板夾 60 度角，桿長 1.2 公尺，試求此力對支點的力矩大小？

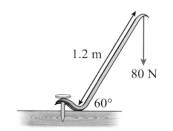

4-2.2　共點力與非共點力

作用在物體上的數力，若其力的延長線均通過同一特定點時，這些作用力稱為共點力（concurrent force）；若力的延長線沒有通過同一點時，則這些作用力稱為非共點力（non-concurrent force）。

如圖 4-4(a)，物體受到 $\overrightarrow{F_1}$、$\overrightarrow{F_2}$、$\overrightarrow{F_3}$ 三力作用，三力的作用線皆通過同一點 O，屬於共點力，我們可以運用向量的合成法求出合力。當合力為零時，物體可視同不受力，此時物體將保持原有的運動狀態，即維持靜止或作等速度直線運動；當合力不為零時，依照牛頓第二運動定律可求出加速度，此時物體將沿合力的方向作加速度運動。

如圖 4-4(b)，物體受到 $\overrightarrow{F_4}$、$\overrightarrow{F_5}$、$\overrightarrow{F_6}$ 三力作用，三力的作用線沒有通過同一點，屬於非共點力，此時除了移動之外，也有可能產生轉動的現象。

平行力為非共點力的特例，平行力是指作用在同一物體上的數力，其作用線相互平行且不會有交點，平行力在計算重心時會使用到。當物體受到數個平行力作用時，我們常常只會以一力代表所有平行力對物體

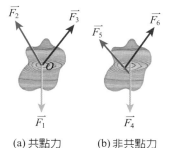

(a) 共點力　　(b) 非共點力

圖 4-4　共點力與非共點力。

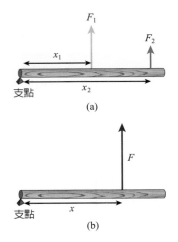

(a)

(b)

圖 4-5　以 $\vec{F}$ 表示 $\vec{F_1}$ 與 $\vec{F_2}$ 兩平行力的合力。

的作用，此力即爲所有平行力的合力。此合力對物體造成的移動與轉動現象，必須等於所有平行力對物體作用的總和。

如圖 4-5(a)，假設物體受兩平行力 $\vec{F_1}$、$\vec{F_2}$ 作用，欲以一合力 $\vec{F}$ 表示時，可以用圖 (b) 簡化圖 (a)，則 $\vec{F}$ 的大小與方向要等於 $\vec{F_1}$ 與 $\vec{F_2}$ 的總和；$\vec{F}$ 對此物任意點的力矩要等於 $\vec{F_1}$ 與 $\vec{F_2}$ 對相同點的力矩總和。

因此，合力 $\vec{F}$ 可表示爲

$$\vec{F} = \vec{F_1} + \vec{F_2}$$

此外，圖 (a) 與圖 (b) 的力矩大小必須相同。若以左端爲支點時，則

$$F_1 x_1 + F_2 x_2 = Fx$$

由上式可知，以合力表示時的力臂大小爲

$$x = \frac{F_1 x_1 + F_2 x_2}{F_1 + F_2} \tag{4-2}$$

若平行力不只兩力，亦可仿照以上方式加以推演，可得

$$x = \frac{\sum F_i x_i}{\sum F_i}$$

例題 2

木棒受三個平行力作用，其大小、方向與作用點如圖所示。今以一合力 F 表示此三力的作用，試求此合力 F 的大小、方向與作用點？

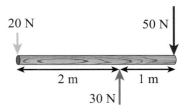

答：將原圖簡化如圖，兩圖的合力與合力矩需相同

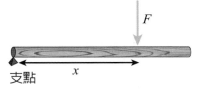

(1) 假設力向下爲正，F 的大小爲三力的合力
$F = 20 + 50 - 30 = 40$（N），方向向下
(2) 若以木棒左端爲支點（轉軸）
F 的力矩爲三平行力的力矩和（以逆時針方向爲正）
即 $30×2 - 50×(2 + 1) - 20×0 = -40×x$
得 $40x = 90$，故 $x = 2.25$（m）

所以此合力為 40 牛頓，方向向下，作用於木
棒左端的右側 2.25 公尺處。

類題 2

如圖中的木棒受三平行力作用，試求合力的大
小、方向與作用點？

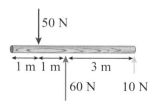

4-2.3　槓桿與轉動平衡

當物體受數力作用而其轉動的狀態維持不變時，我們稱此物體保持
「轉動平衡」（rotational equilibrium），此時物體不受外力或所受合
力矩為零。因此，轉動平衡可表示為

$$\Sigma \tau_i = 0$$

由於力矩只有順時針與逆時針兩種方向，因此在同一平面上，轉動
平衡也可以表示為物體所受到的順時針力矩等於逆時針力矩。

以圖 4-6 為例，一把秤的提把兩端放置了秤盤與錘，秤盤上放有欲
測量質量的物體，當秤桿平衡而不轉動時，秤盤所受到的逆時針力矩會
等於錘所受到的順時針力矩，此時秤桿處於轉動平衡的狀態。

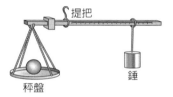

圖 4-6　秤平衡時，提把兩
側的力矩相互抵銷。

阿基米德首先提出槓桿原理，他曾說：「給我一個支點與足夠長的
竿子，我就可以撐起地球」。當槓桿平衡時，施力對支點所產生的力矩
與抗力對支點所產生的力矩之間的關係為：大小相等、方向相反。

以木棒抬起一石塊，施力點、石塊（抗力點）與支點的相關位置如
圖 4-7 所示，則

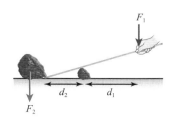

圖 4-7　槓桿原理。

$$F_1 d_1 = F_2 d_2 \tag{4-3}$$

此即為槓桿原理的關係式。天平（圖 4-8）就是應用槓桿原理來測量物
體質量的一種工具。槓桿可分為三類，詳述如下：

1. 支點在中間，例如剪刀。可依設計的不同，而有省力或省時的功能。
2. 抗力點在中間，例如開瓶器。此類槓桿省力，但較費時。
3. 施力點在中間，例如掃把、鑷子等。此類槓桿省時，但較費力。

圖 4-8　等臂天平。

例題 3

今欲利用 2 公尺長的木棒舉起 90 牛頓的石塊，若支點距離石塊 0.5 公尺，則在木棒另一端需施力多少才能舉起石塊？

↓ 90 N

答：依照槓桿原理，支點兩側的力矩需大小相等、方向相反

得 $90×0.5 = F×(2 - 0.5)$，故 $F = 30$（N）。

類題 3

米棋、至佑與爸爸三人玩蹺蹺板，米棋 220 牛頓、至佑 120 牛頓、爸爸 670 牛頓。米棋坐在支點右側 3 公尺處，至佑坐在支點右側 1.2 公尺處，則爸爸需要坐在何處，蹺蹺板才能平衡？

4-3　重心與質心

　　任何物體皆可視為由多個質點所組成，各個質點在地球上均受到重力作用。由於一般物體的體積遠小於地球，且距離地心甚遠，因此可將各質點所受的重力視為平行力。在 4-2.2 節中提到，我們可以用一合力簡化數個平行力對物體的作用，因此各質點所受的重力也可以用一合力代表，此合力的大小為各質點所受重力之和，即物體的重量。而各質點的重力對重心（center of gravity）的合力矩為零。

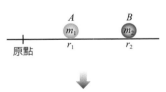

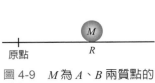

圖 4-9　M 為 A、B 兩質點的重心。$M = m_1 + m_2$。

　　如圖 4-9，以直線坐標系為例，將物體視為由 A、B 兩質點所構成，A、B 的質量分別為 m_1、m_2，坐標分別為 r_1、r_2，兩質點的質量和為 M。若兩質點所受的重力加速度相等，則其重力和為

$$Mg = m_1g + m_2g$$

兩質點對原點的力矩必須與重心對原點的力矩相同，故

$$MgR = m_1gr_1 + m_2gr_2$$

思考問題
短跑競賽中，為什麼選手起跑前，都要採取蹲踞的姿勢呢？

$$R = \frac{m_1gr_1 + m_2gr_2}{Mg} = \frac{m_1r_1 + m_2r_2}{m_1 + m_2} \tag{4-4}$$

此即為重心的坐標。

若物體位於平面坐標上，且由數個質點構成時，只需分別探討 x 軸坐標與 y 軸坐標，就可求出重心坐標，表示為

$$R_x = \frac{m_1 x_1 + m_2 x_2 + m_3 x_3 + \cdots}{m_1 + m_2 + m_3 + \cdots} = \frac{\sum m_i x_i}{\sum m_i}$$

$$R_y = \frac{m_1 y_1 + m_2 y_2 + m_3 y_3 + \cdots}{m_1 + m_2 + m_3 + \cdots} = \frac{\sum m_i y_i}{\sum m_i}$$

質心（center of mass）的意義與重心相似，在敘述物體運動時，會將物體視為一個質點，以便於討論。計算質心位置時，亦可使用（4-4）式，通常我們將重心與質心視為同一點，這對日常生活中常見的物體而言，大致正確。我們可觀察（4-4）式的推導式，因為已經假設所有質點的 g 值相同，故可將 g 值消掉。因此，除非各質點的 g 值不相等，重心與質心才會不同，這種狀態只有在物體體積極大時才會產生明顯差異。由此可知，假若物體中任一質點的 g 值皆相同，則物體的重心與質心重疊。

質量均勻且形狀規則的物體，其重心在幾何中心上。例如均勻木棒的重心在棒子的正中央，圓形板的重心在圓心，三角形的重心在三中線的交點，長方形的重心在兩對角線的交點（圖 4-10）。

不規則物體的重心則可以利用懸吊法找出，將物體上的任一點綁上細線，使物體被懸掛，待其靜止後將通過此點的鉛垂線畫在物體上。接著選取另一點重複相同步驟，則此兩直線的交點即為物體的重心（圖 4-11）。

重心的位置並不一定在物體上，例如空心的圓球與圓環，重心的位置在圓心，並不在物體上（圖 4-12）；人體彎腰時，重心也不在人體上。

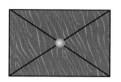

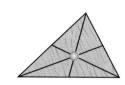

圖 4-10　均勻物體的重心位於其幾何中心上。

圖 4-11　不規則物體的重心可利用懸吊法找出。

(a)空心的圓球　　(b)空心的圓環

圖 4-12　空心的圓球與空心的圓環，其重心位置皆不在物體上。

例題 4

如圖所示,將 L 型均勻木塊置於平面坐標上,試求其重心坐標?(圖形中的長度單位為公分)

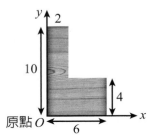

答:欲求重心坐標時,可將 L 型木塊看成是由 A、B 兩長方形木塊所構成,再由兩木塊的重心求出 L 型木塊的重心。

因長方形的重心在兩對角線的交點,

故 A 木塊的重心坐標為 (1, 5),

　　B 木塊的重心坐標為 (4, 2)

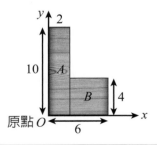

假設此兩均勻木塊每一平方公分的重量為 w

則 A 木塊重量 = $2 \times 10 \times w = 20w$,

　　B 木塊重量 = $(6-2) \times 4 \times w = 16w$

故重心的 x 軸坐標為

$$R_x = \frac{\sum m_i y_i}{\sum m_i} = \frac{20w \times 1 + 16w \times 4}{20w + 16w}$$

$$= \frac{84w}{36w} = \frac{7}{3}$$

重心的 y 軸坐標為

$$R_y = \frac{\sum m_i y_i}{\sum m_i} = \frac{20w \times 5 + 16w \times 2}{20w + 16w}$$

$$= \frac{132w}{36w} = \frac{11}{3}$$

所以 L 型木塊的重心坐標為 $(\frac{7}{3}, \frac{11}{3})$。

類題 4

若質點 A 30 牛頓,坐標為 (3, 5);質點 B 50 牛頓,坐標為 (−1, 2);質點 C 20 牛頓,坐標為 (4, −3)。試此由 A、B、C 三點所成系統的重心坐標?

4-4 靜力學應用實例

4-4.1 靜力平衡的條件

思考問題
馬戲團表演時,為什麼在高空中走鋼索的表演者要手持長桿呢?

　　在本章開頭曾提過,當物體受外力作用後,運動狀態沒有發生任何改變的現象,我們稱此物體處於靜力平衡(static equilibrium)。而物體的運動包括移動與轉動,若物體受力後不運動,即是指物體受力後不會移動也不會轉動,則物體正處於移動平衡與轉動平衡的狀態下。

因此物體處於靜力平衡時，須符合下列兩個條件：

1. **移動平衡**：物體不受外力或所受合力為零，即 $\Sigma F = 0$。若考慮平面上物體的受力與運動，則

$$\Sigma F_x = 0，F_{x1} + F_{x2} + F_{x3} + \cdots + F_{xn} = 0$$
$$\Sigma F_y = 0，F_{y1} + F_{y2} + F_{y3} + \cdots + F_{yn} = 0$$

2. **轉動平衡**：物體不受力矩或所受合力矩為零，即 $\Sigma \tau = 0$。此時物體所受到的順時針力矩會等於逆時針力矩。

4-4.2 靜力平衡的應用

打造建築物時，要讓建築物在受到風力、重力的影響下，仍保持穩定；一座橋在建造時，除了考慮橋受到風力、重力的影響外，還需要考慮有汽車、卡車在橋上行駛時所承受的外力作用。靜力平衡就是在關注當物體受外力時，如何使其保持穩定的問題。建築師與工程師必須能計算作用於建築物、橋梁、交通工具與機械等構造元件上的力；在醫學與體育上，了解人體關節與肌肉的受力，也可提供具有價值的研究數據。

計算靜力平衡的問題時，我們會將物體的受力情形以圖形表示，再加以分析，此圖形稱為力圖。力圖上要詳細標示出力的大小、方向與作用位置，以箭頭代表外力，藉以計算物體所受的合力與合力矩大小。在平面坐標上時，還需要標示出外力與兩軸的夾角，以便於將外力分解為 x 軸與 y 軸兩方向的分力進行分析與計算。

圖 4-13 大自然的平衡巨石。

例題 5

一座橋長 100 公尺，重量 5000 牛頓，有兩輛車同時在橋上，其中卡車 4000 牛頓，位在離橋墩 30 公尺處；汽車 1000 牛頓，位在距另一端橋墩 20 公尺處。假設此橋的重量分布均勻，試求兩橋墩分別受力多少牛頓？

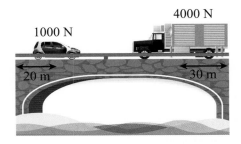

答：將此橋的受力情形畫成力圖，如圖所示

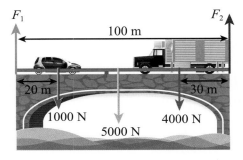

此橋處於靜力平衡狀態
假設兩端橋墩的受力分別為 F_1 與 F_2
則橋墩所受外力需符合：
(1) 合力為 0，向上合力＝向下合力

故 $F_1 + F_2 = 1000 + 5000 + 4000 = 10000$（N）
(2) 對任一點的合力矩為 0，順時針力矩＝逆時針力矩

假設最左端為轉軸
則除了 F_2 產生逆時針力矩外，其他各力皆為順時針力矩，故
$F_2 \times 100 = 1000 \times 20 + 5000 \times 50 + 4000 \times 70$
得 $F_2 = 5500$（N）
又 $F_1 + F_2 = 10000$，所以 $F_1 = 4500$（N）
因此，兩橋墩分別受力 5500 牛頓與 4500 牛頓。

類題 5

父子兩人以長 3 公尺的均勻木棒為工具，若木棒重量不計，想要抬起一個 1200 牛頓的包裹，且父親負重為兒子的 3 倍，試求包裹需置於何處？

例題 6

一鐵塊重 80 牛頓，以兩細繩懸掛於天花板上，如圖所示。試求兩細繩所受的張力大小？

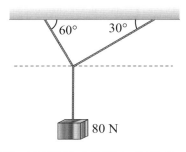

80 N

答：假設兩細繩所受的張力分別為 F_1、F_2，並畫出力圖，如下圖

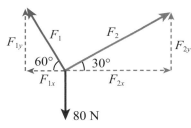

80 N

將 F_1、F_2 分解成 x 軸與 y 軸兩方向的分力

F_1 可分解為：

x 軸方向的分力：$F_{1x} = F_1 \cos 60° \leftarrow$

y 軸方向的分力：$F_{1y} = F_1 \sin 60° \uparrow$

F_2 可分解為：

x 軸方向的分力：$F_{2x} = F_2 \cos 30° \rightarrow$

y 軸方向的分力：$F_{2y} = F_2 \sin 30° \uparrow$

而鐵塊重 $W = 80$ N $\downarrow$

(1) 在 x 軸方向的合力為 0，

即 $F_1 \cos 60° = F_2 \cos 30°$

得 $\dfrac{1}{2} F_1 = \dfrac{\sqrt{3}}{2} F_2$，所以 $F_1 = \sqrt{3} F_2$ ……①

(2) 在 y 軸方向的合力為 0，

即 $F_1 \sin 60° + F_2 \sin 30° = 80$

得 $\dfrac{\sqrt{3}}{2} F_1 = \dfrac{1}{2} F_2 = 80$ ……②

將①代入②中，

得 $\dfrac{\sqrt{3}}{2} (\sqrt{3} F_2) + \dfrac{1}{2} F_2 = 80$，即 $2F_2 = 80$

故 $F_2 = 40$（N），$F_1 = 40\sqrt{3}$（N）。

類題 6

一圓球重 100 牛頓，以繩繫於牆上，如右圖所示，繩與牆面夾 60 度角，試求繩子拉力與牆推球的力量。

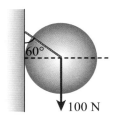

100 N

例題 7

均勻鐵棒一端固定於牆上，中心點繫一繩索連至上方牆面的鉤子，繩索與牆面夾 60 度角，另一端掛一 50 牛頓的重物。若鐵棒長 1 公尺，重量爲 10 牛頓，則此繩索至少需要能承受多大的張力才不會斷掉？

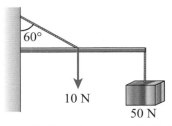

答：設此繩索的張力爲 T，畫出鐵棒受力的力圖，如圖

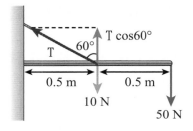

以鐵棒左端與牆連接處爲支點，三力呈轉動平衡

即 $T\cos 60° × 0.5 = 10 × 0.5 + 50 × 1$

得 $\frac{1}{4} T = 55$，故 $T = 220$（N）。

類題 7

均勻鐵棒長 120 公分，重量爲 10 牛頓，一端固定於牆上，另一側繫一繩索連至上方牆面的鉤子，繩索與牆面夾 60 度角，距牆 90 公分處掛一 80 牛頓重的重物，則此繩索至少需要能承受多大的張力才不會斷掉？

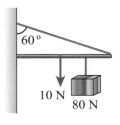

滑輪與輪軸都是應用槓桿原理的簡單機械。滑輪分爲定滑輪（圖 4-14(a)）與動滑輪（圖 4-14(b)）兩種，輪的邊緣具有凹槽以便於繞繩。定滑輪的位置固定，可視爲支點在中央且兩力臂等長的槓桿，依照槓桿原理 $F_1 d_1 = F_2 d_2$，當 $d_1 = d_2$ 時，則 $F_1 = F_2$，因此定滑輪不會省力或費力，但可以改變施力的方向。施力拉動繩子 L 距離時，物體也會移動 L 距離。

動滑輪會隨著重物移動而改變其位置，可視爲抗力點在中間、施力點與支點在兩側的槓桿，若物重 W，其力臂爲 r，施力 F 的力臂爲 $2r$，則 $W × r = F × 2r$，得 $F = \frac{W}{2}$。表示動滑輪可以省力，只需施物體重量一半的力就可以拉動重物，但施力拉動繩子 L 距離時，物體只會移動 $\frac{L}{2}$ 的距離。

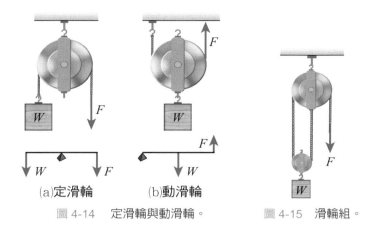

圖 4-14　定滑輪與動滑輪。　　圖 4-15　滑輪組。

　　此外，我們常常將動滑輪與定滑輪組合成一滑輪組（圖 4-15）來使用，如此不僅能省力，且可改變施力方向以便使用者施力。

　　輪軸則是將兩個半徑不同的圓柱體固定在同一轉軸上所構成，外側半徑較大的圓柱稱為輪，內側半徑較小的圓柱稱為軸。其支點固定在轉軸上，物體則可視使用狀況懸掛於外側的輪或內側的軸上。假設輪的半徑為 R，軸的半徑為 r，$R > r$，當物體重 W 時，施力為 F。因輪軸平衡必須符合槓桿原理，所以當物體懸掛於輪而施力於軸時（圖 4-16(a)），

$$F \times r = W \times R$$

此時 $F > W$，施力大於物重，費力但可省時。

　　若物體懸掛於軸而施力於輪時（圖 4-16(b)），

$$F \times R = W \times r$$

此時 $F < W$，施力小於物重，省力但較費時。

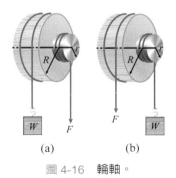

(a)　　　　(b)

圖 4-16　輪軸。

本章重點

4-1 移動平衡

1. 物體的運動主要分為移動與轉動兩大部分。

2. 所謂移動,是指物體內各質點均作同一方向且互相平行的運動;所謂轉動,是指物體內各質點均繞著一中心軸作同心圓的運動。

3. 當物體移動的狀態維持不變,我們稱此物體保持移動平衡,此時物體不受力或所受合力為零,即 $\sum \vec{F} = 0$。

4-2 力矩及轉動平衡

1. 轉動物體的能力定義為力矩,$\tau = Fr\sin\theta = rF\sin\theta$。

2. 逆時針方向轉動的力矩稱為正力矩,順時針方向轉動的力矩稱為負力矩。

3. 作用在物體上的數力,若其力的延長線均通過同一特定點時,這些作用力稱為共點力;若力的延長線沒有通過同一點時,則這些作用力稱為非共點力。

4. 當物體受到數個平行力作用時,我們常常只會以一力代表所有平行力對物體的作用,此力即為所有平行力的合力。此合力對物體造成的移動與轉動現象,必須等於所有平行力對物體作用的總和。

5. 當物體受數力作用而其轉動的狀態維持不變時,我們稱此物體保持轉動平衡,此時物體不受外力或所受合力矩為零,即 $\sum \tau_i = 0$。

6. 當槓桿平衡時,施力對支點所產生的力矩與抗力對支點所產生的力矩之間的關係為大小相等、方向相反。關係式可寫為 $F_1 d_1 = F_2 d_2$。

4-3 重心與質心

1. 任何物體皆可視為由多個質點所組成,各個質點在地球上均受到重力作用。我們可以用一合力代表,此合力的大小為各質點所受重力之和,即物體的重量。而合力的作用點,稱為此物體的重心。

2. 重心坐標可表示為

$$R_x = \frac{m_1 x_1 + m_2 x_2 + m_3 x_3 + \cdots}{m_1 + m_2 + m_3 + \cdots} = \frac{\sum m_i x_i}{\sum m_i}$$

$$R_y = \frac{m_1 y_1 + m_2 y_2 + m_3 y_3 + \cdots}{m_1 + m_2 + m_3 + \cdots} = \frac{\sum m_i y_i}{\sum m_i}$$

3. 假若物體中任一質點的 g 值皆相同,則物體的重心與質心重疊。

4. 質量均勻且形狀規則的物體，其重心在幾何中心上。

5. 重心的位置並不一定在物體上。

4-4　靜力學應用實例

1. 物體處於靜力平衡時，須符合下列兩個條件：

   (1) 移動平衡：物體不受外力或所受合力為零，即 $\Sigma F = 0$。

   (2) 轉動平衡：物體不受力矩或所受合力矩為零，即 $\Sigma \tau = 0$。

2. 滑輪與輪軸都是應用槓桿原理的簡單機械。

3. 定滑輪不會省力或費力，但可以改變施力的方向。施力拉動繩子 L 距離時，物體也會移動 L 距離。

4. 動滑輪可以省力，只需施物體重量一半的力就可以拉動重物，但施力拉動繩子 L 距離時，物體只會移動 $\dfrac{L}{2}$ 的距離。

5. 物體懸掛於輪而施力於軸時，施力大於物重，費力但可省時；物體懸掛於軸而施力於輪時，施力小於物重，省力但較費時。

習　題

一、選擇題

(　) 1. 一水平桿的長度為 20 公尺，其一端固定，今施 60 牛頓的力於桿的另一端且與桿夾 30 度角，則力矩大小為多少牛頓·公尺？　(A) 300　(B) 600　(C) 800　(D) 900。

(　) 2. 有關力矩的敘述，下列選項中，何者正確？　(A) 力矩可使物體產生平移　(B) 力矩無方向性　(C) 力矩與功為相同的物理量　(D) 力矩與功的單位相同。

(　) 3. 物體不轉動是因為　(A) 合力為零　(B) 合力矩為零　(C) 合力與合力矩均為零　(D) 合力與合力矩均不為零。

(　) 4. 關於靜力平衡的敘述，下列選項中，何者正確？　(A) 合力為零且合力矩為零　(B) 合力為零但合力矩不為零　(C) 合力不為零但合力矩為零　(D) 合力不為零且合力矩也不為零。

(　) 5. 甲、乙兩人以長 1 公尺，重 40 牛頓的鐵棒，想要抬起一重 1000 牛頓的負載，為了使甲負擔全部重量的 $\frac{3}{4}$，此負載應置於何處？　(A) 離甲 0.7 公尺處　(B) 離乙 0.7 公尺處　(C) 離甲 0.76 公尺處　(D) 離乙 0.76 公尺處。

(　) 6. 如圖為一平衡狀況，試求兩繩的張力 T_1 及 T_2 分別為多少？（設 $g = 10$ 公尺／秒^2）
(A) 3500 牛頓、2800 牛頓
(B) 2800 牛頓、3500 牛頓
(C) 1260 牛頓、1008 牛頓
(D) 1008 牛頓、1260 牛頓。

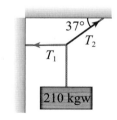

(　) 7. 有關力矩的特性，下列敘述中，何者正確？　(A) 力的作用點與轉軸的距離固定時，若垂直力臂的作用力愈大，則對轉軸所產生的力矩愈大　(B) 力的作用點與轉軸的距離固定時，若垂直力臂的作用力愈大，則對轉軸所產生的力矩愈小　(C) 我們利用機械來工作，一定是因為使用機械可以省力的緣故　(D) 我們利用機械來工作，一定是因為使用機械可以省時的緣故。

(　) 8. 有關定滑輪的特性，下列敘述中，何者正確？　(A) 不省力，但可改變力的作用方向　(B) 省力，又可改變力的作用方向　(C) 不省力，也不能改變力的作用方向　(D) 省力，但不能改變力的作用方向。

(　) 9. 空心圓球的重心在　(A) 球殼外表面　(B) 球殼內表面　(C) 球心　(D) 無法得知。

（　　）10. 如圖，圖中的數字比為桿長比，設桿質量可忽略不計且達水平平衡。關於甲、乙、丙、丁的質量比，下列選項中，何者錯誤？
　　　　　(A) 甲：乙 = 1：1　　(B) 乙：丙 = 3：1
　　　　　(C) 丙：丁 = 1：2　　(D) 甲：丁 = 3：4。

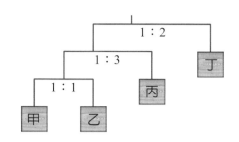

二、填充題

1. 物體的運動主要分為＿＿＿＿＿與＿＿＿＿＿兩部分。

2. 力矩的方向包括：
　　(1) ＿＿＿＿＿方向，為正力矩；
　　(2) ＿＿＿＿＿方向，為負力矩。

3. 如圖中，各力對木尺 O 點所產生的合力矩大小為＿＿＿＿＿牛頓·公尺，方向為＿＿＿＿＿。

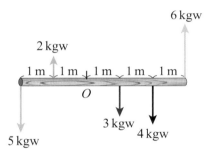

4. 同方向的兩平行力，F_1 = 3 牛頓，F_2 = 7 牛頓，作用在同一物體上，但相距 2 公尺，其合力的大小為＿＿＿＿＿牛頓，位置距 F_1 為＿＿＿＿＿公尺。

5. 如圖中，有一長 5 公尺，2000 牛頓的獨木橋，由 A、B 兩端的兩橋基所支撐，今有一 900 牛頓的機車，上面坐了一位 600 牛頓的騎士，停放於距 A 端 2 公尺處，則 A 端所受的力為＿＿＿＿＿牛頓。（設橋的重心在橋中央）

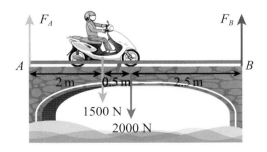

三、計算題

1. 有一鐵球的質量爲 300 牛頓,被一輕質細繩懸掛在光滑的鉛直牆上,且此繩與牆的夾角爲 30 度,如圖所示,則繩上的張力爲多少牛頓?

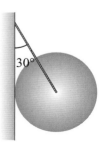

2. 一塊堅硬的木板,長 3 公尺,左端用 50 牛頓的物體壓著,置放在水溝邊,如圖所示,

   (1) 當木板於水溝上方突出 2 公尺時,一 40 牛頓的貓由 A 點向 B 點走多少公尺時,木板會傾斜? (木板重量不計)

   (2) 欲使貓走到 B 點而木板不會傾斜,則木板需重新放置,此時 $\overline{AC}$ 長至少應爲多少公尺?

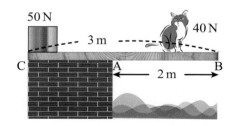

功與能量 **5**

　　沒有人會在高空跳傘的過程中還想著物理公式，但這個過程的確是一個物理能量轉換的現象：由高處掉落，位能逐漸減少而動能逐漸增加。本章就是在探討這些原理：功與能量。

　　改變物體運動狀態就需要增加或改變其能量（energy），對一個物體施力使其產生位移，當施力愈大或施力距離愈長時，就需要耗費較多的能量，這些能量一部分會轉移到物體本身，我們將此種被轉移的能量稱為功（**work**）。

　　能量與功皆為純量，不具方向性。能量常被定義為作功能力的強弱，凡是物體具有作功的能力時，即具備了能量。由於對物體作功可使其增加（或減少）能量，而能量提供物體作功的能力，這代表著能量與功之間必有一重要的關係存在。

5-1 功與功率

　　對一物體施力使其加速前進，就增加了此物體運動的能量；若對物體施力使其減速，就減少了此物體的能量。此種經由力而造成的能量變化，可解釋為力在物體上所作的功 W，所以功是指：將力作用於物體，轉移至物體上的能量或從物體移出的能量。

　　因此功是被轉移的能量，作功就是轉移能量的行為。當力作用於物體，使能量轉移至物體上時，此力作正功；若是將能量從物體中移出，則此力作負功。

　　大小與方向都不變的力稱為恆力，當物體受一恆力 F 作用且在力的方向上產生位移 S（圖 5-1），我們定義此恆力對物體所作的功為

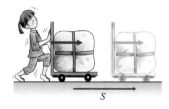

$$W = F \times S \tag{5-1}$$

圖 5-1　施力 F 使物體產生位移 S，則施力對物體所作的功 $W = F \times S$。

圖 5-2　以手推牆壁、手提重物水平移動等，都未作功。

我們也可將功解釋為：施力於物體上，讓物體沿力的方向產生位移時，此力對物體作功。換句話說，物體受力後若沒有位移，或在力的方向無位移發生時，則此力對物體並沒有作功。例如以手推牆壁、手提重物水平移動等，都是徒勞無「功」的例子（圖 5-2）。

在 2-3 節關於圓周運動的討論中，當外力與質點的運動方向垂直時，質點的速度大小並不會改變，而只會改變其方向。因此，若將外力分解成與質點位移平行的平行分力及與位移垂直的垂直分力，則只有平行分力可以改變質點的速度大小。

當外力與位移方向有夾角 θ 時，以向量分解法找出平行位移方向的平行分力，就可以求出此力作功的大小。如圖 5-3，對物體施力 F 使其產生位移 S，施力與位移方向的夾角為 θ，則功的大小為

$$W = F\cos\theta \times S = FS\cos\theta \qquad (5\text{-}2)$$

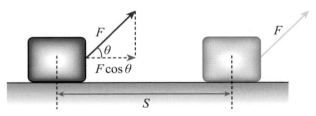

圖 5-3　力與位移的夾角為 θ。

功不具方向性，但有正負之分。當 $0° \leq \theta < 90°$ 時，$\cos\theta > 0$，外力所作的功為正功，會將能量轉移至物體上；當 $90° < \theta \leq 180°$ 時，$\cos\theta < 0$，外力所作的功為負功，會將能量從物體中移出；當 $\theta = 90°$ 時，$\cos 90° = 0$，施力方向與位移垂直，表示雖然有力與位移，但卻不作功。

功的 SI 單位為焦耳（joule），以符號 J 表示。依照（5-2）關係式，**1 焦耳等於 1 牛頓的外力作用在物體上，使其在力的方向產生 1 公尺的位移所作的功**，1 J = 1 N · m。功的 CGS 制單位為耳格（erg），1 耳格等於 1 達因的外力作用在物體上，使其在力的方向產生 1 公分的位移所作的功，1 erg = 1 dyne-cm，所以 1 J = 10^7 erg。

例題 1

在光滑水平地面上，施力 100 牛頓推動一質量 5 公斤的木塊，使木塊沿水平方向移動 8 公尺，試求下列情況時，外力所作的功？

(1) 力與水平地面平行。

(2) 力與水平地面夾 30 度角。

(3) 力與水平地面夾 60 度角。

答：由（5-2）式，功的大小為 $W = FS\cos\theta$

(1) $W = 100 \times 8 \times \cos 0° = 800$（J）。

(2) $W = 100 \times 8 \times \cos 30° = 400\sqrt{3}$（J）。

(3) $W = 100 \times 8 \times \cos 60° = 400$（J）。

類題 1

如圖，一光滑斜面的仰角為 30 度，今施一平行斜面的外力 30 牛頓，推動 5 公斤的木塊，使其沿斜面上滑 8 公尺，試求：

(1) 外力作功多少？

(2) 重力作功多少？（$g = 10$ 公尺／秒^2）

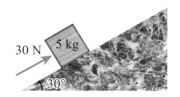

30 N　5 kg　30°

　　工業革命後，人類大量運用各式機器使我們的生活更加便利，因此機器的效率是很重要的。然而，只知道作功的大小並無法完整敘述機器的工作能力，還需要進一步說明能以多快的速率作功。這就像兩臺機器同時製造產品，除了知道產品的數目外，還需要了解到底是用多久的時間製造，才能夠比較出兩臺機器的效率。

　　功率（**power**）被定義為作功的效率，亦可解釋為：每單位時間內所作的功。若在時間 t 內作了 W 的功，則平均功率 P 為

$$P = \frac{W}{t} \tag{5-3}$$

　　SI 制的功率單位為焦耳／秒（J/s），又稱為瓦特（W），這是為了紀念瓦特（James Watt, 1736-1819，英國人，圖 5-4）製造出蒸汽機的偉大貢獻。英制上則常用馬力（HP）為功率的單位，其定義為：1 馬力 = 550 呎－磅／秒，約等於 746 瓦特。

　　當時間 t 極短時，瞬時功率可表示為

圖 5-4　瓦特。

$$P = \lim_{t \to 0} \frac{W}{t} \tag{5-4}$$

　　許多機器所作的功大部分用來克服運轉時的阻力，例如汽車的作功是用於克服車輪與路面的摩擦力、空氣阻力與活動軸承的摩擦力等。汽車即使在水平路面上等速行駛，依然需要一些功率來維持其速率，將 $W = FS$ 代入（5-4）式，可得

$$P = \lim_{t \to 0} \frac{W}{t} = \lim_{t \to 0} \frac{FS}{t} = Fv \qquad\qquad (5\text{-}5)$$

　　當物體受力 F 且瞬時速率為 v 時，其瞬時功率等於力與速率的乘積。換句話說，汽車的瞬時功率可由其瞬時速率與引擎的施力大小而求得，而引擎的施力大小和車重、摩擦力、空氣阻力與道路上下坡有關。

> **思考問題**
> 汽油價格不斷高漲，駕駛人都頗為無奈，然而能源短缺，漲價似乎是不得不接受的事實。因此未來汽油不斷漲價，應該是一個可以預期的常態。如果你是駕駛人的話，開車時要怎麼做才能更省油呢？畢竟這不只是個人荷包的問題，如果每個人可以盡點心力、省點能源，對全世界能源短缺的問題，都能有莫大助益。

例題 2

一質量為 1000 公斤的汽車在一平面道路上作等加速度運動，於 10 秒內速度由 0 公里／小時提高至 90 公里／小時，若此段期間汽車所受到的摩擦力與空氣阻力共 500 牛頓，試求：

(1) 汽車的加速度？

(2) 引擎提供之力的大小？

(3) 此時汽車的瞬時功率為何？

經 10 秒後

答：

(1) 汽車作等加速度運動

　　引擎需施力以克服摩擦力與空氣阻力，並

提供加速度所需要的力

汽車的初速 $v_0 = 0$ m/s，

末速 $v = 90$ km/h $= 25$ m/s，需時 10 s

代入 $v = v_0 + at$ 中

得 $25 = 0 + a \times 10$，故 $a = 2.5$（m/s^2）。

(2) 汽車質量為 1000 kg

　　提供加速度所需要的力為 $F = ma$

得 $F = 1000 \times 2.5 = 2500$（N）

再加上摩擦力與空氣阻力共 500 N

故引擎所需提供的力為

$2500 + 500 = 3000$（N）。

(3) 由（5-5）式，$P = Fv$

故汽車的瞬時功率為

$P = 3000 \times 25 = 75000 = 7.5 \times 10^4$（W）。

類題 2

在水平地面上，施一平行於地面的水平推力 $F = 150$ 牛頓以推動一輛 30 公斤的推車，若此推車以 4 公尺／秒作等速度運動，試求：

(1) 摩擦力的大小？

(2) 推車所受的功率爲何？

(3) 6 秒後，此推車所受水平推力的功爲多少焦耳？

4 m/s

150 N

摩擦力 f

5-2 動能與功能定理

電能、光能、熱能、化學能、核能、動能、位能等都是能量的形式，藉由不同的表現方式，展露出其不同的特性。物體如果具有能量，就具有作功的能力，但物體並不需要立即作功，它可以保存這些能量，直到適當時機再予以釋放，或是轉變成另一種形式的能量顯現。

動能（**kinetic energy**）是一質點運動時所具有的能量。對一物體施力使其運動，外力對物體所作的功可使物體的能量增加，此能量就被稱爲動能。

假設一物體質量爲 m，施一水平力 F，使其在一無摩擦力的水平桌面上運動，經過 t 秒後速度由 v_0 增加到 v，位移爲 S（圖 5-5）。我們可以知道，物體在運動期間的加速度大小爲 $a = \dfrac{F}{m}$。利用等加速度運動的公式（2-9）$v^2 = v_0^2 + 2aS$，將加速度代入可得

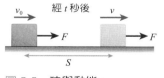

圖 5-5　功與動能。

$$v^2 = v_0{}^2 + 2\frac{F}{m}S$$

移項可得

$$v^2 - v_0{}^2 = 2\frac{F}{m}S$$

將等號兩邊同乘以 m，可得

$$mv^2 - mv_0{}^2 = 2FS$$

再將等號兩邊同乘以 $\dfrac{1}{2}$，可得

$$\frac{1}{2}mv^2 - \frac{1}{2}mv_0^2 = FS$$

而 $W = FS$，故

$$W = \frac{1}{2}mv^2 - \frac{1}{2}mv_0^2 = \Delta K \qquad (5\text{-}6)$$

當物體質量為 m 且以速度 v 運動時，此物體的動能被定義為

$$K = \frac{1}{2}mv^2 \qquad (5\text{-}7)$$

動能的單位與功相同，ΔK 則代表物體的動能變化量。（5-6）式被稱為功能定理（work–energy theorem），所代表的意義為：作用在物體上的功等於物體動能的變化量。

當外力對物體作正功時，會增加其動能，使物體的速度增加，此時外力與位移的方向相同；反之，當外力對物體作負功時，會減少其動能，使物體的速度降低，此時外力與位移的方向相反（圖5-6）。

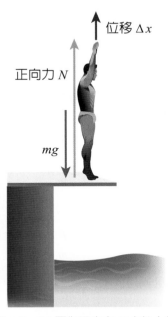

圖 5-6 (a) 棒球選手以身體撲向壘包時，摩擦力對選手作負功，所以使選手的動能減少。

圖 5-6 (b) 因為正向力 N 大於人的重力 mg，作用於跳水選手的合力向上，所以選手在往上跳躍的過程中，所受的淨功大於零，使選手的動能增加。

$v \leftarrow$

mg

N

圖 5-6　(c) 直排輪選手在地面上滑行時，不計摩擦力作用，所受的合力
為零，淨功為零，所以選手的動能不變，以等速度在地面上滑行，動能
為 $K = \dfrac{1}{2} mv^2$。

例題 3

一質量為 20 公克的子彈，以 500 公尺／秒的
速度穿透一厚 10 公分的硬木板，之後速度減
為 200 公尺／秒，試求：

(1) 子彈的初動能？

(2) 子彈穿透木板後減少的動能？

(3) 若木板對子彈的阻力為一恆力，求此力大
小？

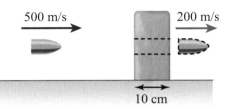

500 m/s　　　　　200 m/s

10 cm

答：

(1) 由（5-7）式，$K = \dfrac{1}{2} mv^2$
得子彈的初動能為

$K = \dfrac{1}{2} \times 0.02 \times 500^2 = 2500$（J）。

(2) 子彈穿透木板後的動能為

$K = \dfrac{1}{2} \times 0.02 \times 200^2 = 400$（J）
故動能變化量為

$\Delta K = 400 - 2500 = -2100$（J），
負號表示動能減少。

(3) 由（5-6）式，$W = \Delta K$，假設物體穿透木
板所受的阻力大小為 f 則所作的功
$W = FS = f \times 0.1$，即 $W = 0.1f = -2100$
故 $f = -21000$（N），負號表示阻力與子
彈位移的方向相反。

類題 3

一汽車質量為 800 公斤，欲使汽車的速度由 5
公尺／秒加速到 30 公尺／秒，需作功多少？

5-3　位能

　　動能在探究物體運動時所具有的能量，位能（**potential energy**）則在探討當物體受力後，其位置與形狀改變時所獲得的能量。重力位能（gravitational potential energy）與彈簧位能（potential energy of spring）是最常被拿來討論的例子。

5-3.1　保守力

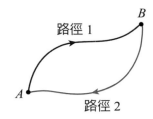

圖 5-7　受保守力作用的質點，由 A 點經由路徑 1 移至 B 點，再經由路徑 2 移回 A 點，保守力對質點所作的總功為零。

　　當一外力作用於質點上，使質點沿著任一封閉路徑運動，且起點與終點相同時，若此力對質點所作的功或質點轉移出來的能量為零，則稱此外力為保守力（conservative force）。換句話說，保守力對沿著任意封閉路徑運動並回到起始點的質點（圖 5-7），所作的功為零。

　　當起點與終點相同時，保守力不作功；反之，當起點與終點不同時，保守力就會對質點作功。因此，保守力是否作功，只決定於質點運動時起點位置與終點位置的變化，而與質點的運動路徑無關。亦即，保守力對於在兩點間運動的質點，其所作的功與質點的路徑無關。

　　由上述對保守力的定義中可知，保守力所作的功沿著一封閉路徑回到起點時，是會恢復的，也就是全程淨功為零。如圖 5-7，假設質點沿著路徑 1，由 A 點運動至 B 點，再沿路徑 2 由 B 點回到 A 點時，假設只有保守力作用於質點上，則 $W_{AB} + W_{BA} = 0$，故 $W_{AB} = - W_{BA}$，即保守力沿著出發路徑所作的功為沿著回程路徑所作之功的負值。

　　伽利略在單擺實驗（圖 5-8）中發現，單擺的擺錘擺動到另一邊時，其高度會與起始擺動的高度相同；若在繩子擺動路徑上放一釘子使其運動中斷時，擺錘雖然會改變運動路徑，但依然會回到與起始擺動相同高度的位置。他推斷擺錘掉下來的過程所獲得的速率，只決定於垂直下降的距離，而非所經過的路徑。

　　重力為保守力，如圖 5-9，觀察手將皮球垂直上拋再掉回手上的過程，皮球上升時，重力與位移的方向相反，重力所作的功為負值。皮球的上升速率因重力作負功而愈來愈慢，直到停止，我們可以說重力將皮球的動能轉換成對地球的位能。當皮球速率為零而停止的瞬間，此時皮球上升至最高點，然後皮球開始向下掉落，這時候能量的轉換與上升過程是相反的。亦即在下降過程中，重力對皮球作正功，重力將皮球對地球的位能轉換成動能。若皮球運動的起點與終點相同時，位能與動能間的轉換將互相抵銷，重力作功為零。

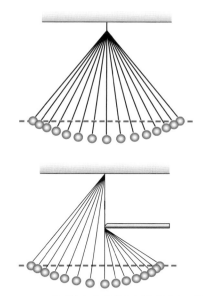

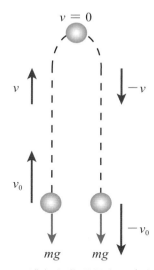

圖 5-8　伽利略的單擺實驗發現，即使單擺的擺動受到阻礙，擺錘依然會回到與起始擺動相同高度的位置。

圖 5-9　球在上升過程中，速度與動能將隨高度的增加而逐漸減小。當球達到最高點又往回落下時，球的速度與動能又隨高度的減少而逐漸增加。

　　彈簧力亦為一保守力，考慮木塊與彈簧的系統，如圖 5-10。施力將木塊向右推，在向右運動的過程中，彈簧收縮並對木塊作功，將木塊的動能轉換成彈簧的位能，木塊速率因而變慢，直到停止，然後木塊反向變為向左運動。此時能量轉換的方式與向右運動相反，即彈簧逐漸伸長並對木塊作正功，將彈簧的位能轉換成木塊的動能。

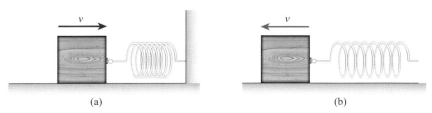

圖 5-10　(a) 木塊向右運動，速度變慢，彈簧收縮，木塊的動能轉換成彈簧的位能。
　　　　　(b) 木塊向左運動，速度變快，彈簧伸長，彈簧的位能轉換成木塊的動能。

　　並非所有的力都是保守力，例如動摩擦力或空氣阻力，都是非保守力（nonconservative force）。沿著封閉路徑運動時，非保守力所作的功無法像保守力般可以恢復。

若一物體在粗糙地面上滑行，並沿一來回路徑運動，於去程時，物體所受的摩擦力與運動方向相反，故摩擦力所作的功為負功；回程時，摩擦力依然與運動方向相反，仍然對物體作負功。因此，摩擦力對物體所作的總功必為負值，會將物體的能量轉換成熱能，並使物體的速度變慢。此種能量無法反向，故摩擦力為非保守力。

當只有保守力作用於物體上時，由於只需要考慮物體的起點與終點，不需要考慮路徑，因此就能簡化討論物體運動的難題。由於保守力的作功僅需考慮質點位置的變化，故將與保守力作功有關的能量稱為位能。

5-3.2　重力位能與彈簧位能

■ 重力位能

如圖 5-11，在地球表面附近對質量 m 的物體施力 F，使其以等速度緩慢的由地面上升到高度為 h 的位置，由於施力必須抵抗此物體所受的重力，故施力與重力大小相同、方向相反，即 $F = mg$。則此力所作的功為 $W = FS = mgh$，此為外力抵抗重力而對物體所作的功，即為物體增加的位能，可表示為

$$U_g = mgh \tag{5-8}$$

此種位能是因為物體在重力場內的位置變化而來，稱為重力位能。

物體的重力位能並非絕對的值，而是視高度 h 的起算點而定。我們必須先訂出基準點的高度，並將此高度的位能假設為零。當物體的位置較此高度來得高時，所受的重力位能較大，為正值；當物體的位置較此高度來得低時，則重力位能較小，為負值。因此，重力位能的大小，是看物體前後位置的相對關係。

舉例來說，圖 5-12 中的 5 公斤鐵球置於桌子上，桌子則放在一木箱上。若以地面為基準點算起，令地面的重力位能為零，則桌面上鐵球的位能大小為

$$U_g = mgh = 5 \times 9.8 \times (4 + 2) = 294 \text{（焦耳）} \text{。}$$

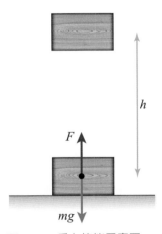

圖 5-11　重力位能示意圖。

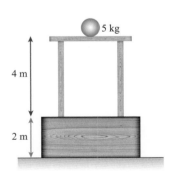

圖 5-12　重力位能大小需看基準點而定。

假若改以木箱的箱面為基準點算起，則令木箱箱面的重力位能為零，此時桌面上鐵球的位能大小變為

$$U_g = mgh = 5 \times 9.8 \times 4 = 196 （焦耳）。$$

而若將鐵球改置於地面上，則鐵球的重力位能變為

$$U_g = mgh = 5 \times 9.8 \times (-2) = -98 （焦耳）。$$

因此以木箱的箱面為基準點時，鐵球分置於地面與桌面的位能差為 $196 - (-98) = 294$（焦耳）。此值與以地面為基準點時，將鐵球置於桌面所算出來的位能大小相同。

■ 彈簧位能

將彈簧壓縮或拉長時需要用力，此時外力必須對彈簧作功，使彈簧的位能增加。當外力移除時，彈簧會恢復原狀，此時就具有作功的能力。彈簧因為形狀改變而獲得的能量，稱為彈簧位能或彈性位能。

第三章中曾提到虎克定律，說明了彈簧在彈性限度內，其伸長量與所受外力成正比。假設對一彈簧施外力後，彈簧伸長或縮短了 ΔX，彈簧的彈力 F 之大小與外力相同，其關係式為 $F = -k\Delta X$，負號代表彈力 F 的方向與位移 ΔX 的方向相反（圖 5-13）。

以外力壓縮或拉長彈簧時，外力並不固定，而是隨長度變化量而增加（圖 5-14）。當長度變化量由 0 變為 ΔX 時，外力也由 0 增加到 $F = k\Delta X$，則作用於彈簧的平均力為

$$F_{avg} = \frac{1}{2}F = \frac{1}{2}k\Delta X$$

此平均力對彈簧作功 W 為

$$W = FS = F_{avg} \times \Delta X = (\frac{1}{2}k\Delta X) \times \Delta X = \frac{1}{2}k\Delta X^2$$

外力所作的功轉換為彈簧的彈簧位能，以 U_s 表示，即

$$U_s = \frac{1}{2}k\Delta X^2 \qquad\qquad (5-9)$$

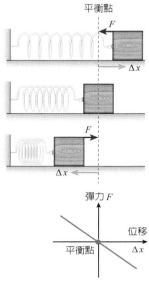

圖 5-13　彈力 F 的方向與位移 ΔX 的方向相反。

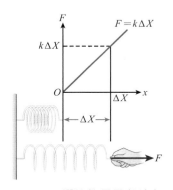

圖 5-14　彈簧伸長量與外力的關係。

例題 4

如圖所示，將 4 公斤的小球置於桌子上，桌子立於地面的木箱上，試求：（$g = 9.8$ 公尺／秒²）

(1) ①以地面為基準點時，小球的重力位能為何？

②若小球由桌面滾下，掉到一深 3 公尺的洞中，則其重力位能的變化為何？

(2) ①以木箱頂部為基準點時，小球的重力位能為何？

②若小球由桌面滾下，掉到一深 3 公尺的洞中，則其重力位能的變化為何？

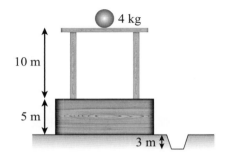

答：

(1) ①以地面為基準點時，桌面高於地面

$10 + 5 = 15$ 公尺

故小球的重力位能為

$U_1 = mgh = 4 \times 9.8 \times 15 = 588$（J）。

②掉到一深 3 公尺的洞中，高度變化為

$\Delta h = -3 - 15 = -18$ 公尺

故重力位能的變化為

$\Delta U_1 = mg\Delta h = 4 \times 9.8 \times (-18)$

$= -705.6$（J）。

(2) ①以木箱頂部為基準點時，桌面高於木箱頂部 10 公尺

故其重力位能為

$U_2 = mgh = 4 \times 9.8 \times 10 = 392$（J）。

②掉到一深 3 公尺的洞中，高度變化與第 (1) 小題一樣，皆為 $\Delta h = -18$ 公尺

故重力位能變化相同，仍為 -705.6（J）。

類題 4

光滑桌面上有一彈簧，彈簧的彈力常數為 200 牛頓／公尺。將彈簧一端固定，在桌面上將 5 公斤的小球滾向彈簧，使其正面撞擊彈簧可自由伸縮的一端，此時彈簧收縮了 1 公尺後瞬間停止，隨後回彈；再將此顆小球以不同力道滾向彈簧，這次彈簧收縮了 0.4 公尺後瞬間停止，然後回彈。試問此彈簧兩次收縮時的彈性位能為何？

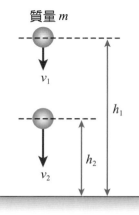

圖 5-15   動能與位能轉換。

5-4   力學能守恆

動能與位能都屬於力學能（**mechanical energy**），一個物體的力學能總和 E 為其動能 K 與位能 U 的和，即 $E = K + U$。

我們將重力位能與動能的關係加以探討，假設一質量為 m 的物體在地表附近作垂直落下的運動，在離地面高 h_1 時，速度為 v_1；下降至離地面高 h_2 時，速度為 v_2（圖 5-15）。利用等加速度運動的公式（2-9）$v^2 = v_0^2 + 2aS$，代入各數值，則

$$v_2^2 = v_1^2 + 2g(h_1 - h_2)$$

移項可得

$$v_2{}^2 - v_1{}^2 = 2gh_1 - 2gh_2$$

等號兩邊同乘以 $\frac{1}{2}m$，可得

$$\frac{1}{2}mv_2{}^2 - \frac{1}{2}mv_1{}^2 = mgh_1 - mgh_2$$

移項可得

$$mgh_1 + \frac{1}{2}mv_1{}^2 = mgh_2 + \frac{1}{2}mv_2{}^2 \qquad (5\text{-}10)$$

　　若以地面為基準點，等號左邊代表此物體在高度 h_1 時的力學能總和，等號右邊則代表此物體在高度 h_2 時的力學能總和。兩個位置的重力位能與動能皆不相同，但其總和是相同的，關係圖如 5-16。在這個運動過程中，物體只受到重力作功，而重力屬於保守力。

　　因此，我們可以推論：當物體只受到保守力作功時，物體所具有的力學能，雖然可以改變形式，但其力學能總和卻是保持不變的，此關係稱為力學能守恆（**conservation of mechanical energy**）。

　　換句話說，在運動的過程中，只要所受外力為保守力，則動能可以完全轉變為位能，位能亦可完全轉換成動能，甚至位能之間也可以互相轉換（圖 5-17）。

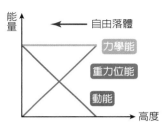

圖 5-16　物體由靜止自由落下的過程中，物體的位能漸減，動能漸增，但物體力學能恆為定值。

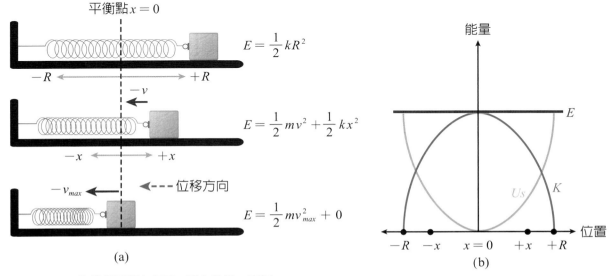

圖 5-17　(a) 物體僅受彈力作用，總力學能 E 守恆。
　　　　　(b) 物體受彈力作用，其動能 K（藍線）、位能 Us（綠線）與總力學能 E（紅線）的關係圖。

例題 5

有一 2.0 公斤的小球置於地面，小愛以速度 2.0 公尺／秒鉛直上拋小球，則以地面為位能零位面時，當其上升至動能與位能相等的時刻，若忽略摩擦力的影響，試問：（$g = 10$ 公尺／秒²）

(1) 物體速率為何？

(2) 此時高度為何？

答：(1) 在動能與位能相等的時刻，設物體的速率為 v'、所在高度為 h'。

由力學能守恆

$mgh_1 + \dfrac{1}{2}mv_1^2 = mgh_2 + \dfrac{1}{2}mv_2^2$ 可知，

因為動能與位能相等

$\left(\dfrac{1}{2}mv'^2 = mgh'\right)$，

所以 $\dfrac{1}{2} \times 2.0 \times 2.0^2 = (\dfrac{1}{2} \times 2.0 \times v'^2) \times 2$，

可得 $v' = 1.4$（m/s）。

(2) 動能等於位能（$\dfrac{1}{2}mv'^2 = mgh'$），

則 $\dfrac{1}{2} \times 2.0 \times 2.0^2 = (2.0 \times 10 \times h') \times 2$，

可得 $h' = 0.10$（m）。

類題 5

山坡高度為 40 公尺，今汽車自山坡頂端上由靜止開始自由下滑，試求：（$g = 9.8$ 公尺／秒²）

(1) 汽車在坡底的速度？

(2) 汽車的速度為坡底速度一半時的高度？

例題 6

如圖所示，在無摩擦力的水平桌面上，彈簧一端固定於牆上，另一端繫上一 20 公克的鐵球，彈簧的彈力常數為 8000 達因／公分，使其達平衡狀態。將鐵球壓離平衡點 10 公分後放開，使鐵球震盪，試求：

(1) 手放開瞬間，鐵球的彈簧位能大小為多少焦耳？

(2) 鐵球通過平衡點時的速率？

(3) 手放開後，鐵球位移為 6 公分時的速率？

平衡點

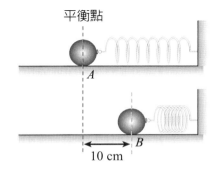

10 cm

答：

(1) 由（5-9）式，

彈簧的彈簧位能為 $U_s = \dfrac{1}{2} k \Delta X^2$

則 $U_s = \dfrac{1}{2} \times 8000 \times 10^2 = 400000$ （erg）

$= 0.04$ （J）。

(2) 依照力學能守恆定律，物體運動時各點的力學能總和皆相同

由於鐵球作水平運動，各處的高度相同，即重力位能相同

故僅需考慮動能與彈簧位能之間的關係即可

也就是 $\dfrac{1}{2} m v_A^2 + \dfrac{1}{2} k X_A^2 = \dfrac{1}{2} m v_B^2 + \dfrac{1}{2} k X_B^2$

　　　A 點動能　A 點位能　B 點動能　B 點位能

因此 $\dfrac{1}{2} \times 20 \times v_A^2 + \dfrac{1}{2} \times 8000 \times 0^2$

$= \dfrac{1}{2} \times 20 \times 0^2 + \dfrac{1}{2} \times 8000 \times 10^2$

整理得 $10 \, vA^2 = 400000$

故 $v_A = \sqrt{40000} = 200$ （cm/s）。

(3) 位移 6 公分，代表此時鐵球距離平衡點的位置為 $10 - 6 = 4$ 公分

因此 $\dfrac{1}{2} \times 20 \times v^2 + \dfrac{1}{2} \times 8000 \times 4^2$

$= \dfrac{1}{2} \times 20 \times 0^2 + \dfrac{1}{2} \times 8000 \times 10^2$

整理得 $10 \, v^2 = 336000$

故 $v = \sqrt{33600} = 40\sqrt{21}$ （cm/s）。

類題 6

一 0.2 公斤的靜止鐵球由距地面高 20 公尺處的光滑斜坡滑落，滑至地面時撞擊一與地面平行的彈簧，此彈簧的彈力常數為 8000 牛頓／公尺，試求此彈簧最多能被鐵球壓縮幾公分？（$g = 10$ 公尺／秒^2）

20 m

思考問題

當你在遊樂場乘坐雲霄飛車，以時速將近一百公里奔馳時，是否曾思考過為什麼車子不需要引擎來推動呢？而當車子在繞圈旋轉時，為何我們的身體倒轉卻不會掉下來呢？

　　然而，若是在運動過程中有非保守力作功，則力學能將不會守恆，外力所作的功也無法完全轉換成物體的能量。例如引擎施力推動車，若有摩擦力與阻力，則引擎所作的功無法完全變成汽車的動能；石塊從山坡上滑落，也會因為摩擦力而使重力位能無法完全轉換成動能。摩擦力會將其中一部分的能量消耗掉，轉換成熱能、聲能等其他形式，這些形式的能量無法完全回復，故對力學能來說，是不守恆的。但是若以整個系統來看，能量還是守恆的，此原理稱為能量守恆定理（law of conservation of energy），亦即一系統內的總能量是不變的。能量可以轉換成不同形式的其他能量或傳遞至另一物體上，但總能量必定是固定的。

例題 7

施一平行桌面的恆力 60 牛頓推動一放置於桌面的靜止行李箱，其質量為 20 公斤，當位移 24 公尺時，行李箱的速度大小為 10 公尺／秒，試求：

(1) 行李箱此時的動能？

(2) 此力作功多少？

(3) 摩擦力消耗多少能量？

(4) 摩擦力的大小？

答：

(1) 由（5-7）式，

$K = \dfrac{1}{2} mv^2 = \times 20 \times 10^2 = 1000$（J）。

(2) 由（5-1）式，

$W = FS = 60 \times 24 = 1440$（J）。

(3) 摩擦力消耗的能量

$= W_f = 1440 - 1000 = 440$（J）。

(4) 摩擦力所消耗的能量＝摩擦力所作的負功

＝摩擦力 × 位移

$\Rightarrow 440 = f \times 24$，故 $f = \dfrac{440}{24} \doteqdot 18.33$（N）

類題 7

如圖所示，子彈質量 8 克，以 100 公尺／秒的速度射入一個以繩子懸掛於天花板的木塊，並嵌入木塊中，木塊的質量為 5 公斤。木塊經子彈撞擊後，上升 50 公分，試求：（$g = 10$ 公尺／秒^2）

(1) 子彈的初動能？

(2) 木塊所增加的重力位能？

(3) 木塊與子彈間的摩擦力所消耗掉的能量？

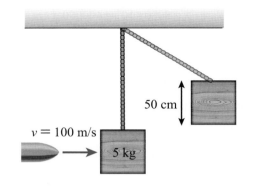

50 cm

$v = 100$ m/s

5 kg

5-1　功與功率

1. 功是指：將力作用於物體，轉移至物體上的能量或從物體移出的能量。

2. 能量與功皆爲純量，不具方向性。能量常被定義爲作功能力的大小，凡是物體具有作功的能力時，即具備了能量。

3. $W = F\cos\theta \times S = FS\cos\theta$。

4. 功的 SI 單位爲焦耳（joule），以符號 J 表示；CGS 制的單位爲耳格（erg）。

5. 平均功率 P 定義爲 $P = \dfrac{W}{t}$。SI 制的功率單位爲焦耳 / 秒，又稱爲瓦特（W）。

5-2　動能與功能定理

1. 動能是一質點運動時所具有的能量。

2. 動能被定義爲 $K = \dfrac{1}{2}mv^2$。

3. 功能定理所代表的意義爲：作用在物體上的功等於物體的動能變化量。

5-3　位能

1. 保守力的定義爲：

    (1) 保守力對沿著任意封閉路徑運動並回到起始點的質點，所作的功爲零。
    (2) 保守力對於在兩點間運動的質點，其所作的功與質點的路徑無關。

2. 重力位能 $U_g = mgh$，是因爲物體在重力場內的位置變化而來。

3. 物體的重力位能並非絕對的值，而是視高度 h 的起算點而定。

4. 彈簧因爲形狀改變而獲得的能量，稱爲彈簧位能或彈性位能，以 U_s 表示。

5-4　力學能守恆

1. 動能與位能都屬於力學能。

2. 當物體只受到保守力作功時，物體所具有的力學能，雖然可以改變形式，但其力學能總和卻是保持不變的，此關係稱爲力學能守恆。

3. 若是在運動過程中有非保守力作功，則力學能將不會守恆。但是若以整個系統來看，能量還是守恆的。

4. 一系統內的總能量是不變的。能量可以轉換成不同形式的其他能量或傳遞至另一物體上，但總能量必定是固定的，稱爲能量守恆定理。

習 題

一、選擇題

( ) 1. 下列有關功的敘述，何者錯誤？ (A) 人造衛星繞地球運轉，萬有引力對衛星所作的功為零 (B) 手持重物，但手未運動，則手對重物所作的功為零 (C) 單擺運動中，繩子張力對擺錘所作的功為零 (D) 手推一重物，使其沿一粗糙表面等速前進，則手對重物所作的功為零。

( ) 2. 若某人手提 10 公斤的物體沿 30 度的斜坡走 100 公尺，則此人對該物所作的功為 (A) 4900 (B) $4900\sqrt{3}$ (C) 9800 (D) $9800\sqrt{3}$ 焦耳。

( ) 3. 一舉重機在 5 秒內，將 10 公斤的物體以等速率舉高 2 公尺，試問其功率為多少？ ($g = 10$ 公尺／秒^2) (A) 40 (B) 196 (C) 100 (D) 19.6 瓦特。

( ) 4. 當一汽車的速率加倍，其動能的改變如何？ (A) 增加為 2 倍 (B) 增加為 3 倍 (C) 增加為 4 倍 (D) 不變。

( ) 5. 一質量 0.5 公斤的球被以 10 公尺／秒的速率投出，則球的動能為多少？ (A) 25 耳格 (B) 50 耳格 (C) 25 焦耳 (D) 50 焦耳。

( ) 6. 質量為 10 公斤的物體，受外力 F 作用 0.5 秒後，速度自 5 公尺／秒增加至 10 公尺／秒，此此外力所作的淨功為 (A) 375 (B) 400 (C) 500 (D) 250 焦耳。

( ) 7. 一質量 0.4 公斤的球被以 10 公尺／秒的速率垂直上拋，若不計空氣阻力，則到達最高點時，球相對於上拋點的位能為多少焦耳？ (A) 0 (B) 10 (C) 20 (D) 100。

( ) 8. 自地面以初速 10 公尺／秒拋出一顆質量為 0.5 公斤的球，若不計空氣阻力，則當球的高度為 4.2 公尺時，其速率約為多少公尺／秒？ ($g = 10$ 公尺／秒^2) (A) 4.0 (B) 5.0 (C) 5.5 (D) 6.0。

( ) 9. 一質量為 5 公斤的質點，受外力 F 作用 0.1 秒後，速度由 4 公尺／秒向右變為 8 公尺／秒向左，則外力 F 的大小為 (A) 600 (B) 200 (C) 120 (D) 40 牛頓。

二、填充題

1. 1 馬力等於_____瓦特。

2. 將一彈力常數為 16 牛頓／公尺的彈簧壓縮 0.1 公尺後，在彈簧前端置一質量為 0.01 公斤的物體，然後釋放，則此物體離開彈簧時的速度為_____公尺／秒。

3. 一車的引擎以 6000 焦耳／秒的功率發動，車速為 120 公里／小時，則車行駛時所受到的阻力為_____牛頓。

4. 如圖所示，有一質量 2 公斤的物體，在沒有摩擦力的光滑曲面上滑行。若該物體在甲點處的速率為 10 公尺／秒，則在乙點處的速率為_____公尺／秒。（$g = 10$ 公尺／秒²）

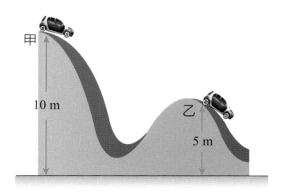

5. 一長 8 公尺、質量 30 公斤的均勻鐵棒水平置於地面，重心在棒中央，若欲將棒豎起，則需要作功_____焦耳。（$g = 10$ 公尺／秒²）

三、計算題

1. 將一質量 4 公斤的物體自長 10 公尺、高 2.5 公尺的斜面頂端靜止釋放，該物體抵達斜面底部時，其速率為 3 公尺／秒，則此物體所受的摩擦力為多少牛頓？（$g = 9.8$ 公尺／秒²）

2. 無摩擦力的光滑水平面上，質量 1.2 公斤的木塊繫於彈力常數為 120 牛頓／公尺的彈簧之一端，將彈簧伸長 20 公分後釋放。試求：

   (1) 木塊的最大速度？
   (2) 在何處彈簧的彈簧位能等於動能？

3. 有一抽水機每分鐘能將 300 公斤的水，由 10 公尺深的井中抽上來，且以 20 公尺／秒的速率噴出，若不計任何阻力影響，試問：（$g = 10$ 公尺／秒²）

   (1) 抽水機每分鐘可使 300 公斤的水增加多少焦耳的位能？
   (2) 此抽水機的平均功率為多少瓦特？

動量守恆及其應用＊ Chapter **6**

要能更深入體會牛頓運動定律的運用，就要了解「動量」的定義。動量是用來描述物體的運動狀態，物體受力後動量就會改變。撞球是講究技巧的優雅運動，一竿進洞或是灌籃時的成就感著實讓人歡喜，想要學會這些技巧，就讓我們先了解碰撞的原理吧！

物體的運動狀態要如何判斷呢？當兩臺相同的腳踏車以不同速率通過時，我們會說：速度快的腳踏車運動狀態較明顯；而當砂石車與腳踏車以相同速率通過身邊時，我們則會認為：砂石車的運動狀態較明顯。由此可知，物體運動的特性就決定於物體的兩個性質：質量與速度。

6-1　動量與衝量

既然物體運動的特性決定於質量與速度，因此定義動量（**momentum**）為質量與速度的乘積，以 $\vec{P}$ 表示，其數學式為

$$\vec{P} = m\vec{v} \tag{6-1}$$

動量是一個向量，方向與物體速度的方向相同，其單位為公斤·公尺／秒（kg·m/s），用 CGS 制表示時為公克·公分／秒（g·cm/s）。一臺緩慢移動的火車，其動量可能大於在跑道上快速行駛的 F1 賽車（圖6-1）；當小個子動物想要撲殺大個子動物時，就需要加快速度來增加其動量，方能撲倒獵物。

當運動物體的質量 m 不變，速度由 v $\vec{v_1}$ 變成 $\vec{v_2}$ 時，動量由 $\vec{P_1}$ 變成 $\vec{P_2}$（圖6-2），則此物體的動量改變量 $\Delta\vec{P}$ 為

$$\begin{aligned}
\Delta\vec{P} &= \vec{P_2} - \vec{P_1} \\
&= m\vec{v_2} - m\vec{v_1} \\
&= m(\vec{v_2} - \vec{v_1}) \\
&= m\Delta\vec{v}
\end{aligned} \tag{6-2}$$

圖 6-1　質量很大（M）但速度緩慢（v）的火車與質量較小（m）但速度很快（V）的 F1 賽車，可以有大小相同的動量，即 $Mv = mV$。

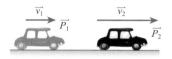

圖 6-2　動量改變示意圖。

例題 1

將質量 0.5 公斤的棒球以 50 公尺 / 秒的速度垂直上拋，假設重力加速度 $g = 10$ 公尺 / 秒²，試求：

(1) 棒球剛拋出時的動量為何？

(2) 棒球到達最高點時的動量為何？

(3) 第 8 秒時棒球的動量？

(4) 到達地面時棒球的動量改變量？

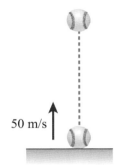

50 m/s

答：

(1) 由（6-1）式，$\Delta\vec{P} = m\vec{v}$

棒球剛拋出時的初動量為

$P = 0.5 \times 50 = 25$（kg·m/s）。

(2) 棒球到達最高點時的速度為 0，故此時的動量為 $P = 0.5 \times 0 = 0$（kg·m/s）。

(3) 想要求得第 8 秒時棒球的動量，必須先求出第 8 秒時棒球的速度

棒球的初速 $v_0 = 50$ m/s，

加速度 $a = -10$ m/s²，時間 $t = 8$ s

代入 $v = v_0 + at$ 中，

得 $v = 50 + (-10) \times 8 = -30$（m/s）

負數代表此時棒球的運動方向與初速度相反，故此時的動量為

$P = 0.5 \times (-30) = -15$（kg·m/s）。

(4) 棒球回到原高度時，速度大小與初速度相同，但方向相反

故此時速度為 $v = -50$ m/s

由（6-2）式，動量變化為

$$\Delta\vec{P} = m\Delta\vec{v} = 0.5 \times [(-50) - 50]$$
$$= -50 \text{（kg·m/s）。}$$

類題 1

投手將球以 40 公尺 / 秒的速度投出，被打擊者以球棒擊出，球的飛行速度為 30 公尺 / 秒且運動方向與原方向相反，假設球的質量為 600 公克，求此球的動量變化量？

　　實際上，牛頓第二運動定律在發表時，是以動量的時變率來加以定義，此定義為：作用於質點上的外力等於動量對時間的變化率。可寫成

$$\vec{F} = \lim_{\Delta t \to 0} \frac{\Delta\vec{P}}{\Delta t} \qquad （6\text{-}3）$$

若是運動物體的質量不變時，則

$$\vec{F} = \lim_{\Delta t \to 0} \frac{\Delta\vec{P}}{\Delta t} = \lim_{\Delta t \to 0} \frac{\Delta(m\vec{v})}{\Delta t}$$
$$= m \lim_{\Delta t \to 0} \frac{\Delta\vec{v}}{\Delta t} = m\vec{a}$$

上式即為牛頓第二運動定律的數學式。

如圖 6-3，考慮一個大小及方向皆固定的恆力 $\vec{F}$，使其作用在質量為 m 的物體上，當作用了 Δt 秒後，此物體的速度由 $\vec{v_0}$ 變為 $\vec{v}$，依照牛頓第二運動定律可知，恆力會提供物體一加速度 $\vec{a} = \dfrac{\vec{F}}{m}$。若是利用等加速度運動公式，可知 $\vec{a} = \dfrac{\vec{v} - \vec{v_0}}{\Delta t}$，將兩式合併可得

$$\vec{a} = \frac{\vec{F}}{m} = \frac{\vec{v} - \vec{v_0}}{\Delta t}$$

利用交叉相乘，可將上式改寫為

$$\vec{F}\Delta t = m(\vec{v} - \vec{v_0})$$
$$= m\Delta\vec{v} = \Delta\vec{P} \tag{6-4}$$

圖 6-3　物體受定力 $\vec{F}$ 作用，在 Δt 的時間內，速度從 $\vec{v_0}$ 變為 $\vec{v}$。

（6-4）式的等號右側表示此物體受外力作用所產生的動量變化，等號左側則是外力與施力時間的乘積，這個乘積稱為衝量（impulse），其單位與動量相同，此時的外力被稱為衝力（impulsive forces）。（6-4）式指出物體受衝力作用後，所獲得的衝量等於該物體受外力作用期間的動量變化，這個關係稱為動量－衝量定理。而若是物體所受外力並非恆力時，則可以用作用時間內的外力平均值來取代。

當物體的動量變化相同時，作用時間愈長，由於衝量相同，則物體所受的衝力愈小。例如人由高處跳下，著地時腳會由直而彎曲；進行體操運動時，會在地板鋪上軟墊（圖 6-4(a)）；汽車裝設安全帶或安全氣囊（圖 6-4(b)）等，都是為了拉長作用時間，以降低人體所受的衝力。

> **思考問題**
> 由高處跳下，你會用哪些方式減輕著地時雙腳的負擔？為什麼呢？

圖 6-4　軟墊與安全氣囊都是用來減少對人體的撞擊力。

思考問題

一輛疾駛中的汽車撞上一堅固的水泥牆後停下來，與撞上一堆稻草堆後停下來所造成的損傷有顯著的不同，是因為怎樣的原因造成汽車所受到的作用力大小不同呢？如圖 6-5 所示。

圖 6-5　(a) 產生動量變化的時間較短時，汽車所受到的作用力 F 較大。

圖 6-5　(b) 產生動量變化的時間較長時，汽車所受到的作用力 F 較小。

例題 2

小強以 108 公里／時的速度在高速公路上行駛汽車，由於精神不濟而撞到護欄，幸好車內加裝安全氣囊而無大礙。假設小強的質量為 70 公斤，安全氣囊使小強由高速到靜止所花的時間為 1.2 秒；而若沒有加裝安全氣囊，則小強由高速到靜止所花的時間僅需 0.1 秒，試求：

(1) 碰撞期間小強的動量變化為何？

(2) 碰撞期間小強所受到的衝量大小為何？

(3) 未裝安全氣囊時，碰撞期間小強所受到的衝力大小為何？

(4) 裝設安全氣囊時，碰撞期間小強所受到的衝力大小為何？

答：

(1) 108 km/h $= 108 \times \dfrac{1000}{3600}$ m/s $= 30$ m/s

小強的速度由 30 m/s 變為 0 m/s

故其動量變化為

$$\Delta \vec{P} = m\Delta \vec{v} = 70 \times (0 - 30) = -2100 \ (\text{kg} \cdot \text{m/s})。$$

(2) 依照（6-4）式，物體所受的衝量等於動量變化，故小強所受的衝量為

$$\vec{F}\Delta t = \Delta \vec{P} = -2100 \ （\text{kg} \cdot \text{m/s}）。$$

(3) 由（6-4）式，$\vec{F}\Delta t = m(\vec{v} - \vec{v_0}) = \Delta \vec{P}$

得 $F \times 0.1 = -2100$，故 $F = -21000$（N）

負數表示所受外力與原速度方向相反。

(4) 由（6-4）式可知 $F \times 1.2 = -2100$，

　　故 $F = -1750$（N）

　　由此例題可知當汽車裝設安全氣囊時，

　　<u>小強所受的衝力明顯降低</u>。

類題 2

對一運動中的 2 公斤物體施一恆力，歷時 3 秒，使物體的速度由 4 公尺／秒加速到 22 公尺／秒，試求：

(1) 此物體的動量變化量？

(2) 此物體所受到的衝量大小爲何？

(3) 此物體所受到的衝力大小爲何？

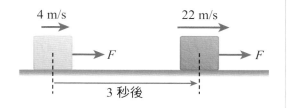

例題 3

將質量 600 公克的橡皮球置於 20 公尺高處，使其由靜止狀態自由掉落，撞擊地面後以 15 公尺／秒的速度向上反彈，若球與地面的接觸時間爲 0.03 秒，試求：

(1) 橡皮球撞擊地面前的速度大小？

　　（$g = 10$ 公尺／秒²）

(2) 碰撞期間橡皮球的動量變化量？

(3) 碰撞期間橡皮球所受到的平均作用力大小？

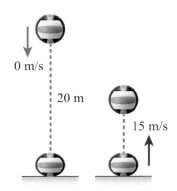

答：

(1) 利用等加速度運動公式 $v^2 = v_0^2 + 2aS$，

　　由題意知 $v_0 = 0$，$a = g = 10$，$S = 20$

代入公式可得 $v^2 = 0^2 + 2 \times 10 \times 20$，

得 $v = 20$（m/s）。

(2) 橡皮球的速度由 20 m/s 變爲 -15 m/s

　　故其動量變化爲

$$\Delta \vec{P} = m\Delta \vec{v} = 0.6 \times (-15 - 20)$$
$$= -21 \ (\text{kg} \cdot \text{m/s})。$$

(3) 由（6-4）式，$\vec{F}\Delta t = m(\vec{v} - \vec{v_0}) = \Delta \vec{P}$

　　得 $F \times 0.03 = 21$，

　　故 $F = 700$（N）（方向向上）。

類題 3

一機關槍每分鐘可射出 300 發子彈，每顆子彈的質量爲 20 公克，若子彈離開槍口時的速度爲 600 公尺／秒，則此機關槍對持槍射擊者所施的平均後座力大小爲何？

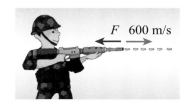

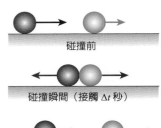

碰撞前

碰撞瞬間（接觸 Δt 秒）

碰撞後

圖 6-6　兩球碰撞，速度改變。

6-2　動量守恆

考慮兩顆鋼球在一光滑平面上碰撞（圖 6-6），質量 m_1 的鋼球由後方以速度 $\vec{v_1}$ 撞擊質量 m_2 且速度 $\vec{v_2}$ 的鋼球。經撞擊後，m_1 鋼球的速度變為 $\vec{v_1'}$，m_2 鋼球的速度變為 $\vec{v_2'}$。則 m_1 鋼球的動量變化量 $\Delta \vec{P_1}$ 為

$$\Delta \vec{P_1} = m_1 \vec{v_1'} - m_1 \vec{v_1}$$

m_2 鋼球的動量變化量 $\Delta \vec{P_2}$ 為

$$\Delta \vec{P_2} = m_2 \vec{v_2'} - m_2 \vec{v_2}$$

兩鋼球之所以產生動量變化，乃是因為撞擊時兩球互相推擠的作用力所造成的。假設 m_1 鋼球對 m_2 鋼球的作用力為 $\vec{F_1}$，m_2 鋼球對 m_1 鋼球的作用力為 $\vec{F_2}$，且此兩作用力的作用時間為 Δt，依照（6-4）式，可將兩球所受到的衝量分別以下列兩式表示：

$$\vec{F_1} \Delta t = \Delta \vec{P_1} = m_1 \vec{v_1'} - m_1 \vec{v_1}$$

$$\vec{F_2} \Delta t = \Delta \vec{P_2} = m_2 \vec{v_2'} - m_2 \vec{v_2}$$

由作用力與反作用力的關係可知，$\vec{F_1} = -\vec{F_2}$，故可知

$$\vec{F_1} \Delta t = -\vec{F_2} \Delta t$$

即

$$\Delta \vec{P_1} = -\Delta \vec{P_2}$$

上式的涵義為：**m_1 鋼球所失去的動量等於 m_2 鋼球所獲得的動量**。因此

$$m_1 \vec{v_1'} - m_1 \vec{v_1} = -(m_2 \vec{v_2'} - m_2 \vec{v_2})$$

去掉括號後得

$$m_1 \vec{v_1'} - m_1 \vec{v_1} = -m_2 \vec{v_2'} + m_2 \vec{v_2}$$

經移項後可得

$$m_1 \vec{v_1} + m_2 \vec{v_2} = m_1 \vec{v_1'} + m_2 \vec{v_2'} \qquad (6\text{-}5)$$

等號左側表示碰撞前兩鋼球的動量和，等號右側則表示碰撞後兩鋼球的動量和，故（6-5）式代表兩鋼球在碰撞前後的動量和相等。將兩鋼球視為同一系統時，兩鋼球間相互的作用力可視為系統內部的作用

力，而非外力。也就是說，當系統內部的物體在不受外力作用（或所受外力和為零）的情形下，系統的動量會維持不變，此結果稱為動量守恆定律（conservation law of momentum）。

　　動量守恆定律可以應用於碰撞、爆炸等現象，同時也可以幫助我們分析一些日常生活的現象，例如槍的後座力（圖 6-7(a)）、沖天炮與火箭推進力（圖 6-7(b)）等，甚至連原子與原子核間的碰撞也可以利用此定律加以研究。

　　舉例來說，火箭的推進力是利用本身燃料的燃燒，將產生的廢氣往後噴出所產生的動量，使得火箭本身獲得向前的動量而前進，因此可以在幾近真空的太空中飛行；槍枝發射子彈時，子彈射出而使槍身有後座力，子彈的速度較快而槍身的速度較緩慢，這些例子都是動量守恆的應用。

(a) 槍枝擊發子彈

(b) 火箭發射

圖 6-7　動量守恆的應用。

例題 4

火砲將 5 公斤的砲彈以 20 公尺／秒的速度且與水平面夾 60 度角的方向往東方射出，至最高點時突然爆裂成兩塊碎片，質量分別為 2 公斤與 3 公斤。若 3 公斤碎片於爆裂瞬間的速度為 4 公尺／秒水平向西，試求：

(1) 在最高點處，炮彈未爆裂前的瞬時速度為何？

(2) 2 公斤碎片於爆裂瞬間的瞬時速度為何？

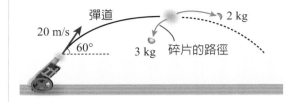

彈道
20 m/s
60°
3 kg　碎片的路徑
2 kg

答：

(1) 砲彈於最高點時的鉛直速度為 0，故其速度只剩下初速的水平分量

$v_x = v_0 \cos\theta = 20 \times \cos 60° = 10$（m/s），方向向東。

(2) 假設爆裂瞬間 2 公斤碎片的瞬時速度為 v 根據動量守恆定律，砲彈爆裂前後的動量和應相同

由（6-5）式，$m_1 \vec{v_1} + m_2 \vec{v_2} = m_1 \vec{v_1'} + m_2 \vec{v_2'}$

得 $5 \times 10 = 2 \times v + 3 \times (-4)$，故 $v = 31$（m/s），方向向東。

類題 4

手槍槍身的質量為 6 公斤，子彈的質量為 40 公克，以手槍將子彈擊發，使子彈以 300 公尺／秒的速度脫離槍口，試求發射時槍身向後的瞬時速度？

6-3 碰撞

　　所謂的碰撞（**collision**），一般是指兩個質點或系統因相互作用而改變運動狀態。例如撞球檯上兩球的撞擊、車禍發生時的汽車互撞、網球比賽中球拍打擊網球等，都是碰撞的例子。通常碰撞時間極短，而對於物體的碰撞現象，大多是在探討碰撞前後物體運動狀態與能量間的變化。

　　6-2 節曾提過，在不受外力作用（或所受外力和為零）的情形下，系統的動量和維持不變。因此，兩球碰撞時，只要沒有外力作用，碰撞前的總動量必等於碰撞後的總動量，也就是說：碰撞一定會遵守動量守恆定律。

　　而在動能方面，碰撞前後的動能並不一定守恆。設兩球在一平面上碰撞，不考慮其重力位能，當碰撞前後的總動能維持不變時，即遵守力學能守恆，此類型的碰撞稱為彈性碰撞（**elastic collisions**）。

　　若是兩物體在碰撞過程中，總動能不守恆，則稱為非彈性碰撞（**inelastic collision**），動能可能轉換成其他形式，例如聲能、光能或熱能；也可能增加，例如爆炸的情況。如果兩物體碰撞後結合為一體，則稱為完全非彈性碰撞（**completely inelastic collisions**）。

　　非彈性碰撞的動能雖然沒有守恆，但其總能量守恆，動量也一定守恆。

$$\begin{cases} \text{動量守恆：運動方向不受力} \\ \text{動能守恆：保守力作用} \end{cases}$$

6-3.1　彈性碰撞

　　考慮在一平面上直線碰撞的兩球，兩球質量分別為 m_1 與 m_2，碰撞前的速度為 v_1 與 v_2，且 $v_1 > v_2$，以同方向前進；碰撞後的速度變成 u_1 與 u_2，其方向不變（圖 6-8）。

　　若為彈性碰撞，則碰撞前後必須遵守

1. 動量守恆定律：

$$m_1 v_1 + m_2 v_2 = m_1 u_1 + m_2 u_2 \cdots\cdots \text{(a)}$$

2. 力學能守恆定律（總動能相等）：

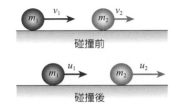

碰撞前

碰撞後

圖 6-8　兩球作直線碰撞。

$$\frac{1}{2}m_1 v_1{}^2 + \frac{1}{2}m_2 v_2{}^2 = \frac{1}{2}m_1 u_1{}^2 + \frac{1}{2}m_2 u_2{}^2 \cdots\cdots \text{(b)}$$

將 (a) 式移項可得

$$m_1(v_1 - u_1) = -m_2(v_2 - u_2) \cdots\cdots \text{(c)}$$

將 (b) 式等號兩側同乘以 2 後，經移項可得

$$m_1(v_1{}^2 - u_1{}^2) = -m_2(v_2{}^2 - u_2{}^2) \cdots\cdots \text{(d)}$$

再將 (d) 式因式分解可得

$$m_1(v_1 - u_1)(v_1 + u_1) = -m_2(v_2 - u_2)(v_2 + u_2) \cdots\cdots \text{(e)}$$

碰撞後兩物體的速度 u_1 與 u_2 分別為

$$u_1 = \frac{m_1 - m_2}{m_1 + m_2}v_1 + \frac{2m_2}{m_1 + m_2}v_2 \qquad\qquad (6\text{-}6)$$

$$u_2 = \frac{2m_1}{m_1 + m_2}v_1 + \frac{m_2 - m_1}{m_1 + m_2}v_2 \qquad\qquad (6\text{-}7)$$

接下來，我們討論幾種特殊狀態的彈性碰撞下，物體速度變化的情形：

1. **質量相同的兩物體碰撞，即 $m_1 = m_2$：**
   代入（6-6）式與（6-7）式中，可得 $u_1 = v_2$，$u_2 = v_1$。也就是質量相同的兩物體碰撞後，其速度互相交換（圖 6-9(a)）。撞球桌上常出現如此的現象。

2. **碰撞前 $v_2 = 0$：**
   (1) 若 $m_1 \gg m_2$，可得 $u_1 \doteqdot v_1$，$u_2 \doteqdot 2v_1$。
   此結果說明一非常重的運動物體撞擊一靜止的輕物體時，撞擊後重物體的速度幾乎不變，而靜止的輕物體則以重物體速度的兩倍彈出。例如保齡球撞擊球瓶時，保齡球速度幾乎不變，而球瓶則快速彈開（圖 6-9(b)）。
   (2) 若 $m_2 \gg m_1$，可得 $u_1 \doteqdot -v_1$，$u_2 \doteqdot 0$。
   此結果說明一移動的輕物體撞擊靜止的極重物體時，撞擊後輕物體以相同速度大小反向彈開，而重物幾乎不動。例如以網球擊牆練習，牆不動而網球反彈（圖 6-9(c)）。

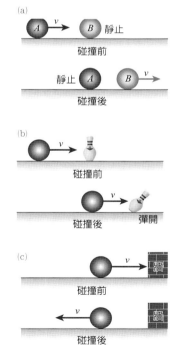

圖 6-9 碰撞會因為物體的質量不同，而有不一樣的現象發生。

例題 5

質量 6 公斤的小球以 8 公尺／秒等速向東滾動，另一質量 4 公斤的小球以 5 公尺／秒等速向西滾動，今兩球正面撞擊，若為彈性碰撞，試求：

(1) 碰撞前後系統的總動量？

(2) 碰撞前後系統的總動能？

(3) 碰撞後兩小球的速度分別為若干公尺／秒？

答：

(1) 以向東為正，依題意可知：

兩球碰撞前的

$m_1 = 6$，$v_1 = 8$；$m_2 = 4$，$v_2 = -5$

故碰撞前系統的總動量為

$P = 6 \times 8 + 4 \times (-5) = 28$（kg·m/s），方向向東

而彈性碰撞時，碰撞前後的動量守恆，故碰撞後系統的總動量也是 28（kg·m/s），方向向東。

(2) 彈性碰撞時，碰撞前後的總動能守恆故碰撞前後系統的總動能皆為

$$E = \frac{1}{2} \times 6 \times 8^2 + \frac{1}{2} \times 4 \times (-5)^2 = 242 \text{（J）。}$$

(3) 利用（6-6）式與（6-7）式，代入 $m_1 = 6$，$v_1 = 8$；$m_2 = 4$，$v_2 = -5$

得 $u_1 = \frac{6-4}{6+4} \times 8 + \frac{2 \times 4}{6+4} \times (-5) = -2.4$（m/s）

得 $u_2 = \frac{2 \times 6}{6+4} \times 8 + \frac{4-6}{6+4} \times (-5) = 10.6$（m/s）

故碰撞後 6 公斤小球的速度變為 2.4 m/s 向西，4 公斤小球的速度變為 10.6 m/s 向東。

類題 5

甲、乙兩球的質量比為 2：1，兩球於光滑平面上作正向彈性碰撞，碰撞前甲球的速度為 12 公尺／秒，乙球的速度為 −9 公尺／秒，試求碰撞後兩球的速度？

6-3.2　非彈性碰撞

當兩物體碰撞前後的動能無法守恆時，此類碰撞稱為非彈性碰撞。碰撞時有部分動能轉換成其他形式的能量，這是因為兩物體在撞擊時，瞬間力道使物體產生形變所造成的（圖 6-10）。

日常生活中常見的碰撞大多為非彈性碰撞，碰撞後的動能總和必定會小於碰撞前的動能總和，只有分子與分子間或是基本粒子間的碰撞，方有完全彈性碰撞。

圖 6-10　網球在碰撞過程中有形變發生。

例題 6

質量 2 公斤的木塊靜止置於光滑的水平桌面上，一質量為 100 公克的子彈以 600 公尺／秒的速度水平射入木塊。試求：

(1) 子彈卡在木塊內時，木塊的末速度為何？

(2) 子彈射穿木塊後，以 200 公尺／秒的速度水平向前飛離，則木塊的末速度為何？

(3) 承 (2)，此時系統動能損失多少焦耳？

100 g
600 m/s
2 kg

答：

(1) 因運動方向不受力，所以碰撞前後動量守恆，且由於碰撞後兩物結合成一體，所以

$m_1 v_1 + m_2 v_2 = (m_1 + m_2) v$

$\Rightarrow 2 \times 0 + 0.1 \times 600 = (2 + 0.1) \times v$，

故 $v = \dfrac{200}{7} \doteq 28.57$（m/s）。

(2) 根據動量守恆定律，可知

$2 \times 0 + 0.1 \times 600 = 2 \times v + 0.1 \times 200$，

故 $v = 20$（m/s）。

(3) 碰撞前的總動能為

$E_1 = \dfrac{1}{2} \times 2 \times 0^2 + \dfrac{1}{2} \times 0.1 \times 600^2 = 18000$（J）

碰撞後的總動能為

$E_2 = \dfrac{1}{2} \times 2 \times 20^2 + \dfrac{1}{2} \times 0.1 \times 200^2 = 2400$（J）

動能變化 $\Delta E = E_2 - E_1 = 2400 - 18000$
$= -15600$（J），

即系統動能損失 15600J。

故系統動能損失了 15600 焦耳。

類題 6

撞球檯上的白球以 4 公尺／秒向東的速度撞上靜止的黑球，碰撞後黑球以 3 公尺／秒向東的速度彈開，若兩球質量相等，試求：

(1) 白球撞擊後的速度？

(2) 若撞球質量為 1 公斤，碰撞前後動能損失多少焦耳？

本章重點

6-1　動量與衝量

1. 物體運動的特性決定於質量與速度，因此定義動量為質量與速度的乘積，其數學式為 $\vec{P} = m\vec{v}$ 。

2. 牛頓第二運動定律在發表時，是定義為：作用於質點上的外力等於動量對時間的變化率，可寫成 $\vec{F} = \lim\limits_{\Delta t \to 0} \dfrac{\Delta \vec{P}}{\Delta t}$ 。（$\vec{F}$ 為平均力）

3. 物體受衝力作用後，所獲得的衝量等於該物體受外力作用期間的動量變化，這個關係稱為動量－衝量定理，可寫成 $\vec{F}\Delta t = \Delta \vec{P}$ 。

6-2　動量守恆

1. 當系統內部的物體在不受外力作用（或所受外力和為零）的情形下，系統的動量會維持不變，此結果稱為動量守恆定律。$m_1\vec{v_1} + m_2\vec{v_2} = m_1\vec{v_1'} + m_2\vec{v_2'}$ 。

6-3　碰撞

1. 所謂的碰撞，一般是指兩個質點或系統因相互作用而改變運動狀態。

2. 當碰撞前後的總動能維持不變時，即遵守力學能守恆，此類型的碰撞稱為彈性碰撞。

3. 若是兩物體在碰撞過程中，總動能不守恆，則稱為非彈性碰撞。若是兩物體碰撞後結合為一體，則稱為完全非彈性碰撞。

4. 非彈性碰撞的動能雖然沒有守恆，但其總能量守恆，動量也一定守恆。

5. 彈性碰撞：兩物體碰撞前相互接近的速度，等於碰撞後相互分離的速度。

習　題

一、選擇題

(　) 1. 通常人從高處（如牆上）跳回地面時，腳尖會先著地且膝蓋微彎，用以延長著地時間，如此可減少　(A) 動量　(B) 動能　(C) 衝量　(D) 衝力。

(　) 2. 兩小球在光滑的水平面上作非彈性碰撞，則碰撞前後，系統的　(A) 動量守恆，動能不守恆　(B) 動量、動能皆守恆　(C) 動量、動能皆不守恆　(D) 動量不守恆，動能守恆。

(　) 3. 有一質量為 0.5 公斤的棒球，被以 20 公尺／秒的速度投出，則此棒球的動量為　(A) 5　(B) 25　(C) 50　(D) 10　公斤‧公尺／秒。

(　) 4. 有一質量為 2 公斤的小球，在無摩擦力的情況下，以 12 公尺／秒的速度撞擊一質量為 4 公斤的靜止小球，且於碰撞後兩球黏成一塊，試問兩球碰撞後的速度大小將為多少公尺／秒？　(A) 4　(B) 8　(C) 10　(D) 12。

(　) 5. 非彈性碰撞不能滿足　(A) 動量守恆定律　(B) 能量不滅定律　(C) 質量守恆定律　(D) 動能守恆。

(　) 6. 某飛行中的棒球，其動量為 4 公斤‧公尺／秒，若棒球的質量為 0.4 公斤，則此棒球的動能為　(A) 10　(B) 16　(C) 20　(D) 100　焦耳。

(　) 7. 有一顆質量為 20 公克的子彈，假設以 1000 公尺／秒的速度發射，欲使槍身的反衝在 0.4 秒內停止，則需要若干牛頓的外力？　(A) 20　(B) 35　(C) 50　(D) 200。

(　) 8. 質量 10 公斤的物體以 20 公尺／秒的速度運動時，突然爆裂成兩塊質量分別為 4 公斤與 6 公斤的碎片，若 4 公斤的碎片以 10 公尺／秒且與原運動方向相反的速度飛出，則 6 公斤的碎片之速率為若干公尺／秒？　(A) 26.6　(B) 40　(C) 60　(D) 80。

(　) 9. 火箭是利用哪個定律前進與轉變？　(A) 能量守恆　(B) 動量守恆　(C) 動能守恆　(D) 慣性。

(　) 10. A、B 兩汽車的質量分別為 2000 公斤與 3000 公斤，初速為 20 公尺／秒向東與 10 公尺／秒向西，兩車相撞後即連在一起運動，試求此系統碰撞前後總動能的損失為（動能 $E_K = \frac{1}{2}mv^2$）　(A) 5.4×10^5　(B) 4.0×10^5　(C) 3.0×10^5　(D) 2.6×10^5　焦耳。

二、填充題

1. 已知一物體的動能為 10 焦耳，動量為 10 公斤·公尺／秒，則其質量為＿＿＿＿公斤。

2. 有一質量為 0.3 公斤的足球，以 4 公尺／秒的速度在地上滾動，經足球員自後踢上一腳，球的方向維持不變，但速度變為 12 公尺／秒，則球的動量改變量為＿＿＿＿＿公斤·公尺／秒。

3. 有一質量為 0.3 公斤的棒球，被投手以 120 公尺／秒的速度投出，經打擊者揮棒擊中球後，改以 80 公尺／秒的速度向左飛行，若球與棒的接觸時間為 0.2 秒，則球棒施力＿＿＿＿＿牛頓。

4. 一枝重 40 公斤的步槍發射一顆重 4×10^{-2} 公斤的子彈，若子彈離開槍口的速度為 500 公尺／秒，且步槍在未發射子彈前呈靜止，則發射後步槍的後退速度為＿＿＿＿＿公尺／秒。

5. 一撞球的質量為 500 公克，在光滑平面上以 8 公尺／秒的速度與一質量 2 公斤、速度 3 公尺／秒且反向滾來的鉛球正面對撞，若撞球以 4 公尺／秒的速度反彈，則碰撞後鉛球的速度為＿＿＿＿＿公尺／秒。

三、計算題

1. 小愛鉛直上拋一質量為 1.5 公斤小球，其初速度為 3.0 公尺／秒，若忽略空氣阻力的影響，則球落回地面的瞬間，其動量變化量量值為何？

Chapter 7

熱學

冷颼颼的寒冬中，當你裹著厚重且顏色單調的羽毛衣，並縮著身體顫抖時，有人卻說：「不會很冷啊！」這是因爲冷熱的感覺是隨人而異的，絕對不是你的身體太虛弱了哦！

　　人類可以利用身體的皮膚來感受環境間冷熱的變化，但人對冷熱的感覺是相當主觀的，在相同環境下，有人覺得熱，有人覺得冷；從水龍頭流出的冷水，在夏天時感覺涼涼的，在冬天卻有溫溫的感覺，若改以冰冷的腳碰觸，甚至有太熱被燙到的感覺。因此，物理上對冷熱的程度需要有更嚴密的定義，要以客觀的方式來判斷，也就是導入溫度（temperature）的概念。

7-1　熱力學第零定律與溫度

7-1.1　熱力學第零定律

　　物體的冷熱程度稱為溫度，而在定義溫度之前，必須先有熱平衡（thermal equilibrium）的概念。

　　熱是一種能量的形式，兩物體之間會利用傳熱的方式交換能量，當孤立而冷熱程度不同的兩物體互相接觸，經一段時間後，兩物體的冷熱程度會變成一致，此現象稱之為熱平衡。也就是說，兩個物體無論其質量、體積、形狀或材質爲何，只要達到熱平衡時，就具有相同的溫度（圖7-1）。

　　檢驗兩物體是否達到熱平衡，最好的方式是利用第三者為工具（可視爲溫度計）來檢驗。假設以 C 為工具來檢驗 A、B 兩物體的溫度時，若 A 與 C 達熱平衡狀態，且 B 與 C 也達熱平衡狀態時，則 A、B 兩物體必定處於熱平衡狀態。因此，當兩物體皆與第三者達熱平衡時，則這兩個物體之間也達到了熱平衡，此關係稱為熱力學第零定律（**zeroth law of thermodynamics**）。利用第零定律就可以定義溫度。

低溫物體

高溫物體

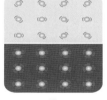

熱傳遞

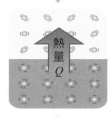

熱平衡

圖7-1　兩物體溫度相同時，就處於熱平衡狀態。

第零定律在 1930 年代才完全清楚，比第一、第二定律晚發表許多，但因為它是第一、第二定律的基礎，故給予更前面的編號。

7-1.2　溫度與溫標

在實驗中可發現，有些物體的物理性質會因為溫度的改變而產生變化，科學家便利用這些與溫度有關的物理特性，製造出可以客觀且準確測量物體溫度的工具。

1597 年，伽利略就以**氣體熱脹冷縮**的特性，製造出第一支溫度計。將溫度計與物體接觸一段時間後，溫度計就會與物體達到熱平衡，進而測量出物體的溫度。現在常見的溫度計是以酒精或水銀為材料，也有利用金屬或半導體所製成的電阻溫度計，它是利用金屬或半導體的電阻會隨溫度變化而改變的特性來量測溫度。圖 7-2 為常見的各種溫度計。

溫度的標準稱為溫標（temperature scale）。常用的溫標有**攝氏溫標**（Celsius temperature scale）與**華氏溫標**（Fahrenheit temperature scale）兩種，現今科學上則常採用**克氏溫標**（Kelvin temperature scale），又稱為**絕對溫標**（absolute temperature scale）。各個溫標訂定的標準如下所述。

圖 7-2　各種溫度計。

■ 攝氏溫標

攝氏溫標的單位為 ℃，於 1742 年由**攝爾賽斯**（A. Celsiu, 1701-1744，瑞典人）訂定。其訂定的方式乃是在一大氣壓時，將溫度計放入純水與冰共存的水槽中，此時所測得的溫度稱之為**冰點**（ice point），定為 0 ℃；再將此溫度計放入正在沸騰的純水中，此時的溫度稱之為**沸點**（boiling point），定為 100 ℃。將溫度計內冰點與沸點兩溫度的液面間隔分成 100 個等分，每一等分為 1 ℃。

■ 華氏溫標

華氏溫標的單位為 ℉，於 1724 年由**華倫海特**（G. D. Fahrenheit, 1689-1736，德國人）訂定。將純水的冰點定為 32 ℉，沸點定為 212 ℉，兩溫度的間隔區分成 180 個等分，每一等分為 1 ℉。

■ 克氏溫標

克氏溫標的單位為 K（左上角不需標上「°」）。十九世紀時，英國科學家克耳文（圖 7-3）以水的固態、液態與氣態三相平衡共存時的條件（壓力 4.58 mmHg 與溫度 0.01 ℃）為參考點所訂定的。克氏溫標中水的冰點為 273.15 K，沸點為 373.15 K，其間隔與攝氏溫標的間隔相同。

克氏溫標與攝氏溫標的關係為

$$K = ℃ + 273.15 \tag{7-1}$$

而華氏溫標與攝氏溫標的關係可以用比例的數學式導出，兩者的關係式為

$$\frac{F-32}{212-32} = \frac{C-0}{100-0} \tag{7-2}$$

整理得

$$F = \frac{9}{5}℃ + 32 \tag{7-3}$$

$$C = \frac{5}{9}(℉ - 32) \tag{7-4}$$

圖 7-4 為克氏溫標、攝氏溫標與華氏溫標三者的關係圖。

圖 7-3　克耳文。

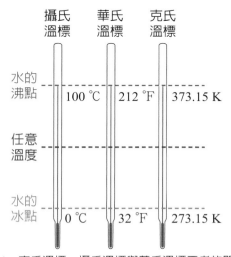

圖 7-4　克氏溫標、攝氏溫標與華氏溫標三者的關係。

例題 1

攝氏與華氏溫度計的讀數相同時，則其絕對溫度為多少 K？

答：華氏溫標與攝氏溫標的比例關係為

$$\frac{x-32}{212-32} = \frac{x-0}{100-0},$$

可得 $x = -40\,°C$ 或 $-40\,°F$。

由 $K = C + 273.15$ 可知，

$K = -40 + 273.15 = 233.15$（K）。

類題 1

人的正常體溫為攝氏 37°C，則相當於華氏溫度多少 °F？

7-2　熱的本質與熱功當量

　　十七世紀時，科學家大多認為熱是一種看不見、無重量，且會四處流動的「物質」，稱之為**熱質**（caloric）。溫度高的物體所含的熱質較多，溫度低的物體所含的熱質較少。兩物體接觸時，熱質會流動，直到兩物體所含的熱質相同時為止。

　　直到十八世紀末，美國科學家侖福特（Count Rumford, 1753-1814）對熱提出不同的看法，當時他的職業是替陸軍製造武器，在製造大砲的過程中，他發現到以鑽孔機製造砲管時會產生大量的熱，經長時間觀察後，他認為熱的來源並非來自金屬內部，而應該是由鑽孔機轉動作功所產生的。此外，英國科學家戴維（H.Davy, 1778-1829）也提出將兩冰塊相互摩擦時，兩冰塊都會有融化的現象。這些現象改變了科學家原本對熱質的看法，同意熱是可經由運動所產生的論點。

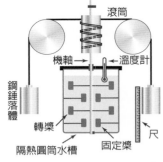

圖 7-5　熱功當量裝置示意圖。

　　在此之後，英國科學家焦耳也藉由實驗證實了作功可以轉變成熱能，實驗的裝置如圖 7-5。焦耳在一絕熱的容器中裝水，當容器上方的重物下降時，會帶動轉軸與容器內部的槳葉轉動，進而使水急速流動並與容器內壁摩擦產生熱能，使水的溫度上升。這個實驗發現：當重物下降時所減少的重力位能，會轉變成使水溫度上升的熱能，證明了熱是一種能量，而非物質。他同時也發現到 1 卡的熱量等於 4.186 焦耳的功，此數值稱為**熱功當量**（mechanical equivalent of heat）。目前公認的熱功當量值為

1 cal = 4.2 J

1 J = 0.24 cal

在公制單位中，熱量的單位為卡（cal），1 卡的定義是：使 1 公克的純水，溫度由 **14.5** ℃上升至 **15.5** ℃所需要的熱量。1 kcal（仟卡）= 1000 cal。英制單位則訂定使 1 磅的純水，溫度由 63 ℉上升至 64 ℉所需要的熱量為 1 BTU（British thermal unit），1 BTU = 252 cal。

7-3　熱容量與比熱

熱能的多寡，稱為熱量，是一種能量的形式。要讓物體溫度上升，必須要由外界加熱來增加物體的熱量，且熱量會從溫度高的物體流向溫度低的物體，熱的傳遞方式包含傳導、對流與輻射等。日常生活中可以發現，不同物體在同樣的加熱條件下，溫度的上升狀況並不一樣。例如金屬欄杆和水泥欄杆同時在太陽底下曝曬時，金屬欄杆的溫度上升較快；用瓦斯爐來燒開水時，若水壺內只裝半壺水，則會比全滿時較快沸騰。此一特性是因為物體的**熱容量**（heat capacity）大小不一所導致的。

> **思考問題**
> 將羽毛衣穿在身上，能使我們感到溫暖，這是因為羽毛衣能夠提供我們熱量嗎？

假設物體吸收熱量 H 後，溫度的變化為 ΔT，則其熱容量 C 為

$$C = \frac{H}{\Delta T} \; ; H = C\Delta T \tag{7-5}$$

其單位為 J/K 或 cal/℃。熱容量是物體溫度每上升（或下降）1℃，所吸收（或放出）的熱量。相同物質的物體，質量愈大者，熱容量愈大。

熱容量除了與物體質量有關外，也取決於物體的材料。也就是說，要讓 1 公克的水上升 1℃ 與讓 1 公克的銅塊上升 1℃ 所需要的熱量並不相同。為了方便起見，我們定義使 **1** 公克的物質，溫度上升（或下降）**1**℃ 所需吸收（或放出）的熱量，稱為該物質的**比熱**（**specific heat**），單位為卡 / 克 · ℃。

> **思考問題**
> 利用冰塊冷卻食物時，應該將冰塊放在食物的上方還是下方呢？

假設某物體的質量為 m，s 為其比熱，ΔT 代表物體上升或下降的溫度，則此物體所需要吸收或釋放的熱量 H 可寫成

$$H = ms\Delta T \tag{7-6}$$

由（7-5）式與（7-6）式可看出 $H = C\Delta T = ms\Delta T$，故可知熱容量等於比熱乘以物體的質量，即

表 7-1 室溫下常見物質的比熱。

物質	比熱（卡／克·℃）
水	1.00
冰	0.55
酒精	0.58
水銀	0.033
玻璃	0.199
鋁	0.215
鐵	0.113
銅	0.092
鉛	0.031
銀	0.056

$$C = ms \qquad\qquad (7\text{-}7)$$

　　同一物質的比熱會因為溫度的不同而有些微的變化，但於日常生活中可將此變化忽略不計，亦即把比熱視為常數，表 7-1 列出在室溫下幾種常見物質的比熱。由表可看出所有物質中，水的比熱較其他物質高出許多，而比熱愈大的物質，要改變其溫度，所需要吸收或放出的熱量就要愈多，故水的溫度不容易變動。地球表面有 70% 以上的面積被水所覆蓋，因此海洋對地球氣候的調節有很大的作用。而水銀的比熱為水的 $\frac{1}{30}$，其溫度較容易變動，加上水銀在常溫下為液體，故被拿來當做製作溫度計的材料。

例題 2

已知酒精的比熱為 0.58 卡／克·℃，則將 1 公斤的酒精升高 20 ℃需要多少熱量？此酒精的熱容量為何？

答：1 kg = 1000 g，

由（7-6）式，$H = ms\Delta T$

故所需要的熱量為 $H = 1000\times0.58\times20$
$$\qquad\qquad = 11600\ (\text{cal})$$

而酒精的熱容量 $C = ms$
$$= 1000\times0.58$$
$$= 580\ (\text{cal}/℃)\ \text{。}$$

類題 2

一大氣壓下，1 公斤的鐵鍋內裝有 2 公斤的水，於室溫下兩者的溫度皆為 30 ℃，若想加熱至水沸騰，則需要提供多少熱量？（鐵的比熱為 0.113 卡／克·℃）

　　不同溫度的物體接觸時，高溫的物體會逐漸降溫並放出熱量，低溫的物體得到熱量而使溫度上升，進而達到溫度相同的熱平衡狀態。在這個過程中，系統若沒有熱量的損失，則高溫物體放出的熱量會等於低溫物體得到的熱量。

例題 3

欲測量一金屬塊的比熱，將 400 公克的金屬塊放入沸騰的 100 ℃水中加熱，達熱平衡後，再於保麗龍杯中放入 200 公克的冷水，其溫度為 25 ℃。將金屬塊放入杯內的冷水中，最後兩者的溫度都是 40 ℃，則此金屬塊的比熱為何？

答：熱量的散失忽略不計時
屬塊放出的熱量＝冷水吸收的熱量

利用（7-6）式，$H = ms\Delta T$ 知

金屬塊放熱 $400 \times s \times (100 - 40) = 24000\ s$（卡）

冷水吸熱 $200 \times 1 \times (40 - 25) = 3000$（卡）

因 $24000\ s = 3000$

故 $s = 0.125$（cal/g・℃）。

類題 3

有一 800 公克的合金金屬塊，其比熱為 0.1 卡 / 克・℃，將此合金金屬塊加熱至 90 ℃，並丟入 20 ℃、200 公克的冷水中，試求達熱平衡時的溫度？

7-4 物質的三態變化與潛熱

　　自然界的物質，大都以三種不同的狀態存在：固態、液態與氣態，稱為物質的三態。而氣體分子所受的束縛力最小，液體其次，固體分子的束縛力最大，僅能在定點來回振動。因此固態的物質具有一定的體積與形狀，如鐵塊、石塊；液態的物質具有一定的體積，但其形狀會因為容器的不同而改變，因此沒有一定的形狀；氣態物質的體積與形狀則沒有一定的狀態。物質在固態、液態與氣態三種狀態間的轉變，稱為三態變化或相變（**phase transition**）。

　　影響物質狀態改變的主要因素為溫度與壓力。溫度或壓力的改變都會使物質的狀態發生變化，為一種物理變化。加熱物體時，物體內部的分子吸收熱能，其振動的速度加快，使得物體溫度上升。當分子的振動到達某一程度時，熱能會使分子間的束縛力減小，使得分子可以較自由地活動，讓物體產生物態變化（圖 7-6）。

　　如圖 7-7，固態受熱變成液態的現象稱為熔化（fusion），液態受熱變成氣態的現象稱為汽化（vaporization），而由固態受熱直接變成氣態的現象稱為昇華（sublimation）；氣態遇冷變為液態的現象稱為凝結（condensation），液態遇冷變成固態的現象稱為凝固（solidification），而氣態遇冷直接變成固態的現象稱為凝華（sublimation）。

　　在一定的壓力下，物體的狀態會隨溫度的改變而產生變化。固體熔化成液體的溫度稱為熔點（fusion point），液體汽化成氣體的溫度稱為沸點（boiling point）；氣體凝結成液體的溫度稱為凝結點或液化點（liquefaction point），而液體凝固成固體的溫度稱為凝固點（freezing point）。

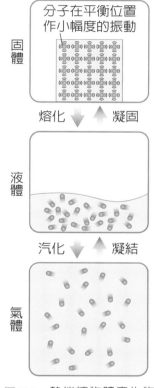

固體　分子在平衡位置作小幅度的振動

熔化　凝固

液體

汽化　凝結

氣體

圖 7-6　熱能讓物體產生物態變化。

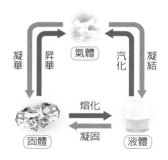

凝華　昇華　氣體　汽化　凝結

熔化　凝固

固體　液體

圖 7-7　三態變化：固態、液態與氣態。

圖 7-8　壓力鍋。

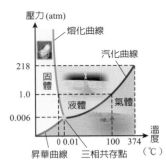

圖 7-9　水的三相圖。

壓力的改變會使物質的熔點或沸點產生變化，例如在高山上，因為氣壓較低，水在不到 100 ℃的溫度就會沸騰，導致食物不容易煮熟，這是因為壓力降低而使水的沸點下降。反之，利用壓力的增加也可以使水的沸點上升，壓力鍋（圖 7-8）就是利用此原理。利用氣密性佳的鍋子造成鍋內壓力增大，就可以使水的沸點上升，則能快速的煮熟食物。

對水而言，壓力變大時，沸點上升；但對熔點的影響卻相反，亦即壓力變大時，水的熔點反而下降。由於壓力會影響物質內部各分子的平均距離，加大壓力會阻礙分子間的距離變大，因此，當冰塊熔化成水時，體積縮小，加大壓力可以幫助分子的距離變小，所以冰塊可以在較低溫度時熔化，即熔點降低；當水汽化成水蒸氣時，體積變大，則加大壓力反而阻礙分子的距離變大，因此較不容易汽化，使得沸點上升。發生物態變化時，壓力與溫度的關係可見圖 7-9。

將固體慢慢加熱，其溫度會逐漸上升，當溫度到達熔點時，固體會慢慢熔化成液體，此時雖然持續加熱，但溫度並沒有上升。等到固體完全變成液體時，溫度才又繼續上升。當溫度持續上升到達沸點時，此時液體慢慢轉變成氣體，溫度又保持不變，直到所有液體變成氣體後，溫度才又開始上升（圖 7-10）。

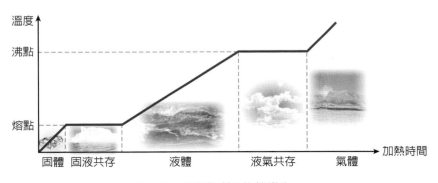

圖 7-10　加熱物質的物態變化。

在加熱過程中，物體的溫度沒有改變時，並非熱量散失了，而是熱量以另一種能量形式儲存起來：此時熱量的用途是在打斷分子間的鍵結，讓分子間的束縛力減小。這種在物態變化時所需要的熱量，稱為**潛熱**（latent heat），定義為：**每單位質量的物質發生相變時所需要的能量。**

簡單來說，加熱物體時，物體吸收能量，並利用分子的動能儲存能量，因而分子的運動速度加快，**動能增加，溫度上升**。在物態變化時，增加的能量並非用於增加分子的動能，而是用於改變分子間的距離，換

句話說，熱量在物態變化時的功用是用來克服分子間的作用力，以增加分子間的位能（圖 7-11）。

思考問題
悶燒鍋與壓力鍋有何差別呢？

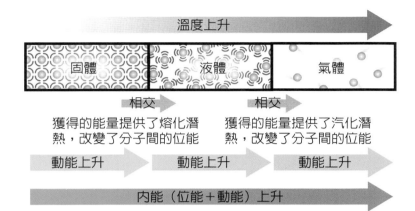

圖 7-11　溫度上升時，所加入的熱量可以改變分子間的位能或動能。

　　每一公克的純物質在熔化時，從固態轉變爲同溫度的液態，所需吸收的熱量稱爲該物質的熔化熱；每一公克的純物質在汽化時，從液態轉變爲同溫度的氣態，所需吸收的熱量稱爲該物質的汽化熱。以水爲例，水的固態稱爲冰，氣態稱爲水蒸氣。將冰放在容器內加熱，我們可以發現冰的溫度逐漸上升，當溫度到達 0 ℃時，溫度停止上升，等到完全變成 0 ℃的水後，溫度才會繼續上升。水的熔化熱爲 **80** 卡／克，汽化熱爲 **539** 卡／克。表 7-2 列出常見物質的熔點、沸點，及其熔化熱與汽化熱。

表 7-2　常見物質的熔點、沸點、熔化熱與汽化熱。

物質	熔點（℃）	熔化熱（卡／克）	沸點（℃）	汽化熱（卡／克）
銅	1083	42	2300	1750
金	1063	15.4	2808	377
銀	962	21.1	2193	558
鋁	660	94.8	2450	2720
鉛	327	5.85	1750	208
水	0	79.7	100	539
水銀	− 38.8	2.82	357	65
酒精	− 114	24.9	78	204
氧	− 218	3.3	− 183	51
氮	− 210	6.09	− 196	48
氫	− 259.3	14	− 252.9	108
氦	− 269.8	1.25	− 268.9	5

例題 4

冰的比熱為 0.55 卡／克·℃，水的比熱為 1 卡／克·℃。若想將 20 公克、溫度為 -20 ℃的冰加熱變成 100 ℃的水蒸氣，需要多少卡的熱量？（設水的熔化熱為 80 卡／克，汽化熱為 540 卡／克）

答：冰由 -20 ℃加熱成 100 ℃的水蒸氣，可分解為下列過程：

$$-20℃冰 \xrightarrow[A]{} 0℃冰 \xrightarrow[B]{(熔化)} 0℃水 \xrightarrow[C]{} 100℃水 \xrightarrow[D]{(汽化)} 100℃水蒸氣$$

將各個過程所需要的熱量算出

A：$H_1 = 20 \times 0.55 \times [0 - (-20)]$
　　　$= 220$（cal）（升溫）

B：$H_2 = 20 \times 80 = 1600$(cal)（熔化熱）

C：$H_3 = 20 \times 1 \times (100 - 0) = 2000$（cal）（升溫）

D：$H_4 = 20 \times 540 = 10800$(cal)（汽化熱）

故此加熱過程所需要的總熱量為

$H = 220 + 1600 + 2000 + 10800 = 14620$（cal）。

類題 4

將 10 公克、溫度為 0 ℃的冰塊丟入 190 公克、溫度為 100 ℃的熱水中，試求最後達熱平衡的溫度？

7-5　熱膨脹

　　絕大多數的物質受熱時，體積會膨脹；冷卻時，體積會收縮。這種物體因為受熱而增加其體積的現象，稱為熱膨脹（**thermal expansion**）。對於物體受熱膨脹的解釋，我們可以想像：當固體及液體分子的運動因吸收能量而加劇時，分子在原處振動的幅度會變大。當分子的振動加劇時，多數固體及液體的分子平均間距因而加大，故會有熱脹冷縮的現象；少數物質則會因振幅加大反使分子平均間距減小，而有熱縮冷脹的現象，如 0～4 ℃的水。氣體膨脹的原因則是撞擊容器壁的分子平均速度加快。熱膨脹的效應，氣體是最顯著的，其次是液體，固體最末。

　　固體受熱而增加其長度的現象，稱為線膨脹（圖 7-12）。當溫度上升時，物體長度增長量 ΔL 與溫度變化量 ΔT 成正比，同時也與原長 L_0 成正比。換句話說，在同樣的溫度變化下，2 公尺銅棒的伸長量是 1 公尺銅棒之伸長量的兩倍。此關係式可寫成

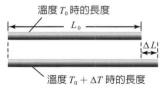

溫度 T_0 時的長度
L_0
ΔL
溫度 $T_0 + \Delta T$ 時的長度

圖 7-12　線膨脹現象

$$\Delta L = L_0 \alpha \Delta T \tag{7-8}$$

物體長度變為

$$L = L_0 + \Delta L = L_0 (1 + \alpha \Delta T) \qquad (7\text{-}9)$$

α 稱為線膨脹係數（coefficient of linear expansion），單位為 1/℃。表 7-3 列出各種常見物質在 20 ℃時的線膨脹係數。

　　既然物體的長度會隨溫度上升而增長，相同的，其面積與體積也有如此的特性。物體受熱而增加其面積的現象，稱為面膨脹（圖 7-13）；物體受熱而增加其體積的現象，稱為體膨脹。其關係式與線膨脹相似，分別列於下方：

1. 面積膨脹時：

$$\Delta A = A_0 \beta \Delta T$$
$$A = A_0 + \Delta A$$
$$= A_0 (1 + \beta \Delta T)$$

2. 體積膨脹時：

$$\Delta V = V_0 \gamma \Delta T$$
$$V = V_0 + \Delta V$$
$$= V_0 (1 + \gamma \Delta T)$$

β 稱為面膨脹係數（coefficient of surface expansion），γ 稱為體膨脹係數（coefficient of volume expansion）。經實驗測得，物質膨脹係數間的關係為 $\beta \doteqdot 2\alpha$，$\gamma \doteqdot 3\alpha$。

表 7-3　常見物質在 1 atm、20 ℃下的線膨脹係數 α。

物質	α（1/℃）
鋁	23×10^{-6}
鐵	11.8×10^{-6}
銀	18.8×10^{-6}
石英	0.5×10^{-6}
水銀	61×10^{-6}
銅	17×10^{-6}
鉛	29×10^{-6}
鎳	13×10^{-6}
玻璃	9×10^{-6}
混凝土	12×10^{-6}

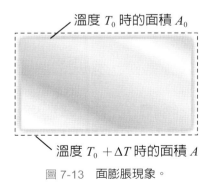

溫度 T_0 時的面積 A_0

溫度 $T_0 + \Delta T$ 時的面積 A

圖 7-13　面膨脹現象。

例題 5

若在 0 ℃時，鐵軌每根的長度為 20 公尺，其線膨脹係數為 1.1×10^{-5} 1/℃。今當地的最高溫度為 45 ℃，試求在鋪設鐵軌時，兩鐵軌間應預留伸縮縫的寬度？

答：由（7-8）式，$\Delta L = L_0 \alpha \Delta T$
故伸縮縫的寬度應留
$$\Delta L = 20 \times (1.1 \times 10^{-5}) \times (45 - 0)$$
$$= 9.9 \times 10^{-3}（公尺）。$$

類題 5

一銅尺在 0 ℃時進行校正，其線膨脹係數為 2×10^{-5} 1/℃。今在 500 ℃時，測得此銅尺的長度為 120 公分，試求此銅尺在 0 ℃時的長度？

流體的膨脹現象較固體明顯，但因為流體無固定形狀，僅能就體積作明確定義，故可訂出流體的體膨脹係數，表 7-4 列出常見流體的體膨脹係數。由表中看出，氣體的膨脹係數較液體大，若與表 7-3 相比，亦可得知液體的膨脹係數遠大於固體。

表 7-4　常見流體在 1 atm、20 ℃下的體膨脹係數 γ。

流體	γ（1/℃）	流體	γ（1/℃）
水銀	1.82×10^{-4}	酒精	11.2×10^{-4}
水	2.1×10^{-4}	氫氣	36.6×10^{-4}
汽油	9.6×10^{-4}	空氣	36.7×10^{-4}

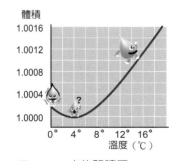

圖 7-14　水的體積圖。

水的膨脹情形與一般液體有所不同，這是因為水在 4 ℃時的體積最小，即 **4 ℃時水的密度最大**。故當溫度在 4 ℃以上時，水與大多數物質相同，體積隨著溫度升高而增大；但是當水在 0 ℃～4 ℃時，溫度上升體積反而會縮小，與原本的情況相反（圖 7-14）。因此，冬天的水管或水缸會因為水管內的水逐漸結冰，使得水的體積慢慢增大，造成水管或水缸破裂；而寒冬的湖水從水面開始結冰，這是因為密度大的水會下沉，

故雖然湖面的結冰溫度約為 0 ℃，但湖底的水溫約為 4 ℃，使得水中的生物得以生存（圖 7-15）。

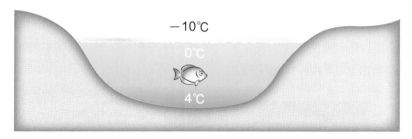

圖 7-15　湖面的結冰溫度約為 0 ℃，但湖底的水溫約為 4 ℃，使得水中的魚群得以生存。

　　氣體的膨脹現象與壓力的關係極大，1787 年，法國物理學家查理（J.A.C. Charles, 1746-1823）發現當氣體的壓力固定時，氣體體積的變化量 ΔV 與溫度的變化量 ΔT 成正比關係，且溫度每上升 1 ℃，體積約增加氣體在 0 ℃時體積的 $\dfrac{1}{273}$ 倍，此稱為查理定律（**Charle's law**）。若將 T 以絕對溫標表示時，氣體的體積 V 與絕對溫度 T 成正比（圖 7-16）。熱氣球與天燈，都是利用氣體膨脹現象明顯的原理而製作的。

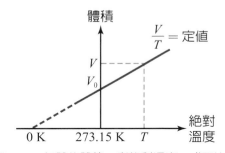

圖 7-16　氣體的體積 V 與絕對溫度 T 成正比。

　　日常生活中常常可以看見熱膨脹的現象，例如凹陷的乒乓球只要浸入熱水中，就能慢慢凸起恢復原狀；將沸騰的水倒入厚玻璃杯中，比較容易破碎；玻璃瓶的蓋子太緊時，泡熱水後就比較容易旋開，這些現象，都是因為熱脹冷縮所造成的。此外，在鋪設鐵軌時，鐵軌的連結處必須預留空隙；搭建橋梁時，要有伸縮縫的設置（圖 7-17）；輸油管的架設，每隔一段距離就要彎成 U 型，這都是為了預留物質受熱膨脹的空間，否則就會因為熱膨脹導致擠壓而變形。

圖 7-17　橋梁的伸縮縫

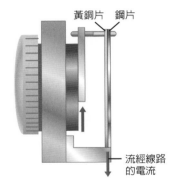

黃銅片　鋼片

流經線路
的電流

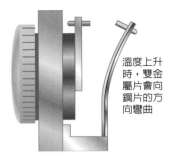

溫度上升
時，雙金
屬片會向
鋼片的方
向彎曲

圖 7-18　溫度上升時，黃銅
膨脹的量比鋼大，雙金屬片
會向鋼片的方向彎曲。

將兩種不同的平直金屬片於常溫下結合在一起，當溫度變化時，會因爲兩金屬片的膨脹係數不同，導致膨脹收縮的長度不一樣，而產生彎曲的現象（圖 7-18）。這種**雙金屬**（bimetal）的設計，可以用來製作轉動式的溫度計（圖 7-19），利用金屬通電流後，會因爲電阻使得金屬片的溫度上升，產生彎曲的現象；也可以製作成明亮閃爍的聖誕燈飾，或是保護電路的無熔絲保險開關。

圖 7-19　轉動式的溫度計，當溫度上升時，雙金屬片會彎曲旋轉，使指針沿著刻度盤轉動。

7-6 熱力學定律

　　熱代表兩物體間由於溫度不同而使得能量由一物體傳遞到另一物體的現象，而熱力學（thermodynamics）是在討論以熱或功傳遞的過程，即討論進出某系統的能量傳遞現象。

　　重要的熱力學定律包含第零定律、第一定律與第二定律，第零定律已經在 7-1 節中加以解釋，第一定律是包含熱能的能量守恆原則，第二定律則是討論熱機（**heat engine**）、冷機等的效率及平衡狀況；簡單來說，熱力學第二定律說明了自然發生的物理過程亂度增加，愈來愈混亂，亦即大自然傾向於「亂」。

7-6.1 熱力學第一定律

　　因爲汽油燃燒所提供的能量，使得汽車能在道路上行駛，此能量藉由引擎對外作功，而有一部分的能量則留在引擎中使引擎的溫度上升，或經由其他管道排出引擎外。假設有一可作功的系統，如果此系統從外部吸收了熱量 Q，這能量的一部分會轉化成機械功 W，並對外作功；另一部分則儲存於系統內部，使系統內部的能量增加 ΔE。若依照能量守恆定律，三者之間的關係爲 $Q = W + \Delta E$，可改寫爲

對外作功 W

系統　　系統內能
儲存 ΔE

吸收熱量 Q

圖 7-20　熱力學第一定律：$\Delta E = Q - W$。

$$\Delta E = Q - W \qquad\qquad (7\text{-}10)$$

（7-10）式被稱為熱力學第一定律，此式敘述系統內能的變化等於系統吸收的能量減掉系統對外界所作的功（圖 7-20）。當系統吸熱時，$Q > 0$；放熱時，$Q < 0$。系統對外界作正功時，$W > 0$；系統對外界作負功或外界對系統作正功時，則 $W < 0$。

因此，當系統吸熱或外界有正功作用於系統時，系統的內能會增加；反之，當系統放熱或對外界作正功時，系統的內能會減少。這就像你吃了豐富的午餐，休息過後去打球以消耗吸收的熱量，若午餐的熱量較多，則會囤積在體內變成脂肪；若是球賽激烈而消耗較多的熱量時，則人體必須提供囤積的能量來使用，就能夠減肥。

事實上，熱力學第一定律只是能量守恆定律的另一種表示形式，它認為能量既不會憑空消失，也不會憑空產生，只能從一種形式轉化成另一種形式，或者是從一個物體轉移到另一個物體，而總量保持不變。

將熱力學第一定律應用在下列幾種狀況中，每一種狀況都對系統加了某一限制條件，其結果如表 7-5，說明如下。

表 7-5　熱力學第一定律的幾種簡單例子。

過程	限制	結果
孤立系統	$Q = W = 0$	$\Delta E = 0$
循環系統	$\Delta E = 0$	$Q = W$
定容系統	$W = 0$	$\Delta E = Q$
絕熱系統	$Q = 0$	$\Delta E = -W$
絕熱自由膨脹系統	$Q = W = 0$	$\Delta E = 0$

■ 孤立系統（Isolated System）

此系統與環境完全隔絕，不但無熱量交換，也沒有對外界作功，因此 $Q = 0$ 且 $W = 0$，由第一定律可知：$\Delta E = 0$，或 E 為常數。

■ 循環系統（Cyclic Process）

此系統在一連串的變化中，歷經熱與功的進出後，最後回復到原來的最初狀態。由於系統的狀態不變，內能維持固定，故 $\Delta E = 0$，由此可知：$Q = W$。循環系統所作的功必等於熱量的轉移，而系統的內能不變。

■ 定容系統（Constant-volume Process）

此系統的體積維持不變，故系統所作的功為零，即 $W = 0$，因此：$\Delta E = Q$，表示內能的變化等於系統熱量的轉移。加熱系統，會使內能增加；反之，系統放出熱量時，則會使內能減少。

■ 絕熱系統（Adiabatic Process）

此系統不讓熱流出或流入，故 $Q = 0$，因此 $\Delta E = - W$。表示系統若對外界作正功，則內能減少；反之，若外界對此系統作正功，則內能增加。

■ 絕熱自由膨脹系統（Adiabatic Free Expansion）

絕熱系統中，氣體充滿左側的容器，右側容器則為真空，將開關打開時，氣體由左側自由進入右側容器，而達到平衡（圖 7-21）。由於系統絕熱，也就是沒有熱的進出，且氣體進入真空區體積會膨脹，故無阻力而不作功。由此可知，此系統的 $Q = W = 0$，所以 $\Delta E = 0$，表示系統的內能不變。

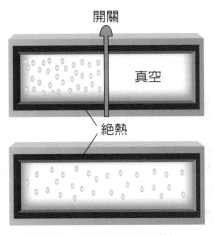

圖 7-21　絕熱自由膨脹系統。

7-1　熱力學第零定律與溫度

1. 當孤立而冷熱程度不同的兩物體互相接觸，經一段時間後，兩物體的冷熱程度會變成一致，此現象稱之為熱平衡。

2. 當兩物體皆與第三者達熱平衡時，則這兩個物體之間也達到了熱平衡，此關係稱為熱力學第零定律。

3. 常用的溫標有攝氏溫標與華氏溫標兩種，科學上則常採用克氏溫標，又稱為絕對溫標。

4. 各溫標的關係為：

   (1)　$K = C + 273.15$。

   (2)　$\dfrac{F - 32}{212 - 32} = \dfrac{C - 0}{100 - 0}$。

7-2　熱的本質與熱功當量

1. 目前公認的熱功當量值為 $J = 4.186$ 焦耳／卡。

2. 使 1 公克的純水，溫度由 14.5 ℃ 上升至 15.5 ℃ 所需的熱量為 1 卡。

7-3　熱容量與比熱

1. 熱量會從溫度高的物體流向溫度低的物體，熱的傳遞方式包含傳導、對流與輻射等。

2. 熱容量 C 是物體溫度每上升（或下降）1 ℃，所吸收（或放出）的熱量，其單位為 J/K 或 cal/℃。　$C = \dfrac{H}{\Delta T}$；$H = C\Delta T$。

3. 使 1 公克的物質，溫度上升（或下降）1 ℃ 所需吸收（或放出）的熱量，稱為該物質的比熱，單位為卡／克‧℃。

4. 假設某物體的質量為 m，s 為其比熱，ΔT 代表物體上升或下降的溫度，則此物體所需要吸收或釋放的熱量 H 可寫成 $H = ms\Delta T$。

5. 熱容量等於比熱乘以物體的質量，即 $C = ms$。

7-4　物質的三態變化與潛熱

1. 影響物質狀態改變的主要因素為溫度與壓力。

2. 固態受熱變成液態的現象稱為熔化，液態受熱變成氣態的現象稱為汽化，固態受熱直接變成氣態的現象稱為昇華；氣態遇冷變為液態的現象稱為凝結，液態遇冷變成固態的現象稱為凝固，氣態遇冷直接變成固態的現象稱為凝華。

3. 在加熱過程中，物體的溫度沒有改變時，並非熱量散失了，而是熱量以另一種能量形式儲存起來：此時熱量的用途是在打斷分子間的鍵結，讓分子間的束縛力減小。這種在物態變化時所需要的熱量，稱為潛熱。

7-5　熱膨脹

1. 物體因為受熱而體積增加的現象，稱為熱膨脹。

2. $L = L_0 + \Delta L = L_0(1 + \alpha \Delta T)$，$\alpha$ 稱為線膨脹係數，單位為 $1/°C$。

3. $A = A_0 + \Delta A = A_0(1 + \beta \Delta T)$，$\beta$ 稱為面膨脹係數，單位為 $1/°C$。

4. $V = V_0 + \Delta V = V_0(1 + \gamma \Delta T)$，$\gamma$ 稱為體膨脹係數，單位為 $1/°C$。

5. 物質膨脹係數間的關係為 $\beta \fallingdotseq 2\alpha$，$\gamma \fallingdotseq 3\alpha$。

7-6　熱力學定律

1. $\Delta E = Q - W$ 被稱為熱力學第一定律，此式敘述系統內能的變化等於系統吸收的能量減掉系統對外界所作的功。當系統吸熱時，$Q > 0$；放熱時，$Q < 0$。系統對外界作正功時，$W > 0$；系統對外界作負功或外界對系統作正功時，則 $W < 0$。

習　題

一、選擇題

(　　) 1. 將兩物互相接觸時，熱量必定會　(A) 由比熱大的流至比熱小的　(B) 由總熱量多的流至總熱量少的　(C) 由高溫的流至低溫的　(D) 由熱容量多的流至熱容量少的。

(　　) 2. 比熱小的物體，具有下列何種特性？　(A) 易增溫也易降溫　(B) 難增溫也難降溫　(C) 易增溫但難降溫　(D) 難增溫但易降溫。

(　　) 3. 在 10 ℃時，將一鋼板挖去一個半徑為 10 公分的圓洞，則當溫度上升至 30 ℃時，此圓洞的面積改變多少？（鋼的線膨脹係數 $\alpha = 11\times10^{-6}$ 1/℃）　(A) 增加 0.35 平方公分　(B) 減少 0.35 平方公分　(C) 增加 0.14 平方公分　(D) 減少 0.14 平方公分。

(　　) 4. 使 1 公升的純水，溫度由 20 ℃上升到 60 ℃，需要供應多少熱量？　(A) 40 卡　(B) 60 卡　(C) 80 卡　(D) 40000 卡。

(　　) 5. 質量相同的 *a*、*b* 兩液體，以同樣的穩定熱源加熱，其上升溫度與加熱時間的關係如右圖所示，則下列敘述中，何者是正確的？

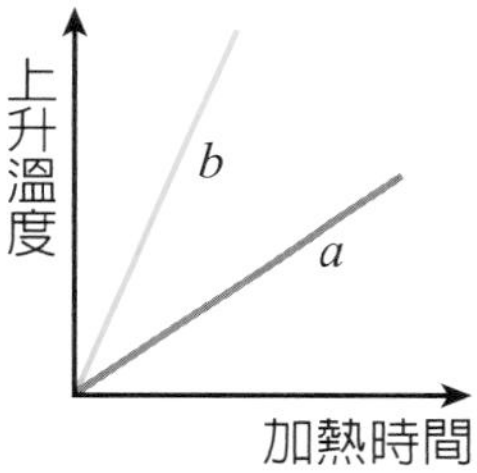

(A) 相同時間內，*a* 吸收的熱量較多
(B) 相同時間內，*b* 吸收的熱量較多
(C) 相同時間內，*a* 溫度上升較多
(D) 溫度一定時，*b* 吸收的熱量較多　釚溫度一定時，*a* 的比熱較大。

(　　) 6. 4 ℃的純水，如果溫度發生改變時，則水的體積會隨溫度變化而　(A) 熱縮冷亦縮　(B) 熱脹冷亦脹　(C) 熱縮冷脹　(D) 熱脹冷縮。

(　　) 7. 純水在下列何種狀態時，所含的潛能最多？　(A) 液態　(B) 氣態　(C) 固態　(D) 各狀態皆相同。

(　　) 8. 熱功當量等於　(A) 4.186 焦耳／仟卡　(B) 4.186 焦耳／卡　(C) 4.186 仟卡／焦耳　(D) 4.186 卡／焦耳。

(　　) 9. 在測量物質比熱的實驗中，使甲、乙、丙、丁四個不同的材料分別吸收相同的熱量，已知所有材料均未出現相變，且它們的質量和溫度上升值如表所示，則這四個材料中，何者的比熱最大？

材料	甲	乙	丙	丁
質量（g）	3.0	4.0	6.0	8.0
溫度上升值（K）	10.0	4.0	15.0	6.0

(A) 甲　(B) 乙　(C) 丙　(D) 丁。

(　　) 10. 用同一熱源加熱甲、乙、丙三物體，已知其質量
分別爲 20 公克、100 公克、50 公克。若加熱期
間溫度和加熱時間的關係如右圖，假設沒有熱量
散失，則

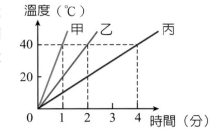

(A) 甲、乙、丙的比熱大小爲 3：1：2

(B) 甲、乙、丙的比熱大小爲 5：2：8

(C) 若吸收相同的熱量，則甲、乙、丙之溫度變化的大小爲 4：3：2

(D) 若加熱時間相同，則甲所吸收的熱量最多。

二、填充題

1. 質量 200 公克的鋁塊，其溫度由 30 ℃ 上升至 80 ℃，共吸熱 2300 卡，則鋁的比熱爲
_____ 卡／克‧℃，此鋁塊的熱容量爲_____ 卡／℃。

2. 將 0 ℃的冰塊 20 公克加熱成 100 ℃的水蒸氣，需要_____ 卡的熱量。

3. 銅的線膨脹係數是 1.3×10^{-5} 1/℃，一銅球在 0 ℃時的體積是 5×10^{3} 立方公分，當溫度上升至
60 ℃時，銅的體積變成是_____ 立方公分。

4. 攝氏 80 度＝華氏_____ 度＝克氏_____ 度。

5. 兩液體混合，已知甲液體 300 公克、30 ℃，其比熱爲 0.5 卡／克‧℃；乙液體 500 公克、90 ℃，
其比熱爲 0.9 卡／克‧℃，則熱平衡時的溫度爲_____ ℃。

6. 設有一供熱均勻的酒精燈，每 2 分鐘可供應熱量 300 卡。已知用該酒精燈加熱 10 分鐘，可使
質量 40 公克的未知液體由 10 ℃上升至 60 ℃，若不計熱量的散失，則：

   (1) 此未知液體的比熱爲_____ 卡／克‧℃。

   (2) 若要使該液體的溫度由 60 ℃上升至 90 ℃，則需要再加熱_____ 分鐘。

   (3) 若將 100 公克、20 ℃的該液體和 150 公克、50 ℃的水均勻混合，假設兩者之間不會發生
   化學反應，則熱平衡時的溫度爲_____ ℃。

7. 將 200 公克、100 ℃的某金屬投入 120 公克、30 ℃的水中，若混合後的平衡溫度爲 40 ℃，且
假設此過程沒有熱量散失，則此金屬的比熱爲_____ 卡／克‧℃。

三、計算題

1. 三個相同物體，其質量、初溫分別爲 200g、20℃；500g、45℃；300g、80℃，請問三者融合
後之末溫爲何？

Chapter 8 波動

湖畔樹木的落葉飄落在平靜的湖面上，引起陣陣的漣漪，波紋向四方擴散；演奏家的手指撥動著琴弦，琴弦快速振動而傳出動人的音符，餘音繞樑三日不絕於耳；夏日微風輕拂過稻田，金黃色的稻穗隨風搖曳……這些都是波動的現象。

8-1 振動與波

當物體在物質中振動時，會對周圍的物質產生擾動，而使擾動在物質中傳遞的現象，稱為波動（wave motion），如圖 8-1 所示。當波動需要依靠物質的擾動才能傳播時，就稱為力學波（mechanical wave）或機械波。傳遞波的物質稱為介質（medium），如繩波、水波、聲波等皆屬於力學波，需要繩子、水或空氣作為介質才能傳；而電磁波如光、無線電波、X 射線等皆不需要介質作為媒介就能傳遞，因此可以在真空中傳播的，稱為非力學波。

(a) 海浪   (b) 體操選手擺動手中的彩帶

圖 8-1　生活中的波動

(c) 金黃色的稻浪　　　　　　(d) 輕快的鼓聲

圖 8-1　生活中的波動（續）

　　在我們觀察水波的傳播現象中，可以發現當水波向四方擴散時，水面上的落葉、船隻並未跟著前進，而只是在原地往復振動，這表示表面的水並未隨著水波移動而前進。繩子的振動也是如此，繩子本身的質量並未隨著繩波前進，而是只在原地上下振動。因此，當物體受到振動而有波動現象時，物體在原地振動而不會隨波動而前進，波動只是能量的傳遞現象，並不會傳播物質。

　　若是以波的行進方向與介質分子的振動方向來分類，可將波動分為橫波（transverse wave）與縱波（longitudinal wave）兩種類型。如圖 8-2 所示，當波的行進方向與介質分子振動方向互相垂直時，稱為橫波，又稱為高低波，例如繩波；當波的行進方向與介質分子振動方向平行時，稱為縱波，又稱為疏密波，例如聲波。

　　此外，有些波動則是包含這兩種波的特性，例如水波與地震波等。海洋或湖泊的波浪中，水分子的移動並非只有上下運動，而是包含橫向與縱向的位移，水分子的運動路徑近似於橢圓形，如圖 8-3(a) 所示。地震發生時，由震央所產生的地震波（seismic wave）包含了橫波（S 波）與縱波（P 波）兩種形式，如圖 8-3(b) 所示。

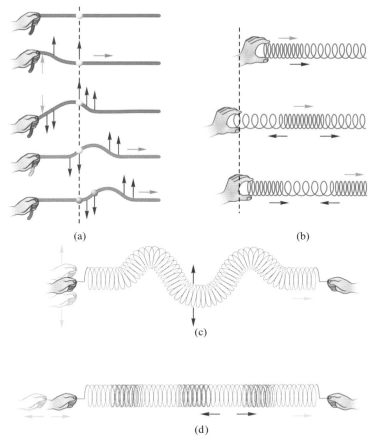

圖 8-2　橫波與縱波的差別 (a)(c) 橫波：波的行進方向與介質分子的振動方向互相垂直 (b)(d) 縱波：波的行進方向與介質分子的振動方向平行

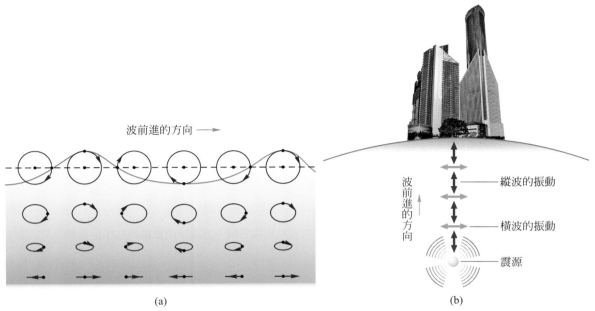

圖 8-3　(a) 水分子的運動路徑近似於橢圓形　(b) 地震波有橫波也有縱波

8-2　週期波

　　物體經短暫振動而形成的單獨波動,稱為脈衝波(pulse),簡稱脈波。以繩波為例,用手將繩子上下振動一次,即可產生一個脈衝波;若是將繩子連續做規律性的上下振動時,可產生連續且具規律週期的繩波,稱為週期波(periodic wave)。

　　我們常用正弦波(sinusoidal wave)來解釋波動現象,圖 8-4、圖 8-5 即為一正弦波的波形。要描述波動的特性,需要先了解與波動相關的物理名詞,我們將於此處簡單介紹。

1. 波形的最高點稱為波峰(crest),最低點稱為波谷(trough),波峰與波谷是介質振動的最大位移。振幅(amplitude)為介質偏離平衡位置的最大距離,恆為正值,也就是波峰相對於平衡位置的高度或波谷相對於平衡位置的深度。

2. 週期:波源完成一次完整振動所需的時間,稱為週期(period),以 T 表示,常用單位為秒(s),也可解釋為波前進一個波長所需的時間。要形成一個完整的波形振動,需要以手由平衡點向上移動至最高點,再向下移到最低點後,接著再回到平衡點。

3. 波長:波在一個週期內所傳播的距離,稱為波長(wave length),以 λ 表示。也可解釋為:相鄰兩波峰或兩波谷間的距離,或是波上任意兩對應點間的距離。

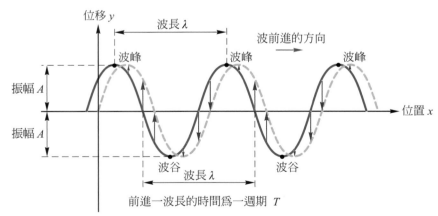

圖 8-4　週期波常用的波動相關名詞,週期波由實線向右移至虛線時,各點的位移示意圖。

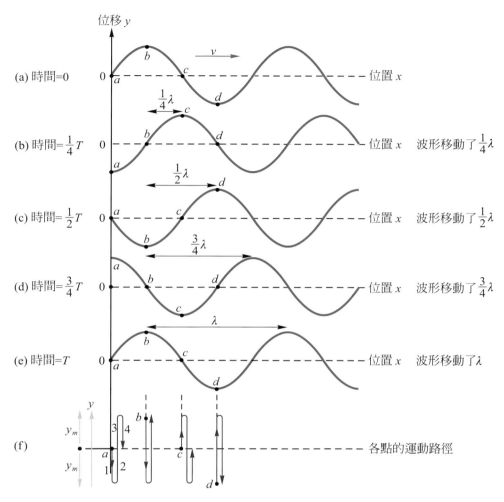

圖 8-5　正弦波沿正 x 軸方向移動的波形變化圖，圖 (a) 到圖 (e) 為正弦波在一個週期時間內，每經 $\frac{1}{4}$ 週期後的波形變化；圖 (f) 顯示出波上各點的運動路徑。

4. 頻率：單位時間內，介質所完成的振動次數，稱為頻率（frequency），以 f 表示，單位為赫茲（Hz）或 1 ／秒（s^{-1}）。頻率與週期互為倒數，兩者間的關係為

$$T = \frac{1}{f} \ ; \ T = \frac{1}{f}$$

（8-1）

思考問題
蒼蠅翅膀振動的頻率為 352Hz，蚊子則高達 500-600Hz。科學家如何知道昆蟲飛行時，翅膀振動的頻率呢？

5. 波速：波動向能量傳遞方向前進的速度，稱為波速（wave velocity）。由於波動在一個週期 T 的時間內，向前移動了一個波長 λ 的距離，而速度等於位移除以時間，因此波速 v 可寫成

$$v = \frac{\lambda}{T} = f\lambda \tag{8-2}$$

　　不同類型的波動其速度並不相同，例如：光速比音速快，音速比水波速度快，地震波則比在空氣中的聲速來得快。若要比較相同類型的波動速度時，波速決定於傳播的介質。當介質改變時，波速就會改變，例如：光在水中的傳播速度比在空氣中的速度來得慢。此外，介質的狀態也會影響波的速度，例如：空氣的溫度會影響聲音的傳播速度，水的深度則會影響水波的速度。

　　在同一介質中傳遞的力學波，若是相同類型的力學波，改變頻率是不會影響其波速大小的，只會改變波長的長短。以繩波為例，繩波的波速不會因為手振動的快慢或振動幅度的大小而改變波速；振動的快慢會影響繩波的頻率與波長，振動幅度的大小則影響繩波的振幅與傳遞的能量。

　　根據實驗研究，繩子拉的愈緊，即所受的張力愈大時，波的傳播速度愈快；繩子的線密度愈小，即單位長度的質量愈小時，波的傳播速度也愈快。假設繩子所受張力為 F，繩子的線密度為 μ，則細繩上的波速 v 為

$$v = \sqrt{\frac{F}{\mu}} \tag{8-3}$$

　　因此，在相同材質的繩子上，若其張力相等，粗繩因線密度較大，其波速慢於細繩上的波速。此外，水波也會因水的深淺而改變水波速度，當水波在較深的區域傳遞時，水波的波長較長，波速較快。

例題 1

如圖所示，繩波上 A 點經 0.02 秒後振動到最低點 A'，$\overline{AA'}$ = 10 公分，$\overline{EF}$ = 4 公分，試回答下列問題。

(1) 振幅_____公分。'

(2) 週期_____秒。

(3) 波速_____公尺／秒。

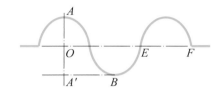

答：

(1) 振幅 = $\overline{OA}$ = $\dfrac{\overline{AA'}}{2}$ = 5 公分 = 0.05 公尺。

(2) 週期 = 0.02×2 = 0.04（秒）。

(3) 波長 λ = $2\overline{EF}$ = 8 公分 = 0.08 公尺

$$v = \frac{\lambda}{T} = \frac{0.08}{0.04} = 2 （公尺／秒）。$$

類題 1

假設水池內每 5 秒產生一個水波，若其波長為 10 公分，求此水波的頻率與波速為何？

8-3 繩波的反射和透射

波在介質上傳遞，當到達不同介質交界處時，會有一部分的能量產生反射（reflection）而形成反射波；另一部分的能量則產生透射（transmission）而形成透射波。

8-3.1 繩波的反射

將繩子一端固定在牆上使其無法上下移動，而另一端產生一脈波向另一端前進，當脈波到達固定端時，會產生反射波反向而行，稱為固定端反射，如圖 8-6(a) 所示。此時反射波的波形與入射波的波形完全相反，即上下左右皆互相對調。這樣的現象是因為：當脈波前進到固定端時，若對牆施以向上的力，根據牛頓第三運動定律，牆會對繩子同時施以一大小相同，方向相反的力，而使繩子向下振動，故反射波的位移 (振幅) 相反於入射波。

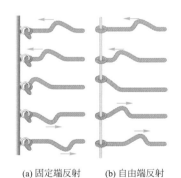

(a) 固定端反射　　(b) 自由端反射

圖 8-6　波的反射

若將繩子一端連接一個質量可忽略的小環，將小環套在光滑的垂直桿子上，小環並未固定於桿子上仍可上下移動。當繩上另一端產生的入射脈波行進至小環處時會產生反射波反向而行，稱為自由端反射，如圖 8-6(b) 所示。此時反射波與入射波的波形左右相反，但並不會上下對調。這樣的現象是因為：當脈波前進到自由端處的小環時，小環隨波形向上升，並將緊鄰的繩子帶上；當小環由高處下降時，就會產生一個與入射波位移方向相同的反射波。

8-3.2　繩波的透射

將兩條密度不同的繩子相連接，繩波傳播到交界點時，就會同時產生反射與透射兩種現象。由於兩繩子連接在一起，其張力相同，此時繩上的波速是由繩子的線密度來決定。

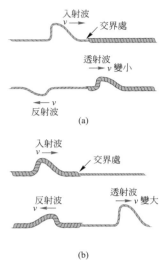

首先考慮輕繩與重繩相連，脈波由輕繩往重繩移動，脈波在交界面時，一部分反射回輕繩，另一部分則透射入重繩。由於重繩密度大於輕繩，可視為一面牆，故反射現象如同固定端反射，產生與入射波波形上下顛倒的反射波。傳遞進入重繩的波因繩子的線密度較大，故形成波形相似、振幅變小且波速變慢的透射波。此時，反射波與透射波的振幅皆小於原入射波的振幅，如圖 8-7(a) 所示。

反之，若脈波由重繩往輕繩移動時，脈波在交界面時，也會同時產生反射波與透射波。由於輕繩密度小於重繩，其阻力較小，故反射現象有如自由端反射，產生與入射波的波形，位移方向相同的反射波。透射波則因輕繩的線密度較小，其波形與入射波相似，但振幅變大，波速變快，如圖 8-7(b) 所示。表 8-1 為兩者的比較。

圖 8-7　波的反射與透射

表 8-1　輕重繩相接時，反射波與透射波的性質比較表（與入射波比較）

	由輕繩往重繩移動		由重繩往輕繩移動		
性質	反射波	透射波	性質	反射波	透射波
頻率	不變	不變	頻率	不變	不變
波長	不變	變小	波長	不變	變大
波速	不變	變慢	波速	不變	變快
振幅	變小	變小	振幅	變小	變大
波形	上下顛倒與入射波同	相似	波形	與入射波同	相似

8-4　重疊原理與干涉現象

當兩個質點在空間內相遇時，會產生碰撞現象而改變原本的運動狀態；若是兩個脈波相遇時，其情形會如何呢？

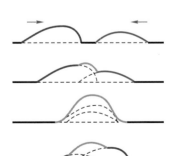

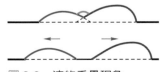

圖 8-8　波的重疊現象

如圖 8-8 所示，於繩子的左右兩端分別產生一脈波，兩脈波相向而行並於繩子中央相遇；當兩脈波交會時，會形成一個波形較複雜的合成波。在交會區中，此合成波任一點的位移等於兩脈波個別位移的和。而

在交會前後，兩脈波的形狀、波速與方向會保持相同，不會因曾經交會
而有所變化，此現象與質點的碰撞大大的不同。

　　當兩個或多個脈波同時通過空間的同一點時，此交會點介質的
位移為各脈波介質位移的向量和，此現象稱為**重疊原理**（principle of
superposition）。不論週期波脈波、水波、光波或繩波，當兩個以上的
波動相遇時，合成波的性質都會符合重疊原理，如圖 8-9 所示。

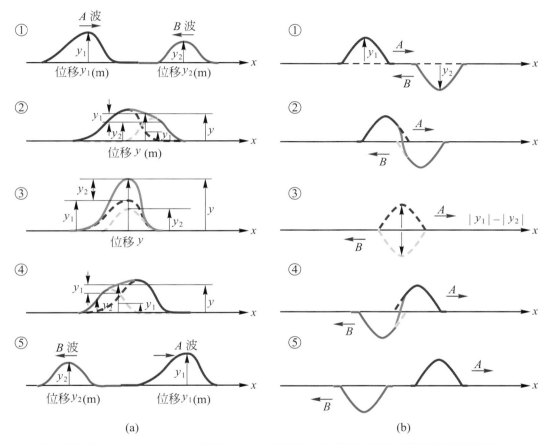

(a)　　　　　　　　　　　　　　　(b)

圖 8-9　波的重疊原理。(a) 波形向上的兩脈衝波 A、B 交會時，合成波的位移 y 等於各單獨脈衝波 y_1、y_2 的位移
和（即 $y = y_1 + y_2$）。(b) 波形相反的兩脈衝波 A、B 交會時，合成波的位移 y（即 $y = y_1 + y_2$）仍遵守重疊原理。

　　當兩個行進波在介質中相遇發生重疊現象時，兩波的波形彼此疊
加，使得某些點的位移增大、某些點的位移減小的現象，稱為波的干涉
（interference）現象，如圖 8-10 所示兩行進波同時通過空間中某一點時，
若是兩波的振動方向相同，疊加後使得波的振幅變大，稱為**建設性干涉**
（constructive interference）或相長干涉；若是兩波的振動方向相反，疊

加後使得波的振幅變小，稱為破壞性干涉（destructive interference）或相消干涉，如圖 8-11 所示。

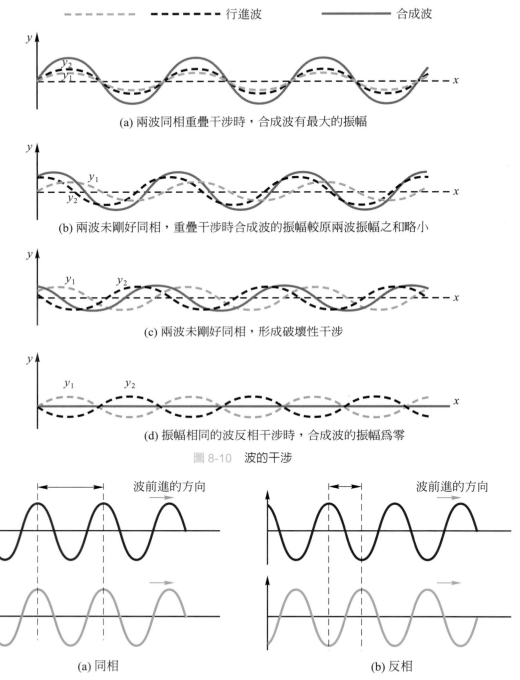

(a) 兩波同相重疊干涉時，合成波有最大的振幅

(b) 兩波未剛好同相，重疊干涉時合成波的振幅較原兩波振幅之和略小

(c) 兩波未剛好同相，形成破壞性干涉

(d) 振幅相同的波反相干涉時，合成波的振幅為零

圖 8-10　波的干涉

(a) 同相

(b) 反相

圖 8-11　兩波同相時，可形成建設性干涉；反相時，可形成破壞性干涉

樂器的發聲原理就是此現象的應用，利用弦或空氣中的波產生干涉現象時，就可發出美妙的聲音；汽車製造時，也會利用聲波的干涉現象來抑制引擎室的噪音，使得汽車行駛更爲安靜；水波也是常見的干涉現象，如圖 8-12 所示。

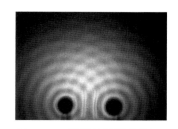

圖 8-12　常見的干涉現象－水波

8-5 波的繞射現象

在教室上課時，常常可以聽見隔壁教室中教師講課的聲音；河流中的大石頭擋住陣陣的水波，但其後方仍會有水波出現，這些現象都是因爲波動遇到障礙物時會有繞射（diffraction）的現象。

當波動通過障礙物的邊緣或空隙時，不會依照原本的傳播方向前進，而使波的行進方向改變繞過障礙物的現象，稱爲繞射。如圖 8-13 所示，當直線水波通過較大的狹縫或障礙物時，通過的水波大多仍然以原本直線波的方向前進；若是將狹縫或障礙物變小時，通過的水波在狹縫或障礙物邊緣處產生彎曲，使其行進方向改變；當狹縫或障礙物大小縮小到接近水波波長時，通過的水波會變成接近圓形波前，如同一圓形波的波源。

若波動的波長爲 λ，狹縫寬度爲 d，當 $\dfrac{\lambda}{d} \doteqdot 1$，即 $d \doteqdot \lambda$ 時，波通過狹縫後，狹縫如同一新波源，此時的繞射現象較明顯。當 $d \gg \lambda$ 時，則繞射的現象不易察覺。

聲波與水波的繞射現象較爲明顯，光波的繞射現象卻不易被發覺，這是因爲光波的波長甚短（約爲 4000-7000Å），而日常生活中的狹縫寬或障礙物大小皆遠大於光波波長，故不易發覺光的繞射現象。

波動的特性除了反射與折射外，還有干涉與繞射，後兩個特性爲質點運動無法形成的現象，故可知道：凡是具有干涉與繞射現象者，必具有波動的性質。

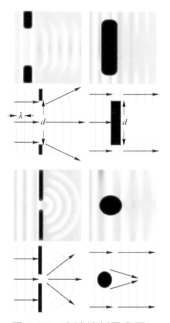

圖 8-13　水波繞射示意圖

註 波前 (wave front) 爲波傳播時，處於同一相位的點所連成的線或面。
它指的是某一時刻，波動所到達最前方的各點所連成的曲面。

本章重點

8-1　振動與波

1. 當波需要依靠物質的擾動才能傳播時，稱為力學波。

2. 當彈性物體受到振動時，物體在原地振動而不隨波動前進，並將能量傳遞出去的現象，稱為波動。

3. 波的行進方向與介質分子的振動方向互相垂直時，稱為橫波，又稱為高低波，如繩波。

4. 波的行進方向與介質分子的振動方向平行時，稱為縱波，又稱為疏密波，如聲波。

8-2　週期波

1. 波峰在一個週期 T 的時間內，向前移動了一個波長 λ 的距離，則波速 $v = \dfrac{\lambda}{T} = f\lambda$。

2. 波的速度決定於傳播的介質。

3. 若細繩所受張力為 F，細繩的線密度為 μ，則細繩上的波速為 $v = \sqrt{\dfrac{F}{\mu}}$。

8-3　繩波的反射和透射

1. 固定端反射之反射脈波的波形與入射脈波的波形完全相反，即上下對調。

2. 自由端反射之反射波與入射波的波形相同，不會上下對調。

3. 脈波由輕繩往重繩移動時，脈波在交界面時部分反射回輕繩，反射有如固定端；另一部分則透射入重繩，但因線密度較大，故振幅明顯變小。

4. 脈波由重繩往輕繩移動時，脈波在交界面時部分反射回重繩，反射有如自由端，另一部分則透射入輕繩，但因線密度較小，故振幅明顯變大。

8-4　重疊原理與干涉現象

1. 當兩個或多個波同時通過空間的同一點時，此點的位移為各個波位移的向量和，此現象稱為重疊原理。

2. 空間中某一點上，恰巧兩波的振動方向相同，疊加後使得波的振幅變大時，稱為建設性干涉或相長性干涉；若是兩波的振動方向相反，疊加後使得波的振幅變小時，稱為破壞性干涉或相消性干涉。

8-5 波的繞射現象

1. 當波動通過障礙物的空隙後，並不會依照原本的傳播方向前進，而有部分產生偏轉並繞過障礙物，此現象稱為繞射。

2. 若波動的波長為 λ，狹縫寬度為 d，當 $\dfrac{\lambda}{d} \doteqdot 1$，即 $d \doteqdot \lambda$ 時，當波通過狹縫時，狹縫如同一新波源，此時的繞射現象較明顯。

3. 凡是具有干涉與繞射現象者，必具有波動的性質。

習　題

一、選擇題

(　) 1. 波動的振幅乃決定於該波的　(A) 週期　(B) 頻率　(C) 能量　(D) 速率。

(　) 2. 下列何者<u>不屬於</u>力學波？　(A) 水波　(B) 繩波　(C) 彈簧波　(D) 光波。

(　) 3. 波的重疊原理是指兩波相會時　(A) 波長的相加　(B) 頻率的相加　(C) 波形的相加　(D) 波速的相加。

(　) 4. 一弦左端固定，右端可自由上下滑動。在 $t = 0$ 時，一波向右行進，如右圖甲所示。則 $t > 0$ 以後，由於波在兩端點的反射，下列乙、丙及丁各波形首次出現的先後順序為：
(A) 乙、丙、丁
(B) 乙、丁、丙
(C) 丙、乙、丁
(D) 丙、丁、乙。

(　) 5. 若水波的頻率為 10 次／秒，相鄰兩波峰間，相距 0.1 公尺，則水面傳播的波速為多少公分／秒？　(A) 100　(B) 10　(C) 1.0　(D) 0.01。

(　) 6. 下列何者種狀態中，波的繞射現象最明顯？　(A) $\dfrac{\lambda}{d} \ll 1$　(B) $\dfrac{\lambda}{d} \doteqdot 1$　(C) $\dfrac{\lambda}{d} \gg 1$。

(　) 7. 波動由 A 彈簧傳至 B 彈簧，反射脈波與入射脈波的相位相同，由此可知
(A) 波速 $v_A > v_B$　(B) 頻率 $f_A > f_B$　(C) 反射脈波的強度一定大於入射脈波
(D) A 為線密度較大的彈簧，B 為線密度較小的彈簧。

(　) 8. 以 v 表波速，f 表頻率，T 表週期，λ 表波長，則下列公式何者<u>有誤</u>？　(A) $v = \dfrac{\lambda}{T}$　(B) $f = \dfrac{v}{\lambda}$　(C) $\lambda = \dfrac{v}{T}$　(D) $fT = 1$。

(　) 9. 下列關於縱波性質的描述，何者錯誤？　(A) 密部介質的密度大，疏部介質的密度小　(B) 介質振動方向與波前進方向互相垂直　(C) 又稱為疏密波　(D) 相鄰兩疏部間的距離，稱為縱波的波長。

( ) 10. 根據右圖的波形顯示，A、B 兩種波在哪一部分有明顯的不同？

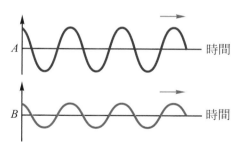

    (A) 頻率

    (B) 週期

    (C) 振幅

    (D) 波長。

( ) 11. 曉明和女友同遊夢幻湖，忽然有一陣風吹來，將女友的帽子吹到湖中。曉明想到妙招，他不斷在岸邊製造水波，想讓女友的帽子慢慢漂回岸邊，試問這招管用嗎？

    (A) 管用，因為水波會將帽子推到岸邊

    (B) 管用，因為水波會釋放能量給帽子，讓帽子能夠前進

    (C) 不管用，因為水波無法傳遞物質

    (D) 不管用，因為水波會跟岸邊反射回來的水波抵銷。

( ) 12. 右圖中為一正弦波，該波的振幅與波長各為

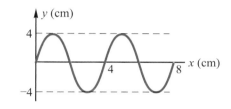

    (A) 4 公分，4 公分

    (B) − 4 公分，2 公分

    (C) ±4 公分，4 公分

    (D) 8 公分，4 公分。

( ) 13. 承上題，若波速為 20 公分 / 秒，則該正弦波的頻率為 (A) 2 (B) 5 (C) 8 (D) 15 秒。

( ) 14. 波由線密度較小的細繩，進入線密度較大的粗繩，則下列敘述何者正確？ (A) 反射波的波形不顛倒 (B) 反射波的波長不變 (C) 透射波的波形顛倒 (D) 反射波的振幅不變。

二、填充題

1. 右圖中有 A、B、C 三個連續週期波，試回答下列問題：

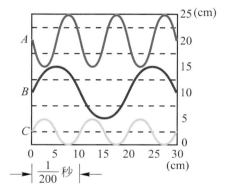

    (1) 振幅相同者為_____。

    (2) 頻率相同者為_____。

    (3) 求出 A 的波長_____公分、頻率_____ 1 / 秒及波速＝_____公分 / 秒。

2. 當波由輕彈簧傳至重彈簧，在交界處有反射波和透射波，反射波與入射波的相位_____，
   透射波與入射波的相位_____。

3. 在某一點，兩波的波峰相會的干涉叫作_____干涉，波峰和波谷相會的干涉稱為
   _____干涉。

4. 波動具有反射、折射、_____和_____四大特性。

5. 繩長 1.2 公尺，當橫波以波速 24 公尺／秒傳播時，其波形如下圖所示，則波的頻率
   為_____。

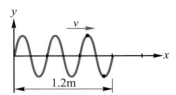

6. 波動依振動方式，可分為兩種。介質振動方向與波前進方向互相垂直的稱為_____。

7. 下圖為一波形，λ 稱為_____，P 稱為_____，Q 稱為_____。

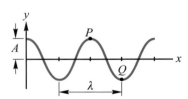

8. 觀察下圖中的波動，試回答下列問題：

   (1) 繩波的波長＝_____公分；振幅＝_____公分。

   (2) 如果波由 P 傳播至 Q 共歷時 2 秒，則波速＝_____公分／秒。

   (3) 承 (2)，繩波的週期＝_____秒；頻率＝_____赫茲。

   (4) P 點自最高點振動至最低點，共歷時_____秒，波形前進了_____公分。

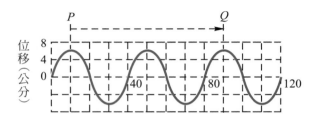

Chapter 9 聲波

敲擊音叉使其發出聲響，將音叉輕觸水面，會濺起水花，如圖 9-1 所示；將小紙片放於鼓面並敲擊鼓面，可以發現小紙片在跳動著，如圖 9-2 所示；演奏弦樂器，如彈吉他或拉提琴時，也可看到樂器的弦在振動。由上述現象可知：聲音的產生來自於物體的振動現象。

圖 9-1 敲擊音叉，發聲的音叉輕觸水面，會產生水花。

9-1 聲波的性質

9-1.1 聲波的傳遞

聲音是動物互相溝通與傳遞訊息的主要管道，日常生活中我們隨時都可以聽見各種不同的聲音。那聲音是藉由什麼來傳播的呢？若將正在響的鬧鐘放入一密閉容器中，如圖 9-3 所示，雖然隔著玻璃罩，但我們仍可聽到鬧鈴聲。此時用幫浦將容器內的空氣抽出，使容器內形成真空狀態，而在抽氣過程中可聽見鈴聲逐漸變小，最後就聽不見鈴聲。若再將空氣充入容器中，又可聽見鈴聲逐漸變大。由此實驗可以知道，聲音是要靠介質來傳播的，沒有空氣的真空狀態是無法聽見聲音的。

圖 9-2 敲擊鼓面時，鼓面上的紙片會跳動紛飛。

當物體振動時，周圍的空氣會受到擠壓，使得空氣的密度與壓力會產生變化。受擠壓的部分空氣密度大，而在鄰近的空氣則因為擠壓而向外移動，形成空氣稀疏的區域，空氣密度大則壓力大，稱為密部（compression）；空氣密度小則壓力小，稱為疏部（rarefaction）。雖然藉由振動所產生壓力的變化並不大，但仍會使周圍的空氣產生壓力的變化，就能將聲音由近到遠傳送出去，如圖 9-4 所示。因此，聲音的傳遞是藉由空氣疏密狀況不同而傳遞的，可被歸類為縱波。

圖 9-3 真空鈴裝置

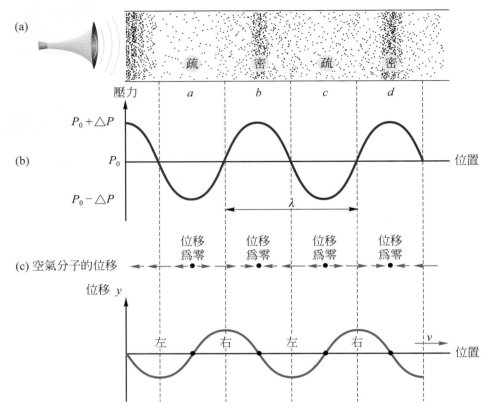

(a)

(b)

壓力

$P_0 + \triangle P$

P_0

$P_0 - \triangle P$

疏　密　疏　密

a　b　c　d

位置

λ

(c) 空氣分子的位移

位移
為零

位移
為零

位移
為零

位移
為零

位移 y

左　右　左　右

v

位置

圖 9-4　聲波在沿正 x 軸傳遞過的過程中，空氣分子的壓力和密度以及位移 y 隨位置變化的情形

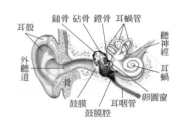

耳殼　鎚骨 砧骨 鐙骨 耳蝸管
聽
神
經
外聽道
耳
蝸
骨
鼓膜　耳咽管
鼓膜腔　卵圓窗

圖 9-5　耳朵結構圖

　　當空氣的壓力變化傳送至人的耳朵時，使得鼓膜產生振動，在經由中耳的三個聽骨（鎚骨、鐙骨與砧骨）放大後，傳至充滿液體的耳蝸並刺激內部的聽覺神經，將訊號送至大腦處理使我們產生聽覺，如圖 9-5 所示。

　　聲音並非只能在空氣中傳播，用手敲擊桌面，把耳朵貼在桌面上就可聽到敲擊的聲音，游泳時在水中也可以聽見聲響。聲音的速度隨介質不同而有所不同，一般說來，固體中的聲波速度最快，其次是液體，空氣中的聲波則速度最慢。如表 9-1 列出聲波在不同介質中的速度。

　　在同一種介質中的聲波速度也會因為介質的狀態不同而不一樣，例如空氣中的聲波速度與空氣的溫度、濕度、壓力或風速等有關。在一大氣壓 0℃ 的乾燥空氣中，聲波的速度為 331 公尺 / 秒，當空氣的溫度每升高 1℃，速度約增加 0.6 公尺 / 秒，若假設溫度 T ℃時的聲速為 v 公尺 / 秒時，其關係為

表 9-1 聲波在不同介質中的速度（0℃時）

介質	聲速（公尺／秒）	介質	聲速（公尺／秒）
空氣	331	鋼	5941
氦	972	鋁	6420
氫	1284	銅	3560
水（0℃）	1402	花崗石	6000
水（20℃）	1482	玻璃	4500

$$v = 331 + 0.6T \qquad\qquad (9\text{-}1)$$

聲波的傳播速度稱為音速（sonic speed）或聲速（speed of sound）。飛機的飛行速度就是以音速為單位來比較，此單位稱為馬赫數（mach number）。1 馬赫的速率等於音速，約為 331 公尺／秒或 1191.6 公里／小時。超過 1 馬赫的速率稱為超音速（supersonic speed），低於 1 馬赫的速率則稱為次音速（subsonic speed）。

例題 1

打雷時看見閃電後約 5 秒後可聽見雷聲，若此時溫度 25℃，則距打雷處多遠？

答：聲音速度為

$v = 331 + 0.6T = 331 + 0.6 \times 25$

  $= 346$（公尺／秒）

故距打雷處 $S = 346 \times 5 = 1730$（公尺）

類題 1

有一聲波的頻率為 680 赫茲，則

(1) 在 15℃時，此聲波的波長及波速各為多少？

(2) 此聲波在水中的速度為 1560 公尺／秒，求水中的聲波波長為何？

圖 9-6　聲音的折射

由於聲速會受到溫度的影響，白天時，地面受太陽照射而使接近地面的空氣溫度高於上空的空氣，所以靠近地面的聲波速度較快，使得聲波向上折射，因此覺得聲音不易傳的很遠；相對的，夜晚時地面溫度較低，靠近地面的聲波速度較慢，使得聲波向下折射，較容易讓遠方的人聽見。這是因為上下層空氣的溫度不同造成聲速的不同，而使得聲音發生偏折的現象，如圖 9-6 所示。

人類耳朵聽覺所能聽到的頻率範圍大約在 **20 Hz（赫茲）至 2×10^4 Hz** 之間，稱為可聞聲（audible sound）。聽覺的範圍上下限因人而有所不同，不同人對高音或低音有不同的敏感程度，一般年紀愈大者愈不能聽見較高頻的聲音。高於 2×10^4 Hz 的聲音稱為超聲波（ultrasound）或超音波，低於 20Hz 的聲波稱為聲下波（infrasonic），人類就無法聽見。

許多動物可以聽見超聲波頻率，如表 9-2 所示。狗可以聽見 5×10^4 Hz 的超聲波，蝙蝠甚至能偵測到高達 10^5 Hz 的超聲；有些動物如海豚、鯨魚和蝙蝠則會發出超聲波，用來導航、與同伴通訊或捕捉獵物。

表 9-2　動物的聽覺範圍

狗	15 ～ 50000Hz
貓	60 ～ 65000Hz
蝙蝠	1000 ～ 120000Hz

思考問題

為何聽不見的聲下波能比可聞聲傳播更遠的距離？

聲下波的來源有地震、閃電或鯨魚所產生的波，屬於較低頻的波；有些大型機器在運作時，也會產生聲下波，這種波會造成人體內部器官的共振運動，長期在這樣的環境下工作會對健康造成傷害。

9-1.2　回聲

在山區裡或是寬敞的空屋內大聲喊叫，有時候會在喊叫的聲音過後，過一會兒又聽見相同的聲音，這些聲音稱為回聲（echo）或回音。回聲是聲波經過山壁或牆壁的反射，又傳回我們的耳朵裡，平常的談話不易發覺有回聲的現象，這是因為四周的家具、窗簾及沙發等容易吸收聲波能量，且因障礙物距離太近，人耳無法分辨出原本的聲音與回聲的差別。人耳僅能夠分辨出相隔 0.1 秒以上的兩聲波，在 0.1 秒內會將原音與回聲重疊，因而認為是同一聲源產生的聲音。因此，常溫下聲源需距離障礙物約 17 公尺以上時，才能聽見清晰的回聲。

例題 2

獵人在 15℃ 的氣溫下開槍射擊，經過 4 秒鐘後聽見回音，則獵人與反射面的距離為幾公尺？

答：聲速 v = 331 + 0.6T = 331 + 0.6×15 = 340（公尺／秒）

聲音往返時間為 4 秒鐘，與反射面的距離聲音僅需 2 秒就可到達

故兩者間的距離為 340×2 = 680（公尺）

類題 2

若聲音在空氣中的速度為每秒 350 公尺。今有一站在兩山壁之間大喊，所聽見的兩個回音間隔 4 秒，兩山壁的距離為 1050 公尺，求此人與山壁的最近距離為何？

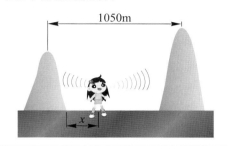

回聲與原本聲音相互混合，會造成人們聽覺的混淆。大型禮堂內，演講者的聲音透過麥克風傳至喇叭加大聲音後，經各個牆壁反射產生多重回聲，而使聽眾無法聽清楚內容。為了要減少回聲的干擾，禮堂的牆壁通常採用較鬆軟且多孔的建料，或是垂掛大型布幕窗簾，以降低回聲的產生，如圖 9-7 所示。

然而，聲波的反射並非只是會擾亂，善加利用也可成為絕佳的工具。例如：棒球比賽，觀眾用來加油的加油棒傳聲筒，其圓錐形的形狀可使聲音經反射後更為集中，不容易散失。為了想聽的更清楚，有時我們會把手掌放於耳朵邊彎曲，也是利用反射現象，讓耳朵能接收到更多的聲波。音樂廳的後方或兩側，設計許多反射面，使聲音經反射能完整且均勻的傳送到每一個觀眾席上。

圖 9-7　禮堂內的布幔與地毯可以避免回聲的干擾

聲波的反射也可運用來偵測未知物體距聲源的距離，超聲波的頻率高且波長短，在傳播時不易散開，能沿著固定方向直線前進，遇到體積小的物體也較容易反射，因此常被用來做為探測的工具。如海上航行的船隻都裝有聲納（sonar）；汽車的倒車雷達也是利用類似的原理來製做的；醫生利用超聲波掃描孕婦體內胎兒的情形，其原理也是依照聲波反射回來後經由電腦繪圖，就可顯示胎兒的影像，如圖 9-8 所示。

 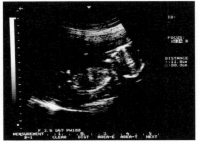

(a) 海上航行船隻利用聲納探測海底深度　　　　(b) 超音波之胎兒圖

圖 9-8　聲音的反射

9-2　聲音的共鳴與基音

9-2.1　共鳴

　　在沒有外來擾動的影響下，物體能以單一頻率持續振動，則此頻率為此物體的自然頻率（natural frequency）。若有一外在擾動對此物體持續作用時，當外在擾動的頻率與此物體的自然頻率相同時，即使擾動很微弱，也可使此物體產生相當大的振動，此現象稱為共振（resonance），也稱為共鳴。

　　吉他在調音時，會先將一弦振動發出的聲音頻率以調音器調整正確，其他各弦則可以共鳴的方式調整，已確定其音準；將一高腳杯放置於桌上，以手只沾水摩擦杯口邊緣等速移動，當手指速度與玻璃杯自然頻率相符時，就可使其發出悅耳的聲音如圖 9-9 所示；單一頻率的音叉振動時，藉由空氣傳播，可使另一支自然頻率相等的音叉產生共振而發出聲音。

　　管弦樂器若只靠振動產生聲音，則弦與管內空氣柱太細而無法使許多空氣壓縮膨脹，產生較大的聲音。因此，管弦樂器會利用一種機械放大器，稱為共鳴板（sounding board）或共鳴箱（sounding box），其作用是使物體振動時與空氣接觸的表面積加大，當樂器上的弦振動時，共鳴器跟著振動，故可產生較強的聲波。

圖 9-9　將手指沾水緩慢等速摩擦高腳杯口，會發出嗡嗡的共鳴聲。

利用聲波的共鳴現象，在日常生活中可以用來清潔髒污，如超音波清洗機及洗衣機等；在醫學上運用於震碎人體內的結石；工業上也利用高頻率的振動，使金屬熔接處的分子因振動產生高熱，使金屬熔化進而接合在一起。

位於美國 華盛頓州的塔科馬海峽吊橋 (Tacoma Narrows Bridge) 為一條懸吊橋，全長 1.6 公里，於 1940 年首度通車，不到五個月就倒塌。其原因是因橋面的厚度不足，在受到強風吹襲下引起共振，振幅可達五英尺以上，因而崩塌斷裂，為研究物理共振破壞力的活教材。

9-2.2　基音與泛音

樂器是利用振動而形成的駐波產生聲音，駐波的特性在上一章中已經提過，由（10-4）式可知，弦上駐波弦長 L 與波長 λ 的關係為

$$L = \frac{n}{2}\lambda \text{ , } n = 1, 2, 3, \cdots \tag{9-1}$$

可改寫為

$$\lambda = \frac{2L}{n} \text{ , } n = 1, 2, 3, \cdots \tag{9-2}$$

（9-2）式為弦上可產生駐波的波長與弦長間的關係。依照（10-5）式可知，弦上所能產生的頻率為

$$f = \frac{v}{\lambda} = \frac{v}{\frac{2L}{n}} = \frac{nv}{2L} = \frac{n}{2L}\sqrt{\frac{F}{\mu}} \text{ , } n = 1, 2, 3, \cdots \tag{9-3}$$

由（9-3）式可看出，影響駐波頻率的條件包含波速與弦長，而波速會受弦的線密度與張力影響。當弦愈粗或愈鬆弛時，波速就愈慢，聲音的頻率就愈低；當弦愈細或愈緊繃時，波速就愈快，聲音的頻率就愈高。此外，愈長的弦所產生的駐波頻率就愈低。因此，想要產生頻率較低的音，就要利用粗長且鬆弛的弦來彈奏；相反的，頻率較高的音就要利用細短且緊繃的弦來彈奏。

在（9-3）式中，當 $n = 1$ 時，為此弦的最低共振頻率，此頻率稱為基頻（fundamental frequency）或基音（fundamental tone）；當 $n = 2, 3, 4,$ …時，振動頻率較高，為最低頻率的整數倍，稱為泛音（overtones），如圖 9-10 所示。$n = 2$ 時的頻率稱為第一泛音，$n = 3$ 時的頻率稱為第二泛音，依此類推。此外，基音與泛音皆屬於諧音（harmonic），$n = 1$ 時的基音稱為第一諧音，$n = 2$ 時第一泛音稱為第二諧音，依此類推。

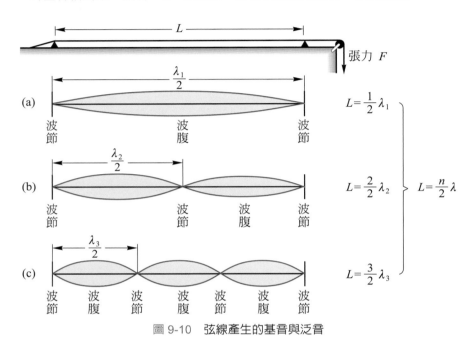

圖 9-10　弦線產生的基音與泛音

管弦樂器就是利用空氣或弦的振動產生駐波來發出優雅的樂音，不同的弦長（管長）發出不同頻率的聲音。由於每種樂器所形成的基音與泛音皆不同，故其合成波也會不同，因而使各種樂器皆有其獨特的聲音。

9-3　樂音與噪音

9-3.1　樂音

生活週遭充滿各式各樣的聲音，物體做規律性的振動所造成的聲音，令人聽了悅耳，感覺愉快舒暢，如歌聲、水聲、蟲鳴鳥叫或樂器的演奏等聲音，稱為樂音（tone）。

樂音主要有三個特徵，即響度（loudness）、音調（pitch）與音色（timber），稱為樂音三要素。每一種樂音的三個特性皆不相同，也讓我們能夠欣賞到許多不同特色的聲音。

一、響度

聲音強弱的程度稱為響度。聲波振幅的大小影響其響度，當物體振動幅度大時，鄰近的空氣相對也有較大的振動，空氣的壓力與密度變化也較明顯，傳至耳朵內的鼓膜時，也使得鼓膜的振動較強烈，感覺聲音就較大聲。

比較兩種聲音的強度時，通常採用強度級（intensity of sound）的比較方式，單位為分貝（decibel，簡稱 dB），這是紀念發明電話與電報的美國科學家貝爾（Alexander Graham Bell, 1847-1922，美國人），以讚揚他對現代通訊的偉大貢獻。分貝所表示的是聲音的相對強度，0 分貝表示正常人耳所能聽見到的最小聲音，即聽覺下限。每增加 10 分貝，聲音的強度就增加 10 倍，舉例而言，20 分貝的聲音強度為 10 分貝的 10 倍，30 分貝的聲音強度則為 10 分貝的 100 倍。圖 9-11 列出各種聲音的響度。

> **註** 以 1000Hz 的聲音而論，人耳可聽見的聲音，最弱的強度約 10^{-12} 瓦特／平方公尺，最強約為 1 瓦特／平方公尺。比較兩聲音強度時，若以比值表示，數字甚大，故取聲音強度比值的對數來比較。
> 若 $I_0 = 10^{-12}$ w/m²，另一聲音的強度為 I，則分貝數的定義為 $L = 10\log_{10}\dfrac{I}{I_0}$。

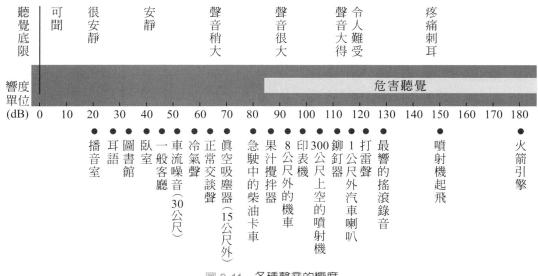

圖 9-11　各種聲音的響度

二、音調

聲音的高低稱為音調，音調主要是由聲波的頻率決定。聲波的頻率愈大，人們所聽見的聲音音調愈高；聲波的頻率愈小，人們所聽見的聲音音調愈低。

聲音震動的頻率，有大有小，也形成不同高低的音調，不同性別因為聲帶的厚薄不同，聲音的頻率也不一樣，男生聲帶厚重，聲音較低沉，女生聲帶薄輕，聲音較高昂；男生的聲音約在 95Hz 到 142Hz 之間，女生則在 272Hz 到 558Hz 之間。中國樂曲的音調包含宮、商、角、徵、羽，西方樂曲則分為 Do、Re、Mi、Fa、Sol、La、Si、Do（高音）等八個音階，每升高八個音階，頻率增大一倍。表 9-3 列出常見八音階的頻率。

表 9-3　常見八音階的頻率

音階	音名	頻率大小（Hz）
Do	中央 C	261.63
Re	D	293.66
Mi	E	329.63
Fa	F	349.23
Sol	G	392.00
La	A	440.00
Si	B	493.88
Do	高音 C	523.25

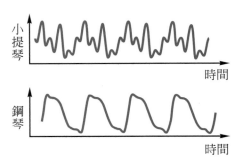

圖 9-12　不同樂器所發出聲音的波形都不相同。同樣是 A（La），拉奏小提琴或是彈奏鋼琴所產生的聲音，聽起來就是感覺不一樣。雖然頻率相同，但在音色上卻是不同，而音色就決定於聲波的波形，由上圖就可以發現兩者有明顯的差別。

三、音色

音色又稱為音品（**quality**）。不同的樂器或同一樂器演奏方式不同時，其發出的聲音都具有其獨特的波形，稱為此樂器的音色。因此，當兩種不同樂器同時演奏相同曲目時，縱使當兩樂器所發出的聲音響度相同而且音調相同時，人們依然可以輕易的分辨出兩種樂器演奏的聲音，如圖 9-12 所示。

一般物體振動所發出的聲音並非只是一個單一頻率的單純音，而是由許多頻率的聲波所組合而成。這些聲波包含一個頻率最低的聲音（基音），以及一些較高頻率的聲音（泛音），並經由這些聲波疊加而形成一個較複雜的波形。不同的樂器在演奏時，即使將基音的頻率與強度，

調到一致時，所發出的泛音的種類、數目與強度，仍會有所差異，因此所組成的聲波波形就會有所不同，音色就不盡相同了。

9-3.2 噪音

噪音（noise）與樂音並無明顯區別，令人難受的音樂也被稱為噪音。通常當物體不規律振動所產生的聲音，或是樂音的響度太大，音調太高與太低時，以及一些突發性的聲響，令人聽了刺耳又吵雜，如緊急煞車聲、汽車喇叭聲、吵架聲、廣播聲、爆炸聲或工人鑽地打牆等施工的聲響，都會使人們聽見時感覺到難受不安，這些都稱為噪音，如圖 9-13 所示。

圖 9-13　拔除摩托車排氣管的消音器，會產生令人難過的噪音。

人的耳朵對聲音是很敏感、敏銳的，當這些噪音音量不大且發生的時間短暫時，都可以忍受。但是若噪音音量過大時或是長時間的影響人體則會造成較嚴重的傷害。超過 85 分貝的聲音，就會危害人類的聽覺，120 分貝以上的聲音就會使人耳感覺到痛楚，而 160 分貝以上的巨響，甚至可瞬間使耳膜破裂受損，嚴重者會喪失聽覺，如圖 9-14 所示。

圖 9-14　長時間用耳機聽音樂，容易使聽力受損。

噪音污染日益嚴重，噪音源逐年增加，已是日常生活中最大的公害之一。世界各國皆訂定明確的法規管理，以確保國民的健康，提高生活居家品質，如圖 9-15 所示。除了法規的規範外，個人也須自我節制，主動減少噪音的製造，諸如開車時少按喇叭、調低音響聲響、擴音器節制使用、不亂放鞭炮等方式，都能讓噪音減少，營造安靜舒適的環境。

圖 9-15　請勿於深夜在家中歡唱 KTV。夜間十點到凌晨六時製造噪音干擾他人生活，可處三萬元以下罰鍰。

9-4 都卜勒效應

仔細聆聽，救護車由遠而近向著我們駛近時的警笛聲，與通過我們後遠離我們時的警笛聲，是否有些不同？前者的聲音頻率較高，後者的聲音頻率較低。若是聲源固定不動時，收聽的人向聲源接近時，聲音的頻率也會變高，遠離聲源時則變低。這種因為聲源與收聽者的相對運動而使得聲音音調產生變化的現象，稱為都卜勒效應（Doppler effect）。這是由奧地利科學家都卜勒（Christian Johann Doppler,1803-1853）於 1842 年所提出的理論。

假設有一個聲源發出聲波，其頻率為 f，若聲源與收聽者不動時，每秒鐘通過收聽者的聲波個數會等於 f 個，頻率不變。若收聽者不動時，當聲源向收聽者接近時，如圖 9-16 所示，聲波的波長被壓縮，每秒鐘

通過收聽者的聲波個數會大於 f 個，因此頻率增加而音調上升；當聲源遠離收聽者時，如圖 9-17 所示，聲波的波長被拉長，每秒鐘通過收聽者的聲波個數會小於 f 個，因此頻率減小而音調下降。若聲源不動時，當收聽者向聲源靠近時，如圖 9-18 所示，每秒鐘通過收聽者的波數會大於 f 個；當收聽者遠離聲源時，如圖 9-19 所示，通過的波數則會小於 f 個。簡單來說，聲源與收聽者互相靠近時，頻率提高；互相遠離時，頻率降低。

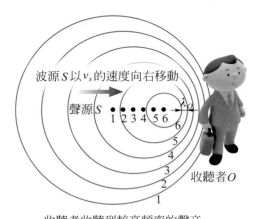

收聽者收聽到較高頻率的聲音

圖 9-16　收聲者 O 保持不動，聲源 S 以 v_s 的速率接近收聲者 O。

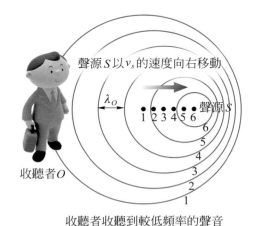

收聽者收聽到較低頻率的聲音

圖 9-17　收聲者 O 保持不動，聲源 S 以 v_s 的速率遠離收聲者 O。

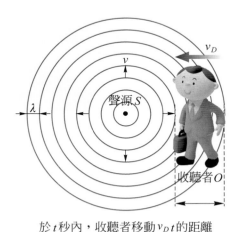

於 t 秒內，收聽者移動 $v_D t$ 的距離

圖 9-18　聲源 S 保持不動，收聽者 O 以 v_D 的速率接近聲源 S。

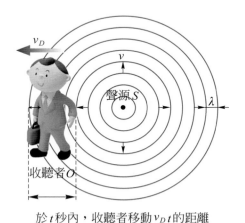

於 t 秒內，收聽者移動 $v_D t$ 的距離

圖 9-19　聲源 S 保持不動，收聽者 O 以 v_D 的速率遠離聲源 S。

假設聲源發出頻率為 f 的聲波，聲波速度為 v，聲源移動的速率為 v_S，收聽者移動的速率為 v_D，則收聽者所接收到的聲波頻率變為 f'，其大小為

$$f' = \frac{v \pm v_D}{v \pm v_S} f \qquad (9\text{-}4)$$

若聲源往收聽者靠近，則分母變為 $v - v_S$；聲源遠離收聽者，則分母變為 $v + v_S$。若收聽者往聲源靠近，分子變為 $v + v_D$；收聽者遠離聲源，分子變為 $v - v_D$。其情形如表 9-4 所示。

表 9-4　聲源或收聽者其中一個運動時的都卜勒公式（假設聲源在收聽者左側）

聲源 S	收聽者 O	收聽者接收到的頻率
$v_S \rightarrow$（靠近）	$v_D = 0$	$(\frac{v}{v - v_S})f$
$\leftarrow v_S$（遠離）	$v_D = 0$	$(\frac{v}{v + v_S})f$
$v_S = 0$	$\leftarrow v_D$（靠近）	$(\frac{v + v_D}{v})f$
$v_S = 0$	$v_D \rightarrow$（遠離）	$(\frac{v - v_D}{v})f$

若是聲源與收聽者同時運動時，則聲音的頻率變化情形如表 9-5 所示。

表 9-5　聲源或收聽者同時運動時的都卜勒公式（假設聲源在收聽者左側）

聲源 S	收聽者 O	收聽者接收到的頻率
$v_S \rightarrow$（靠近）	$\leftarrow v_D$（靠近）	$(\frac{v + v_D}{v - v_S})f$
$\leftarrow v_S$（遠離）	$v_D \rightarrow$（遠離）	$(\frac{v - v_D}{v + v_S})f$
$v_S \rightarrow$（靠近）	$v_D \rightarrow$（遠離）	$(\frac{v - v_D}{v - v_S})f$
$\leftarrow v_S$（遠離）	$\leftarrow v_D$（靠近）	$(\frac{v + v_D}{v + v_S})f$

圖 9-20　測速照相機

　　測量汽車是否超速的測速照相機，以及球場內測量球速的機器，都是運用都卜勒效應的原理，如圖 9-20 所示。測速器發出雷達波束後，碰到一正在移動的目標，波束經反射後回到原發射處由接收器吸收，利用頻率的變化即可測出目標物的速度。蝙蝠也是利用這種原理來偵測出飛蛾的飛行速度，方便獵食。天文學上用來測量遠方星球的距離（以都卜勒效應測星球距離，根據的是宇宙膨脹，故星球速率與距離成正比），以及氣象學偵測天氣，亦都是利用都卜勒效應的原理。

本章重點

9-1　聲波的性質

1. 聲音的速度隨介質不同而有所不同，固體中的聲波速度最快，其次是液體，空氣中的聲波速度最慢。

2. 假設溫度 T°C時的聲速爲 v 公尺／秒時，其關係爲 $v = 331 + 0.6T$。

3. 白天時，靠近地面的聲波速度較快，使聲波向上傳播而散失；夜晚時，靠近地面的聲波速度較慢，聲波向下傳播較不易散失。

4. 人類耳朵聽覺所能聽到的頻率範圍大約在 20Hz 至 20000Hz 之間，稱爲可聞聲。高於 20000Hz 的聲音稱爲超聲波或超音波，低於 20Hz 的聲波稱爲聲下波。

5. 人耳僅能夠分辨出相隔約 0.1 秒以上的兩聲波，故在常溫下聲源需距離障礙物約 17 公尺以上，聽者才能聽見清晰的回聲。

9-2　聲音的共鳴與基音

1. 共鳴器的作用是使物體振動時與空氣接觸的表面積加大，故可產生較強的聲波。

2. 若弦長爲 L、所產生的駐波速度爲 v、波長爲 λ 時，且此弦所受張力與密度分別爲 F 與 μ 時，則此駐波的頻率爲

$$f = \frac{v}{\lambda} = \frac{v}{\frac{2L}{n}} = \frac{nv}{2L} = \frac{n}{2L}\sqrt{\frac{F}{\mu}} \quad , \quad n = 1, 2, 3, \cdots$$

3. 影響駐波頻率的條件包含波速與弦長，而波速會受弦的線密度與張力影響。

4. 最低頻率稱爲基頻或基音，其餘較高的頻率爲最低頻率的整數倍，稱爲泛音。此外基音稱爲第一諧音，第一泛音稱爲第二諧音，依此類推。

9-3　樂音與噪音

1. 響度、音調與音色稱爲樂音三要素。

2. 聲音強弱的程度稱爲響度，聲波振幅的大小影響其響度。聲音的高低稱爲音調，音調主要是由聲波的頻率決定。音色又稱爲音品。不同的樂器或同一樂器演奏方式不同時，其發出的聲音都具有其獨特的波形，稱爲此樂器的音色。

3. 比較聲音的強度時，通常採用強度級的比較方式，單位爲分貝，簡稱 dB。

9-4　都卜勒效應

1. 因為聲源與收聽者的相對運動而使得聲音音調產生變化的現象，稱為都卜勒效應。

2. 聲源與收聽者相互靠近時頻率提高，遠離時頻率降低。

3. 假設聲源發出頻率為 f 的聲波，聲波速度為 v，聲源移動的速率為 v_S，收聽者移動的速率為 v_D，則收聽者所接收到的聲波頻率變為 f'，其關係式為 $f' = f \cdot \dfrac{v \pm v_D}{v \pm v_S}$ 。

習　題

一、選擇題

(　　) 1. 下列何者不能解釋 "聲音為一種波動" ？　(A) 發聲體須受外力振動，而使空氣隨之產生週期性的運動　(B) 聲音亦有反射、折射的現象　(C) 聲音除了可以靠空氣傳播外，尚可藉其他介質（例如水）而傳播　(D) 一振動的音叉置於水中，可使水面產生水波。

(　　) 2. 在夜間裡的聲波易往哪個方向偏折？　(A) 由東向西　(B) 由北向南　(C) 由上向下　(D) 由下向上。

(　　) 3. 弦樂器中常有粗細長短不同的弦線但就同一材料組成且兩端被固定的弦而言，下列何者所發的聲音，其基音頻率最低？　(A) 粗短　(B) 細長　(C) 粗長　(D) 細短。

(　　) 4. 下列何者是噪音值的單位？　(A) 分貝　(B) 公尺／秒　(C) 1／秒　(D) 赫。

(　　) 5. 下列關於超聲波的敘述，何者正確？　(A) 超聲波是波速高於一般聲音的聲波　(B) 超聲波是強度高於一般聲音的聲波　(C) 超聲波是振幅大於一般聲音的聲波　(D) 超聲波是頻率高於一般聲音的聲波。

(　　) 6. 獵人在 15°C 的氣溫下開槍射擊，若 4 秒鐘後才聽到回音，則獵人與反射面的距離為多少公尺？　(A) 680　(B) 685　(C) 690　(D) 695。

(　　) 7. 聲波須靠介質（空氣）才能傳播，則此介質振動方向為何？　(A) 上下振動　(B) 與波前進方向垂直　(C) 與波進行方向平行　(D) 以上皆非。

(　　) 8. 下列敘述何者正確？　(A) 如果月球爆炸，地球上的人可以聽到爆炸聲　(B) 任何頻率的聲波，不管多高或多低，人耳都可聽得到　(C) 聲波的振幅愈大，音調愈高　(D) 空氣溫度愈高，聲波的傳播速率愈快。

(　　) 9. 在音樂中將音分為 Do、Re、Mi、Fa、So、La、Si，其排列次序是按 (A) 波長由短而長　(B) 速度由小而大　(C) 振幅由小而大　(D) 頻率由低而高。

(　　) 10. 長度相同之四條吉他弦，其粗細和所受張力如表所示，則下列哪一條弦發出的琴音頻率較高？
(A) A
(B) B
(C) C
(D) D。

	直徑	張力
A 弦	3mm	100N
B 弦	3mm	200N
C 弦	4mm	100N
D 弦	4mm	200N

(　　) 11. 已知在 0℃時聲速爲 331 公尺／秒，則在 28℃時的聲速爲　(A) 216.2 公尺／秒　(B) 347.8 公尺／秒　(C) 345.0 公尺／秒　(D) 301.1 公尺／秒。

(　　) 12. 鋼琴中央 C 的頻率爲 262Hz；若以此爲「Do」，則「La」的頻率爲 440Hz，則下列敘述何者正確？　(A)「Do」的波長較「La」爲長　(B) 一樣的琴弦，張力相同時，發出「Do」的弦要比發出「La」的弦爲短　(C) 原本發出「Do」的琴弦，若彈得快一點，可以使琴音頻率增高　(D) 高八度的「Do」頻率是 880Hz。

二、填充題

1. 在室溫 20℃時，使用頻率爲 200Hz 的音叉在空氣中產生聲音，則

    (1) 聲音傳播速率爲_____公尺／秒。

    (2) 聲音波長爲_____公尺。

    (3) 聲音週期爲_____秒。

2. 在氣溫 20℃時，水中的聲速爲空氣中的 1/4 倍，則水中聲速爲_____公尺／秒。

3. 若音叉的振動頻率爲 50 次／秒，則在氣溫 20℃時，

    (1) 音叉的振動週期爲_____秒。

    (2) 音叉產生聲波的波長爲_____公尺。

4. 人耳可聽到聲波的頻率爲 20 ～ 20000Hz，所以在 15℃時，人耳可聽到聲波的波長範圍爲_____公尺。

5. 在海面上航行的我方軍艦發現敵艦後，發射大炮並擊中敵艦，此時由海上及空氣中傳來兩次爆炸聲相隔 3.5 秒，假設在空氣中聲速爲 340 公尺／秒，海水中的聲速度 1190 公尺／秒，則兩艦之間的距離爲_____公尺。

三、計算題

1. 依照波動理論，波動在介質中傳遞時，介質只會上下振動而不會向前傳遞。試想一隻在無風水面載浮載沉的黃色模型小鴨卻不只會在原地上下振動，也會逐漸離開原來位置的原因爲何呢？請以力學與波動的角度進行分析。

2. 2011 年 3 月 11 日，日本大地震的震央距仙台市約 130 公里，則仙台市的居民感受到地震時，約有多少時間可以逃到高處，以免遭受海嘯的襲擊？（已知海嘯速度爲 800 公里／時，地震 P 波的速度爲 5 公里／秒）

光學 10

視覺對人類非常重要，透過視覺可以獲得世界上大部分的資訊。而要能看見物體則有兩種方式，一種為物體本身會發光，另一種則是物體反射其他光源的光線。只要物體的光線能到達人類的眼睛，就可刺激視神經而產生影像。

10-1 光的本質

「光」到底是什麼呢？牛頓（Isaac Newton，1643-1727，英國人）是從 1665 年就開始對光學進行研究，他藉由白光進入三稜鏡後產生色散的現象，提出了白光是由許多不同顏色的光線所組成的理論，並以力學的理論做為基礎，推論光是由發光源向四方射出許多光的粒子而產生的，這個學說稱為光的「微粒說」（corpuscular theory）。「微粒說」可說明當光遇到障礙物時，若為透明物體則可穿透，若為不透明物體則會被吸收或反射；而在無外界影響下，光應依照慣性直線前進。光的「微粒說」解釋了光會沿著直線前進，以及反射與折射的現象，牛頓並以此理論基礎預測：光在水或玻璃中時的速度會大於光在空氣中的速度。

然而，與牛頓同時代的科學家惠更士（Christian Huygens，1629-1695，荷蘭人，圖 10-1）則有不同的想法，他認為光應該是一種波動，而提出了光的「波動說」（wave theory of light）。惠更士以波動原理來說明光的直進、反射與折射現象，同樣能得到圓滿的解釋，但在光的速度上，則認為在水或玻璃等密度較大的物質內時，光的速度會小於在空氣中的速度，這與牛頓的預測結果恰巧相反。

這兩個學說在當時互相較勁，但因牛頓在當時科學界的名氣較佳，有較高的學術地位，故當時大多數的科學家認為牛頓的「微粒說」是正確的。

註 牛頓假設光是粒子，當光由空氣進入水中時，在介面上會有一力量將光往下拉，使得垂直界面方向的速度變大，折射光線將偏向法線；而平行介面方向的速度因不受力，故維持等速。因此，牛頓推論：光的速度在水中或玻璃內的速度較空氣中來得快。這一推論被後來的實驗科學家推翻，因為實驗證據顯示光在水中或玻璃中的速度較慢。

圖 10-1 惠更士

圖 10-2　楊氏

　　1801 年英國科學家楊氏（Young Thomas，1773-1829，圖 10-2）在實驗研究時發現到光具有干涉的現象；1818 年法國科學家菲涅耳（Augustin-Jean Fresnel，1788-1827）提出光的波動理論，德國的夫朗和斐（Joseph von Fraunhofer，1787-1826）同時實驗出光的繞射現象；加上在 1850 年，菲左（Arm and Hippolyte Louis Fizeau，1819-1896，法國人）與傅科（Jean Bernard Léon Foucault，1819-1862，英國人）都測量出光在水中的速率小於空氣中的速率。上述實驗中的現象都必須用波動原理才能解釋，進而證實了惠更士的推論。在 1864 年時，英國物理學家馬克士威（James Clerk Maxwell，1831-1879）依據電學與磁學的理論，預測電磁波的存在，並計算出電磁波是以光速傳遞能量，因而認為光也是電磁波的一種；於 1888 年時，德國科學家赫茲（Heinrich Rudolf Hertz，1857-1894）藉由實驗證實了電磁波的存在。上述這些實驗都令牛頓的微粒說理論遭受打擊，而讓光的波動說得以被世人所確信。

　　然而，在十九世紀末時發現了「光電效應」，此現象無法以波動說來解釋。在 1905 年時，愛因斯坦（Albert Einstein，1879-1955，德國人）提出了光子論（photon）來解釋光電效應，此假說認為光具有粒子的特性，1921 年美國科學家康普頓（Arthur Holly Compton，1892-1962）實驗出光子具有動量，與質點性質相同。因此，現今科學家已接受光的本質具有二象性，兼具波動與粒子的特性，對光的傳播以波動的特性來解釋；而對其能量則以粒子的特性來解釋。

10-2　光的反射

10-2.1　反射定律

　　光波與其他的波動現象相同，在均勻的介質中都以直線方向前進，當遇到障礙物或不同的介質時，就會有部分或全部的能量，在兩介質的交界面上折返回到原本的介質中，稱為光的反射。

　　當兩介質交界面為平面時，垂直於表面的直線稱為法線（normal）。光入射時與此平面的交點稱為入射點（point of incidence），入射線與通過入射點的法線之間形成的夾角為入射角（angle of incidence），反射線與通過入射點的法線之間形成的夾角為反射角（angle of reflection），如圖 10-3 所示。

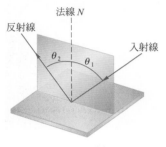

圖 10-3　光的反射圖

　　當光在平面上產生反射時，會遵守著反射定律（law of reflection），其定義如下：

1. 入射線、反射線與法線三者在同一平面上，且入射線、反射線分別在法線的兩側。

2. 入射角等於反射角。

　　當互相平行的光線入射至光滑平面時，會產生有規則的反射，並根據反射定律，反射光線也會是互相平行的光線，稱為**單向反射**或鏡面反射，如鏡子、玻璃等。而若是入射至較粗糙不平的表面時，每一道光束仍會遵守著反射定律，但反射光線則不再平行，而是以不同角度射向四處，稱為**漫反射**（diffuse reflection），如圖 10-4 所示。

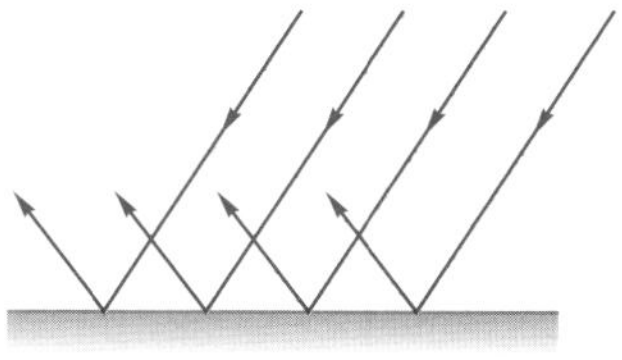

(a) 單向反射

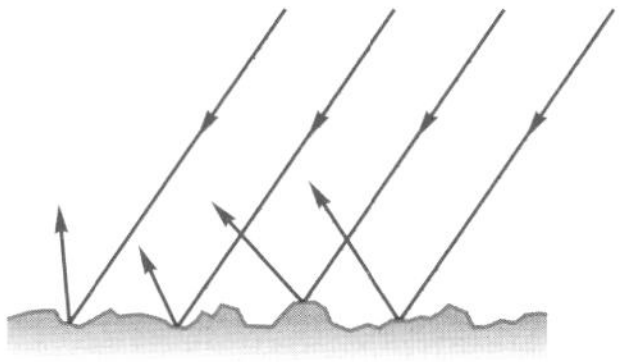

(b) 漫反射

圖 10-4　單向反射與漫反射

10-2.2　面鏡成像

一、平面鏡成像

　　平面鏡在日常生活中與人們息息相關，汽車後照鏡或是浴室、臥房內的梳妝鏡，都是平面鏡製成的。平面鏡的表面光滑潔淨，當光照射後的反射現象幾乎都是單向反射，我們在平面鏡中所看見的像，就是物體發出的光線在平面鏡表面反射後的結果。

　　平面鏡的成像現象可用圖 10-5 表示。MM' 代表平面鏡，點光源 S 放置於平面鏡前，由點光源 S 發出的兩道光線分別到達鏡面的 P、Q 點，經過鏡面反射後沿 PA、QB 直線方向前進，並射入位於 AB 處的眼睛後，使人藉由平面鏡反射而看見到點光源。但是就眼睛所見到的現象，會認為光線是直線前進的，並未有轉折的現象，因此會覺得這兩道光線是由直線 PA 與 QB 向鏡後延長的交點所發出，即眼睛會感覺光由鏡後的 S' 點上發出。也就是說：S' 為 S 經平面鏡反射後的成像位置。

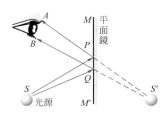

圖 10-5　平面鏡的反射

> **思考問題**
>
> 照鏡子時，常會有一種感覺：當物體遠離鏡面時，成像會變小，靠近時則會變大。因此，當我們在鏡中看不見下半身的成像時，常會後退幾步，希望能夠看見全身。請問這個觀念是正確的嗎？這與平面鏡成像性質中，像與原物體大小會相同是否有矛盾之處？

圖 10-6　鏡子成像

　　平面鏡反射後的成像並非由實際光線所交會而成的，而是在光線的延長線交會處，我們將此成像稱為**虛像**；若成像是因光線實際交會而成的，則稱為**實像**。圖 10-6 即為日曆置於平面鏡前成像的現象，平面鏡中的成像恆為正立，與實物的大小、形狀相同，且實物上每一個點所對應到鏡中的成像點，與平面鏡的距離皆會相等。

　　綜合以上所述，在平面鏡前的物體，經鏡子反射後，其光線會被認為由鏡後的像所發射出來，所形成的像為正立虛像，其物距等於像距。像的大小與物體相同，其形狀會與實物有一對稱的幾何關係，例如將右手掌面對鏡子時，其成像看起來會如同左手掌。

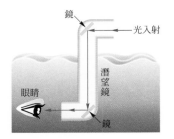

圖 10-7　潛望鏡

　　平面鏡的應用在生活中十分普遍，除了後照鏡、化妝鏡外，利用多個平面鏡組合後，其用途更廣。例如理髮廳內將兩面鏡子平面相對客人能看見後方的髮型是否美觀；萬花筒利用三片平面鏡相對結合，使物體經三面鏡子來回重複反射，而形成漂亮的圖案；潛水艇中的潛望鏡則是利用兩面夾 45° 的平面鏡，使光線經水面上的平面鏡反射後，再經水面下平面鏡反射，使水面下觀測者能看見與原物相同的成像，如圖 10-7 所示。

例題 1

小美的身高為 180 公分，眼睛距地面的高度為 170 公分，若想要從垂直豎起的平面鏡中看見自己全身的像，則所需的最小鏡長為何？鏡子離地的高度為何？

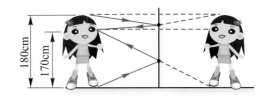

答：頭頂反射出來的光線，若要使眼睛能夠看見，依照簡單的幾何，鏡子的最高點最少要眼睛與頭頂間的中央處，也就是在 175 公分處。

而要看到腳底，鏡子的最低點要在眼睛與腳底間的中央處，也就是在 85 公分處。
由上可知，最小鏡長為 175 − 85 = 90 公分，鏡子的離地高度為 85 公分。

類題 1

甲、乙兩人為室友，甲的身高 180 公分，眼高 170 公分，乙的身高 160 公分，眼高 150 公分，若想要購買一面平面鏡，固定鏡子後讓兩人都能看見自己全身的像，則此平面鏡的長度最少要多少公分？固定鏡子的高度為何？

二、球面鏡成像

　　鏡面的反射面不一定是平面，常見的曲面鏡為球面鏡（spherical mirror），是以空心球體切出來的一部分做為反射鏡面，若以球體的內表面作為鏡面時，反射面為凹的，稱為凹面鏡（concave mirror）；或以球體的外表面作為鏡面時，反射面為凸的，稱為凸面鏡（convex mirror）。球面鏡鏡面上的每一小部分都可視為一平面鏡，且當光照射每一部分時，都必須遵守光的反射定律，但因為鏡面並非水平，而是具有曲度，故成像與平面鏡有所不同。

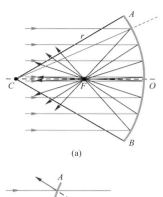

　　若以平行光射向凹面鏡，則靠近中央軸的光線反射後會向中央軸方向聚集，並通過同一點 F，此點稱為凹面鏡的焦點（focus），焦點與鏡子中心的距離稱為焦距（focal length），以 f 表示，如圖 10-8(a) 所示。而以平行光射向凸面鏡時，光線反射後會向外發散，若是眼睛接收到這些反射光線，會認為光是由鏡後的一點發散出來的，此點稱為凸面鏡的焦點，如圖 10-8(b) 所示。為了分辨凹面鏡的真實焦點與凸面鏡視覺上的焦點，將前者稱為實焦點，後者稱為虛焦點。

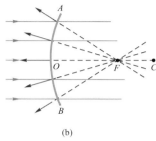

圖 10-8　(a) 凹面鏡；(b) 凸面鏡

　　若球面鏡的曲率半徑（radius of curvature）為 r，焦距與曲率半徑的關係為

$$f = \frac{1}{2}r \qquad\qquad (10\text{-}1)$$

在此凹面鏡的 r 取正值，凸面鏡的 r 取負值。

　　由於球面鏡成像的原理為反射定律，物體發出的光線經反射後會在鏡子前方，不會進入鏡子後方，故可知：**面鏡成像時，實像會和物體在鏡子的同一側，虛像則在另一側。**

　　下面將討論球面鏡的反射成像時，常用下列四道特殊的反射線來作圖，如圖 10-9 所示：

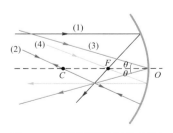

圖 10-9　凹面鏡常用的反射光線

1. 平行中央主軸的光線，經鏡面反射後通過焦點。
2. 通過曲率中心的光線，經鏡面反射後循原路徑返回。
3. 射向中央主軸與鏡面交點（即鏡頂）的光線，入射光與反射光對稱於中央主軸。
4. 通過焦點射向鏡面的光線，經反射後平行中央主軸。

由上述四條特殊的反射線中，任取兩條作圖，其反射線或向後延長的線之交會點，就是物體的成像位置，如圖 10-10 所示。

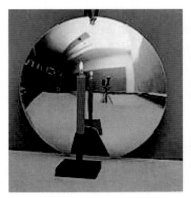

(a) 凸面鏡成像 (b) 凹面鏡成像

圖 10-10 蠟燭置於面鏡前的成像現象

將物體放置於凸面鏡前，無論距離鏡面多遠，都會在鏡中看見正立的縮小虛像。當物體離鏡面愈接近時，鏡後的成像距鏡面愈近，成像也會變大。凹面鏡的成像情形則較為複雜，當物體在凹面鏡焦點與鏡面之間時，可看見正立的放大虛像，且物體愈遠離鏡面時，成像離鏡面愈遠且愈大。而位置在凹面鏡焦點外的物體，會形成倒立的實像，像的大小會因為物體的位置而變，當物體愈靠近焦點時，成像位置離鏡面愈遠，成像也會愈大。此時，物體與成像位置的關係如表 10-1 所示：

表 10-1 物體在凹面鏡與凸面鏡各位置上的成像比較

面鏡	物體在曲率中心外	物體在曲率中心上	物體在焦距與曲率中心間	物體在焦距上	物體在焦距內
凹面鏡成像	縮小的倒立實像，如圖 10-11 所示。	大小相等的倒立實像，如圖 10-12 所示。	放大的倒立實像，如圖 10-13 所示。	不成像	放大的正立虛像，如圖 10-14 所示。
凸面鏡成像	縮小的正立虛像，如圖 10-15 所示。				

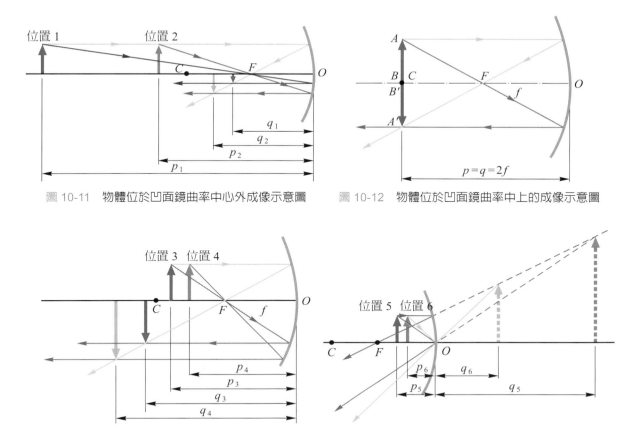

圖 10-11 物體位於凹面鏡曲率中心外成像示意圖

圖 10-12 物體位於凹面鏡曲率中上的成像示意圖

圖 10-13 物體位於凹面鏡曲率中心與焦點之間的成像示意圖

圖 10-14 物體位於凹面鏡焦點內成像示意圖

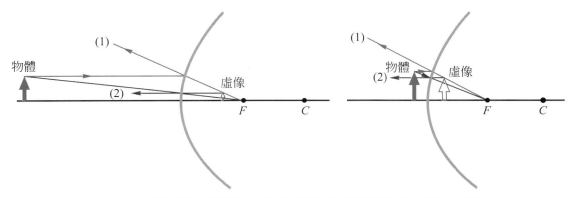

圖 10-15 物體位於凸面鏡前,所成的像呈現在鏡後且必為正立縮小的虛像

想要知道物體經曲面鏡反射後的成像位置，常以下列公式來計算

$$\frac{1}{p}+\frac{1}{q}=\frac{1}{f}=\frac{2}{r}$$ （10-2）

$$M=\left|\frac{q}{p}\right|$$ （10-3）

（10-2）式稱為**面鏡成像公式**（mirror equation），式中的 p 為物距，q 為像距，f 為焦距，r 為曲率半徑，M 為放大率。而凹面鏡的 f 為正值，凸面鏡的 f 為負值。當 q 為正值時，成像為倒立實像；當 q 為負值時，成像為正立虛像。

例題 2

將高 8 公分的物體，置於一曲率半徑為 8 公分的凸面鏡前 12 公分處，求成像的性質？

答：曲率半徑 $r=8\mathrm{cm}$ 且為凸面鏡，

則焦距 $f=-4$ 公分

代入（10-2）式中，$\frac{1}{p}+\frac{1}{q}=\frac{1}{f}$，

得 $\frac{1}{12}+\frac{1}{q}=\frac{1}{-4}$，故 $q=-3$

$q<0$，成像為正立虛像，距鏡心 3 公分

代入（10-3）式中，$M=\left|\frac{q}{p}\right|=\left|\frac{-3}{12}\right|=\frac{1}{4}$，

故像高 $h'=8\times\frac{1}{4}=2$ 公分

此成像為一正立縮小虛像，像高 2 公分，為原高的 $\frac{1}{4}$，位置於鏡後 3 公分處。

類題 2

在一焦距為 6 公分之凹面鏡前 18 公分處放置一物，求其成像性質？

遊樂園中可以將人像變成高矮胖瘦等滑稽變形的哈哈鏡，就是利用連續凹凸不平的鏡面，所造成的效果，令人看了不禁莞爾一笑，深受兒童喜愛。公路中的轉彎處，常設置許多大型的凸面鏡，以利駕駛人能即時看見對向來車，即是利用凸面鏡能形成縮小的像，故能增廣視野，如圖 10-16 所示。有些汽車後照鏡與牙醫所用的口腔鏡也會利用相同原理，利用凸面鏡做為材料製作。

(a) 哈哈鏡

(b) 公路上的凸面鏡

圖 10-16　球面鏡的應用

10-3　光的折射

10-3.1　折射定律

　　光波由一均勻介質，傳播到另一個均勻介質時，除了在交界面上會產生反射現象外，尚有部分的光波會通過交界面進入到第二介質中。當光波沿著兩介質交界面的法線方向前進時，光線不會偏折；若為其他的方向時，光波的前進方向將會偏離原本的入射方向，這種現象稱為光的折射（refraction）。

　　光線在均勻介質中是以直線方向前進的，為何進入到不同介質中，就會產生折射的現象呢？這是因為光在不同介質中的傳播速率有所不同而引起的。舉例來說，在圖 10-17 中，汽車在柏油路面上直線前進，當其中一側的輪子先進入到沙地上，而另一側的輪子仍在柏油路上行駛時，沙地上的輪子所受的阻力較柏油路上的阻力大，導致兩側輪子的速度不相同，因而使汽車行駛的方向產生偏折。而當兩側的輪子都進入到沙地上時，輪子的速率相同，則又沿著偏折後的新方向直線前進。

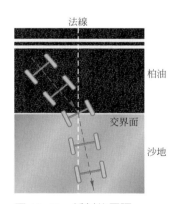
圖 10-17　折射的原理

　　在圖 10-18 中，入射點的法線與光線的入射線所夾的角度，稱為入射角（incident angle）；法線與折射線的方向所夾的角度，稱為折射角（refraction angle）。折射角的大小與光線的入射角度有關，當入射角變大時，折射角也會隨之變大；此外，折射角也與光在兩介質中的波速有關。根據實驗與觀察，當波產生折射現象時，會遵守折射定律（law of refraction），又稱為司乃耳定律（Snell's law），其定義如下：

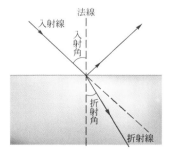
圖 10-18　折射現象

1. 入射線、折射線與法線三者一定在同一平面上。

2. 光波入射角的正弦值與折射角的正弦值兩者之比為一個常數。即

$$n_{12} = \frac{n_2}{n_1} = \frac{\sin\theta_1}{\sin\theta_2} \tag{10-4}$$

當光由介質 1 進入到介質 2 時，若入射角為 θ_1，折射角為 θ_2，n_{12} 稱為介質 **2** 對介質 **1** 的相對折射率（relative index of refraction）。n_1 與 n_2 為介質 1 與介質 2 的絕對折射率（absolute index of refraction），簡稱為折射率（index of refraction）。假設光在介質中的速度為 v，光在真空中的速度為 3×10^8 公尺／秒，即每秒 30 萬公里，簡寫為 c，兩速度的比值就稱為此介質對光的絕對折射率，以 n 表示之。即

$$n = \frac{c}{v} \tag{10-5}$$

因此，真空的折射率為 1，而光在介質中的速度小於真空中的速度，故 $n \geq 1$。當光在介質中的速度愈慢時，即表示此介質的折射率愈大。表 10-2 列出一些常見物質的折射率，其中我們常將空氣的絕對折射率用 1 作為近似，將水的絕對折射率用 $\frac{4}{3}$ 作為近似。

表 10-2　常見物質的折射率

物質	折射率	介質中的光速（m/s）
真空	1.0	3.00×10^8
空氣	1.0003	3.00×10^8
冰	1.31	2.29×10^8
水	1.33	2.26×10^8
酒精	1.36	2.21×10^8
玻璃	1.5	2.00×10^8
鑽石	2.42	1.24×10^8

將（10-4）、（10-5）兩式與波速 $v = f\lambda$ 相結合，可得下列的折射公式

$$n_{12} = \frac{\sin \theta_1}{\sin \theta_2} = \frac{n_2}{n_1} = \frac{v_1}{v_2} = \frac{\lambda_1}{\lambda_2} \qquad (10\text{-}6)$$

　　當光在相鄰兩介質間傳播而折射時，折射率較大者，稱為光密介質（optically denser medium），光在此介質中的速率較慢，折射率較小者，稱為光疏介質（optically thinner medium），光在此介質中的速率較快。一般而言，光的折射現象與入射角、折射角之間的關係可分為三種：

1. 入射角為 0 時，即光線入射時垂直兩介質交界面時，折射角亦等於 0 此時光無折射現象。

2. 入射角不為 0，且光由光密介質入射至光疏介質，此時折射角恆大於入射角，即光線折射後偏離法線，如圖 10-19 所示。

3. 入射角不為 0，且光由光疏介質入射至光密介質，此時折射角恆小於入射角，即光線折射後偏向法線，如圖 10-20 所示。

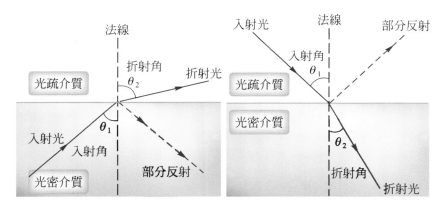

圖 10-19　光由光密介質入射至光疏介質折射情形　圖 10-20　光由光疏介質入射至光密介質折射情形

　　因此，當光由空氣中斜射進入不同的介質中時，其折射角會偏向法線（因為介質除真空外，空氣的折射率較小），且介質的折射率愈大，其折射角就會愈小，折射線就愈靠近法線。反之，若光由物體內斜射進入空氣時，介質的折射率愈大，其折射角就會愈大，折射線就愈遠離法線。

例題 3

光線以 30° 的入射角，由 A 介質射入 B 介質，折射角為 53°。若 B 介質的折射率 1.5，求

(1) B 介質對 A 介質的相對折射率？

(2) A 介質的折射率？

(3) 光在 A 介質中的速度？

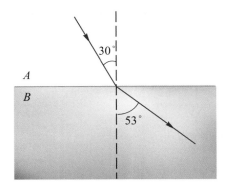

答：

(1) 依照折射定律（10-4）式為 $n_{12} = \dfrac{\sin\theta_1}{\sin\theta_2}$ ，

故 $n_{AB} = \dfrac{\sin\theta_1}{\sin\theta_2} = \dfrac{\sin 30°}{\sin 53°} = \dfrac{\dfrac{1}{2}}{\dfrac{4}{5}} = \dfrac{5}{8}$ 。

(2) 代入（10-4）式，$n_{AB} = \dfrac{n_B}{n_A}$ ，

得 $\dfrac{5}{8} = \dfrac{1.5}{n_A}$ ，故 $n_A = 2.4$ 。

(3) 代入（10-5）式，$n = \dfrac{c}{v}$ ，

得 $2.4 = \dfrac{3\times10^8}{v_A}$ ，

故 $v_A = \dfrac{3\times10^8}{2.4} = 1.25\times10^8$ 公尺／秒。

類題 3

光線以 30° 的入射角，由 A 介質射入 B 介質，若 A 介質的折射率 1.5，B 介質的折射率 2，求

(1) B 介質對 A 介質的相對折射率？

(2) 折射角的正弦值？

12-3.2　視深與全反射

一、視深

　　如圖 10-21 所示，在水面下的物體所發出的光線，經折射後會偏離法線到達岸邊觀察者的眼睛，由於眼睛無法察覺光線因折射而變化方向，故會認為光線是由較淺處所發出的。也就是說：在水面上觀察水中物體時，眼睛所看見到物體深度，較實際深度為淺，故在河邊或游泳池戲水時，常會誤認水深較淺而誤入深水區，造成危險。插入水中的筷子，由水面上觀察，看起來像是斷了兩截似的，這也是因為光的折射現象所造成的。

(a) 水面下的魚發出的光線，因折射後會偏離法線，到達
岸邊觀察者的眼睛，會認爲光線是由淺處發出的

(b) 吸管在水面下的部份，因光的折射現象，
視覺上好像吸管在水面折成兩截

(c) 從碗旁原本看不到置於碗底的硬幣，在碗內注入水
後，因光的折射現象而可以看見硬幣的位置變淺了

圖 10-21　光的折射現象

如圖 10-22 所示，原本的水深 $\overline{PB}$ 爲 h，稱爲實深（real depth），
由於光的折射現象，觀察到的水深 $\overline{PA}$ 爲 h'，稱爲視深（apparent
depth）。若空氣的折射率爲 n_2，水的折射率爲 n_1，則

$$\sin\theta_1 = \frac{\overline{OP}}{\overline{OB}} \;\; ; \;\; \sin\theta_2 = \frac{\overline{OP}}{\overline{OA}}$$

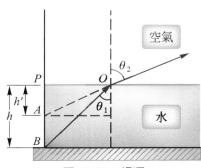

圖 10-22　視深

當觀看者在物體正上方附近往下視時，θ_1、θ_2 甚小，故 $\overline{OA} \cong \overline{PA}$；$\overline{OB} \cong \overline{PB}$。由（10-4）式 $\dfrac{\sin\theta_1}{\sin\theta_2} = \dfrac{n_2}{n_1}$，可得

$$\frac{\sin\theta_1}{\sin\theta_2} = \frac{\dfrac{\overline{OP}}{\overline{OB}}}{\dfrac{\overline{OP}}{\overline{OA}}} = \frac{\overline{OA}}{\overline{OB}} = \frac{\overline{PA}}{\overline{PB}} = \frac{n_2}{n_1} \qquad (10\text{-}7)$$

由上式可知，視深與實深的關係為

$$\frac{視深}{實深} = \frac{眼睛位置的折射率}{被觀測處位置的折射率} \; ; \; \frac{h'}{h} = \frac{n_2}{n_1} \qquad (10\text{-}8)$$

由於水的折射率大於空氣折射率，因此在岸邊看水中的物體，視深會較實際高度來的小；相對的，若在水中看岸邊的物體時，視深會較實際高度來的大。

二、全反射

當光由光密介質進入光疏介質時，依照折射定律，折射線會偏離法線，此時折射角 θ_2 > 入射角 θ_1。若 θ_1 逐漸增大，θ_2 也會變大，折射線慢慢靠近兩介質的交界面。當折射線與交界面平行而重疊時，此時的折射角 θ_2 為最大值 90°，此時的入射角稱為**臨界角**（critical angle），以 θ_C 表示，因此可知

$$n_{12} = \frac{\sin\theta_1}{\sin\theta_2} = \frac{\sin\theta_C}{\sin 90°} = \frac{n_2}{n_1} \qquad (10\text{-}9)$$

若入射角大於臨界角時，光線無法由光密介質折射進入光疏介質，只能遵守反射定律完全反射回光密介質，此現象稱為**全反射**（total internal reflection），如圖 10-23。因此，造成全反射現象的條件為

1. 光由光密介質往光疏介質前進。

2. 入射角大於臨界角。

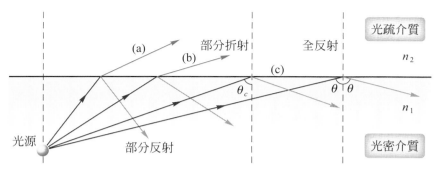

圖 10-23　光由光密介質射向光疏介質，當入射角小於臨界角，則入射光會在介面處有部分反射及部分折射；若入射角大於臨界角，則在介面處會發生全反射。

光纖（optical fiber）是應用全反射原理的最佳例子。光纖的直徑約為 100μm，相當於一跟頭髮的粗細，基本結構包含內層的纖芯及外層的纖衣。因為纖芯較纖衣具有較高的折射率，使得內部的光波因滿足全反射，在傳導的過程可把雷射光的能量衰減到最少，而能做長距離的傳輸，如圖 10-24。醫學上的內視鏡（endoscope）、胃鏡等，都是以一條光纖傳送光照亮身體內部，再由另一條光纖傳回影像，以利醫生診斷。

(a) 雷射在光纖傳遞的現象

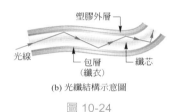

(b) 光纖結構示意圖

圖 10-24

例題 4

水池內有一金魚，其深度為 2 公尺，一人身高 1.8 公尺站在岸邊，若水的折射率為 $\frac{4}{3}$，則

(1) 此人看見金魚的深度為多深？

(2) 金魚在水中看見此人時，覺得其身高為何？

答：

(1) 假設視深為 h，由（10-8）式可知 $\dfrac{h}{2} = \dfrac{1}{\frac{4}{3}}$，

得 $h = 1.5$（公尺）

(2) 同理，假設金魚看見人的高度為 h'，

則 $\dfrac{h'}{1.8} = \dfrac{\frac{4}{3}}{1}$，得 $h' = 2.4$（公尺）

類題 4

光由透明介質 A 入射至水中，當入射角大於 30° 時就會產生全反射，若水的折射率為 $\frac{4}{3}$，求 A 介質的折射率？

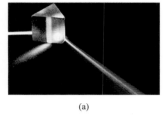

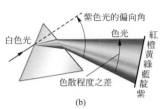

圖 10-25　色散

10-3.3　色散

　　牛頓以三稜鏡做實驗，發現到當用一束太陽輻射的白光通過透明的三稜鏡時，經折射後形成彩色的光帶，依序包含紅、橙、黃、綠、藍、靛、紫七種顏色，形成光譜（spectrum），這種現象稱為光的色散（dispersion），如圖 10-25 所示。再將經色散的光經過一倒置三稜鏡內，將色散效果抵銷，七道顏色的光線又會匯聚成白光。若只用此七種顏色中的單一色光入射三稜鏡時，光線依然會被折射，但不會有色散現象產生。

　　依此實驗結果，牛頓推論認為，太陽光是由各種不同顏色的光所組成的，這些不同顏色的光具有不同的折射率。在真空中時，各種顏色的光速度相同，但在介質中，各種色光的速度並不相同。在透明玻璃或塑膠中，紅光速度最快，紫光速度最慢；因此當光線由空氣中進入三稜鏡而產生折射現象時，紅光的速度變化最少，故其偏向角最小，紫光的速度變化最大，故其偏向角最大。我們眼睛看見的五顏六色，就是由這七種顏色光，以不同的組合混合而成的。

　　彩虹是自然界中最常見到的色散現象。雨後的天空會浮游許多細微的水滴，當太陽光在天空行進時，光線會被折射進入水滴內，由於各色光折射後的偏向角不同，於是水滴內不同顏色的光線便被分開了。

(a)　虹與霓

　　當光線要由水滴內穿出時，會第二次遇到水滴與空氣的邊界，此時，大部份的光線會很快又折射出去，而少部份的光線會被反射回水滴內。當這些光線再次要穿出水滴時，即第三次遇到水滴與空氣的邊界，這時部份被折射出去的光線會形成『虹』。也就是說，『虹』在水滴中經過了一次反射與兩次折射，而虹的顏色分佈為外紅內紫。

　　當光線在第三次遇到水滴與空氣的邊界時，少部份又被反射進入水滴內的光線，在第四次遇到水滴與空氣的邊界時才會被折射出去，則會形成『霓』。由於『霓』比『虹』多經過了一次的反射，即在水滴中經過了兩次反射及兩次折射，因此 『霓』相較於『虹』模糊許多，其顏色的分佈也與『虹』相反，為外紫內紅，如圖 10-26 (a) 所示。由圖 10-26(b) 中可以觀察到光在水滴中的路徑，並可知道觀看霓的仰角較虹來的高，即霓會在虹的上方出現。

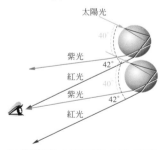

(b)觀察者由不同的水珠見到不同的色光，數百萬顆的水珠聚集在一起，使觀察者看見一個完整的圓弧狀彩虹。

圖 10-26

　　光線經過小水滴折射、反射後進入人眼，不同的水滴將光線折射至不同方向，所以人眼是從不同水珠看到不同的色光，數百萬顆的水珠聚

集在一起，所以我們可以看到一個完整的彩虹，如圖 10-26(b) 所示，而每一個人在同一時間所看到的彩虹都是由不同的水滴所形成。

10-3.4　薄透鏡的成像

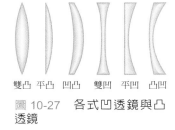

圖 10-27　各式凹透鏡與凸透鏡

一般常見的透鏡（lens）都是由透明的玻璃或塑膠所製成，前後兩面皆為光滑的表面，表面通常磨成平面或是球形的曲面，具有共同的中心主軸，可以使光線偏折。透鏡依其特性可分為凸透鏡（convex lens）與凹透鏡（concave lens）兩種。中央部分較兩側周圍部分厚的透鏡稱為凸透鏡；中央部分較兩側周圍部分薄的透鏡，稱為凹透鏡，如圖 10-27 所示。

透鏡折射光線的現象，可以用三稜鏡（prism）來解釋。製造三稜鏡的材料為玻璃或塑膠，其折射率大於空氣，其三個表面皆為光滑的平面，當光線由空氣入射至鏡內時，光線會偏向法線，而當光線在鏡內傳播後，再由另一平面穿透，回到空氣時，光線此時會偏離法線。這兩次折射的偏離，都讓光線往三稜鏡較厚的區域偏折。

我們可以將凸透鏡與凹透鏡近似視為由兩個三稜鏡所組成的，如圖 10-28 所示。由於三稜鏡會將光線往較厚的地方折射，故凸透鏡會將光線往主軸方向折射，具有將光線匯聚的功能，又稱為**會聚透鏡**（converging lens）；而凹透鏡則會將光線往兩側折射，具有發散光線的功能，又稱為**發散透鏡**（diverging lens）。

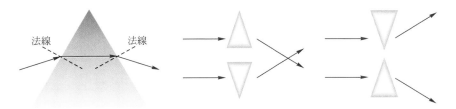

法線　　　　法線

圖 10-28　兩個三稜鏡經組合後，形成凹透鏡與凸透鏡

透鏡兩面若為球面時，稱為球面透鏡（spherical lens）。為了避免透鏡厚度、曲度與色散所造成的像差問題，本章僅討論一孔徑角很小的薄透鏡，且光線在靠近主軸處入射的現象。

當數條平行主軸的光線入射凸透鏡時，光線會聚於焦點上，由於焦點上真正有光線通過，故稱為**實焦點**；而凹透鏡則會將平行主軸的光線往外發散，故其光線無法會聚於一點，但若將其折射光線向反方向延

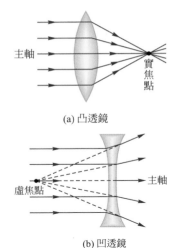

(a) 凸透鏡

(b) 凹透鏡

圖 10-29　實焦點與虛焦點

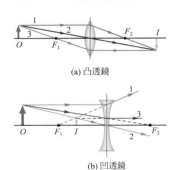

(a) 凸透鏡

(b) 凹透鏡

圖 10-30　透鏡成像作圖

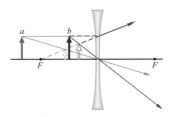

圖 10-31　物體置於凹面鏡前，成像為縮小正立虛像，且像與物體在透鏡同一側的示意圖。

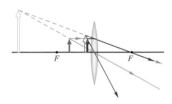

圖 10-32　物體位在凸透鏡前一倍焦距以內，成像為虛像的示意圖。

伸，也可以交會於主軸上的同一點，此點並非眞正有光線通過，故稱爲虛焦點，如圖 10-29 所示。由於透鏡成像的原理爲折射定律，物體發出的光線經折射後會在透鏡後方，故可知：透鏡成像時，實像和物體在透鏡的不同側，虛像則與物體同側。此現象與面鏡的成像相反。

　　討論透鏡的成像可用作圖的方式求出，如圖10-30所示，選取兩條光線並畫出其路徑，由交點決定成像的位置。常用的折射光線爲

1. 平行中央軸的入射光線，經折射後通過焦點。
2. 通過透鏡中心的入射光線，沿原入射方向前進，其方向不會改變。
3. 通過焦點的入射光線，經折射後平行中央主軸。

　　凹透鏡的成像較爲簡單，不管物體距透鏡遠或近，其成像恆爲正立的縮小虛像，且成像位置與物體同側，如圖 10-31 所示。凸透鏡則較爲複雜，當物體位置在焦點與鏡頂之間時，眼睛透過透鏡可以看見正立且放大的虛像，如圖 10-32 所示；當物體愈遠離鏡面時，成像離鏡面愈遠且愈大。而物體置於凸透鏡焦點外的物體，會形成倒立的實像，像的大小會因爲物體的位置而變，當物體愈靠近焦點時，成像位置離鏡面愈遠，成像也會愈大，如圖 10-33 所示。此時，物體與成像位置的關係如表 10-3 所示：

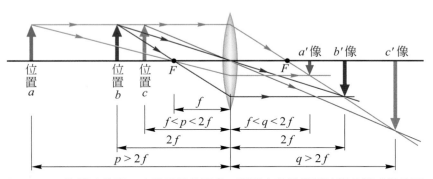

圖 10-33　物體由物距 p 大於兩倍焦距處，逐漸向焦點靠近時經凸鏡成像的示意圖。

表 10-3　物體在凸透鏡與凹透鏡各位置上的成像比較

透鏡	物體在兩倍焦距外	物體在兩倍焦距上	物體在焦距與兩倍焦距之間	物體在一倍焦距以內
凸透鏡成像	縮小的倒立實像	大小相等的倒立實像	放大的倒立實像	放大的正立虛像
凹透鏡成像	縮小的正立虛像			

透鏡的成像公式為

$$\frac{1}{p}+\frac{1}{q}=\frac{1}{f}=\frac{2}{r} \qquad (10\text{-}10)$$

$$M=\left|\frac{q}{p}\right| \qquad (10\text{-}11)$$

p 為物距，q 為像距，f 為焦距，r 為曲率半徑，M 為放大率。而凸透鏡的 f 為正值，凹透鏡的 f 為負值。當 q 為正值時，成像為倒立實像；當 q 為負值時，成像為正立虛像。

例題 5

空氣中一凸透鏡焦距為 40 公分，將一 3 公分高的物體直立置於鏡前 60 公分處，求

(1) 物體成像於何處？
(2) 此成像的高度？
(3) 此成像的性質？

答：

(1) 物距 $p=60$，焦距 $f=40$，代入（10-10）式

$$\frac{1}{60}+\frac{1}{q}=\frac{1}{40}$$

$$\frac{1}{q}=\frac{1}{40}-\frac{1}{60}=\frac{1}{120}$$

$$q=120$$

q 為正值，表示成像於鏡後，距透鏡 120 公分處。

(2) 依照（10-11）式，放大率

$$M=\left|\frac{q}{p}\right|=\left|\frac{120}{60}\right|=2$$

物體放大 2 倍，像高 $h=3\times2=6$ 公分

(3) q 為正值，表示成像為倒立實像；$M>1$，表示放大。

成像為放大倒立實像。

類題 5

將例題五的凸透鏡改為凹透鏡時，試求上述答案各為何？

本章重點

10-1　光的本質

1. 牛頓提出光的微粒說，認爲光是由發光源向四方射出許多光的粒子而產生的；惠更士則提出光的波動說，認爲光應該是一種波動。

2. 現今科學家已接受光的本質具有二象性，兼具波動與粒子的特性；對光的傳播以波動的特性來解釋，而對其能量則以粒子的特性來解釋。

10-2　光的反射

1. 反射定律的定義爲：

    (1) 入射線、反射線與法線三者在同一平面上，且入射線、反射線分別在法線的兩側。
    (2) 入射角等於反射角。

2. 成像在光線的延長線交會處，稱爲虛像；成像是因光線實際交會，則稱爲實像。

3. 平面鏡所形成的像爲正立虛像，其物距等於像距。像的大小與物體相同，其形狀會與實物有一對稱的幾何關係。

4. 球面鏡成像的原理爲反射定律，實像會和物體在鏡子的同一邊，虛像則在另一邊。

5. 討論球面鏡的反射成像時，常用下列四道特殊的反射線來作圖：

    (1) 平行中央主軸的光線，經鏡面反射後通過焦點。
    (2) 通過曲率中心的光線，經鏡面反射後循原路徑返回。
    (3) 射向中央主軸與鏡面交點（即鏡頂）的光線，入射光與反射光對稱於中央主軸。
    (4) 通過焦點射向鏡面的光線，經反射後平行中央主軸。

6. 面鏡的成像公式爲 $\frac{1}{p} + \frac{1}{q} = \frac{1}{f} = \frac{2}{r}$ ，放大率 $M = \left| \frac{q}{p} \right|$ 。凹面鏡的 f 爲正值，凸面鏡的 f 爲負值。
   當 q 爲正值時，成像爲倒立實像；當 q 爲負值時，成像爲正立虛像。

10-3　光的折射

1. 光的折射是因爲光在不同介質中，傳播速率有所不同而引起的。

2. 光在眞空中的速度爲 3×10^8 公尺／秒，即每秒 30 萬公里，簡寫爲 c。

3. 折射定律（law of refraction），又稱爲司乃耳定律（Snell's law），其定義如下：

    (1) 入射線、折射線與法線三者一定在同一平面上。
    (2) 光波入射角的正弦值與折射角的正弦值兩者之比爲一個常數。

4. $n_{12} = \dfrac{n_2}{n_1} = \dfrac{\sin\theta_1}{\sin\theta_2}$。當光由介質 1 進入到介質 2 時，若入射角為 θ_1，折射角為 θ_2，n_{12} 稱為介質 2 對介質 1 的相對折射率。n_1 與 n_2 為介質 1 與介質 2 的絕對折射率。

5. 光的絕對折射率，簡稱折射率，以 n 表示之。而 $n = \dfrac{c}{v}$，且 $n \geq 1$。當光在介質中的速度愈慢時，即表示此介質的折射率愈大。

6. $n_{12} = \dfrac{\sin\theta_1}{\sin\theta_2} = \dfrac{n_2}{n_1} = \dfrac{v_1}{v_2} = \dfrac{\lambda_1}{\lambda_2}$。

7. $\dfrac{視深}{實深} = \dfrac{眼睛位置的折射率}{被觀測處位置的折射率}$；$\dfrac{h'}{h} = \dfrac{n_1}{n_2}$。

8. 兩介質間，折射率較大者，稱為光密介質；折射率較小者，稱為光疏介質。

9. 造成全反射的條件為：

   (1) 光由光密介質往光疏介質前進。

   (2) 入射角大於臨界角。

10. 在透明玻璃或塑膠中，紅光速度最快，紫光速度最慢；經三稜鏡折射後，紅光速度變化最少，故其偏向角最小，紫光的偏向角最大。

11. 虹的形成原因為光在水滴中發生了兩次折射與一次反射，顏色分佈為外紅內紫；霓的形成原因則為兩次折射與兩次反射，顏色分佈為外紫內紅，且較為模糊。

12. 中央部分較兩側周圍部分厚的透鏡，稱為凸透鏡；中央部分較兩側周圍部分薄的透鏡，稱為凹透鏡。

13. 透鏡成像的原理為折射定律，實像和物體在透鏡的不同側，虛像則與物體同側，此現象與面鏡相反。

14. 透鏡的成像可用作圖的方式求出，常用的折射光線為：

   (1) 平行中央軸的入射光線，經折射後通過焦點。

   (2) 通過透鏡中心的入射光線，不改變其方向。

   (3) 通過焦點的入射光線，經折射後平行中央軸

15. 透鏡的成像公式為 $\dfrac{1}{p} + \dfrac{1}{q} = \dfrac{1}{f} = \dfrac{2}{r}$。放大率為 $M = \left|\dfrac{q}{p}\right|$。凸透鏡的 f 為正值，凹透鏡的 f 為負值。當 q 為正值時，成像為倒立實像；當 q 為負值時，成像為正立虛像。

習　題

一、選擇題

(　) 1. 球面鏡是利用光的 (A) 反射 (B) 折射 (C) 繞射 (D) 干涉現象成像。

(　) 2. 欲產生縮小正立虛像需使用 (A) 凸面鏡 (B) 凹面鏡 (C) 凸透鏡 (D) 平面鏡。

(　) 3. 光波在各種不同介質中傳遞時，下列何者恆為不變？ (A) 波長 (B) 波速 (C) 頻率 (D) 波長與波速。

(　) 4. 光由折射率為 2.0 的介質，進入折射率為下列哪種介質中時，不會產生全反射 (A) 2.3 (B) 1.8 (C) 1.5 (D) 1.0。

(　) 5. 水、酒精及二硫化碳的折射率分別為 1.33、1.35 及 1.63，則光在何種液體中速率最大？ (A) 水 (B) 酒精 (C) 二硫化碳 (D) 一樣。

(　) 6. 在凸透鏡成像法則中 (A) 經過焦點 (B) 平行主軸 (C) 通過鏡心 (D) 經過透鏡兩倍焦點的光線可透過透鏡並經過另一邊焦點。

(　) 7. 一蠟燭長 10 公分，直立置於焦距為 20 公分的凹透鏡主軸上，與透鏡之間的距離為 30 公分，則像的長度為多少公分？ (A) 4 公分 (B) 5 公分 (C) 6 公分 (D) 8 公分。

(　) 8. 一凸透鏡焦距 10 公分，今欲得放大 5 倍的虛像，則物距為何？ (A) 6 公分 (B) 8 公分 (C) 12 公分 (D) 15 公分。

(　) 9. 白光經三稜鏡色散後，偏向角最大的是 (A) 紅光 (B) 黃光 (C) 綠光 (D) 紫光。

(　) 10. 下列何者為產生全反射的條件？ (A) 光由光疏介質射向光密介質，且入射角等於臨界角 (B) 光由光疏介質射向光密介質，且入射角大於臨界角 (C) 光由光疏介質射向光密介質，且入射角小於臨界角 (D) 光由光密介質射向光疏介質，且入射角大於臨界角。

(　) 11. 設紫光與紅光的波長各為 λ 紫與 λ 紅，在玻璃內的速度各為 υ 紫與 υ 紅，則
(A) λ 紫 < λ 紅，υ 紫 < υ 紅 (B) λ 紫 < λ 紅，υ 紫 > υ 紅
(C) λ 紫 > λ 紅，υ 紫 < υ 紅 (D) λ 紫 > λ 紅，υ 紫 > υ 紅。

(　) 12. 下列敘述何者錯誤？ (A) 虹為陽光經空氣中的水滴二次折射與一次全反射所形成 (B) 觀察者須背向太陽方可見到虹 (C) 虹的最外圈為紅色，霓亦然 (D) 虹的最內圈為紫色。

（　　）13. 在日常生活中我們可以發現，擋住光相當容易，而擋住聲音卻很難，其原因為何？
(A) 光不需介質傳播，聲音需要　(B) 光是橫波，聲音是縱波　(C) 光的波長較短，聲音的波長較長　(D) 光的速度較快，聲音的速度較慢。

（　　）14. 肥皂泡沫呈現彩色是由於光的什麼作用？　(A) 色散　(B) 散射　(C) 干涉　(D) 繞射。

二、填充題

1. 一物體長 0.05 公尺，置於焦距為 0.08 公尺的凸透鏡前 0.12 公尺處，則像的長度為 _____ 公尺。

2. 在水中看空中飛機之視高為 120 公尺（由水面算起），若水的折射率為 $\frac{4}{3}$，則飛機的實際高度為離水面 _____ 公尺。

3. 甲、乙兩人同居一室，欲購得一平面鏡，使兩人皆能在同時看見全身的像。已知甲的身高 180 公分，眼高 170 公分，乙的身高 160 公分，眼高 150 公分，則所需的平面鏡長度最少要 _____ 公分。

4. 光由空氣中以 53° 的入射角，射入某介質中，若折射角為 37°，則此光在某介質中的速率為 _____ 公尺／秒。

三、討論題

1. 請依據光學透鏡的原理，思考如何將凹透鏡與凸透鏡配置成一個簡易的望遠鏡。

Chapter 11 靜電學

在乾燥的多天，脫下毛衣時會聽見劈哩啪拉的聲響，在黑暗處還可以看見有小火花產生；將塑膠尺與毛衣摩擦後，就可以吸引桌上的小紙屑，如圖 11-1 所示；梳過頭髮的塑膠梳子，會吸引頭髮。這些都是靜電的現象。在大雷雨時，閃電劃過天際，如圖 11-2 所示，天空上的電與地面上的電有何關係呢？電到底是如何產生的？有何特性？就讓我們在本章慢慢探討。

圖 11-1　小紙屑被摩擦後的塑膠尺吸引

11-1　電的本質

早在西元前約 600 年，希臘人發現到琥珀表面經常沾滿灰塵毛屑，但若以毛皮擦拭後反而會讓灰塵變更多，這就是屬於一種靜電吸引力的現象，但當時這些發現都僅被歸類為自然現象，而無進一步探究。

西元 1600 年，英國科學家吉爾伯特（William Gilbert，1544-1603）發現這種現象並非只存在於琥珀的摩擦，而是一種十分普遍的現象，稱為摩擦起電。

圖 11-2　閃電

1747 年美國科學家富蘭克林（Benjaming Franklin，1706-1790）首先使用正、負來描述不同的電，與絲綢摩擦過後的玻璃棒所帶的電為正電（positive charge）；與毛皮摩擦過後的橡膠棒所帶的電為負電（negative charge），這項規定沿用至今日。富蘭克林認為電流體只有一種帶電粒子，當兩物體相互摩擦時，帶電粒子會因此而移動，使兩物體都會帶電且電性不同。兩相同電性的帶電體會互相排斥，不同電性的帶電體會互相吸引。因此，若甲、乙兩物質互相摩擦後，假設甲物質中的負電（即 19 世紀所發現的電子）流至乙物質上，則甲物質帶正電，乙物質帶負電。除此之外，他還在大雷雨中放風箏，引下閃電儲存後實驗，證實了天空的閃電與地面上的電性質在某些性質上是完全相同的。

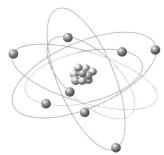

圖 11-3　原子結構

現今我們所認知的物體帶電，必須由構成物質的基本粒子－原子（atom）說起。原子由質子（proton）、中子（neutron）與電子（electron）構成，其中由帶正電的質子與不帶電的中子所構成的原子核，包含了原子的絕大部分質量；帶負電的電子則是在原子核的外圍環繞，如圖 11-3

> **思考問題**
> 一次閃電的電功率約為多少？值多少錢呢？

所示。而帶正電的質子數目與帶負電的電子數目相等，所帶的電量也相同，因此原子的狀態爲電中性。

　　電子繞著原子核繞行，愈接近原子核的電子，受到原子核的吸引束縛愈大，愈遠離原子核的電子，受到原子核的吸引束縛愈小，也愈不穩定，因此將最外層的電子稱爲原子的價電子（valence electron）。由於價電子受到原子核的牽引力較小，當兩物體相互摩擦時，其中一物體的價電子會脫離原子核的束縛形成自由電子，並轉移到另一物體上。此時，有電子離開的物體其負電荷減少，正電荷數目不變，故帶正電；獲得電子的物體其負電荷增加，正電荷的數目不變，故帶負電。因此，兩物體所帶的電性相反，電量則相同。當一孤立系統與外界無電荷的交換時，系統中的總電量不會變化，稱爲電荷的守恆定律（**law of conservation of charge**）。

　　由此可知，與絲綢摩擦過後的玻璃棒會帶正電，這是因爲玻璃棒上的電子束縛力較小，故較易脫離原子核的束縛而轉移至絲綢上，玻璃棒少了電子而帶正電，絲綢得到電子而帶負電。因此，毛皮摩擦過後的塑膠棒會帶負電，也是相同的原理，如圖 11-4 所示。

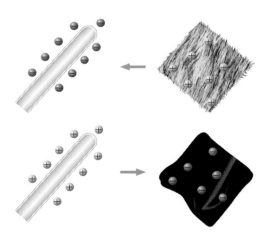

圖 11-4　兩物體摩擦後，因電子轉移而使兩物體帶電性相反的電

　　摩擦起電的現象大多發生在不易導電的物體上，這是因爲容易導電的物體，會將摩擦後物體間轉移的電子四處傳送，較容易發生正、負電荷中和的現象，故不利於摩擦起電的產生。像這種不易導電的物體，稱爲絕緣體（insulator），良好的絕緣體如乾燥木材、橡膠、玻璃、陶瓷、空氣等。而大部分的金屬都是容易導電的物體，稱爲**導體**（conductor）。

在電子未被發現之前，電被當成一種連續的流體。1896 年英國科學家湯姆森（Joseph John Thomson，1856-1940）發現了電子的粒子束，並測得電子的電量 e 與質量 m 的比值。之後於 1909 年，美國科學家密立坎（Robert Andrews Millikan，1868-1953）測量附著在細小油滴上的電量 q，發覺 q 都為一最大公約數 e 的整數倍，此一公約數 e 被訂為自然界中電荷的基本單位，其值為 $e = 1.6 \times 10^{-19}$ 庫侖。電量的單位「庫侖」將於下一節介紹。由於物質所帶的電量 q 都是 e 的整數倍，並非是一連續的任意值，此性質稱為電荷的量子化（**quantization of charge**）。

11-2　庫侖定律

庫侖（Charles Augustus de Coulomb，1736-1806，法國人，圖 11-5）起初是在研究頭髮及金屬線的扭轉彈性，因此發明了極靈敏的扭轉天平。於 1785 年時，庫侖對兩帶電體間的作用力進行研究，以自己設計的扭秤天平做實驗，如圖 11-6 所示，測量兩點電荷間的作用力和萬有引力一樣，具有與距離之平方成反比的性質，提出了著名的庫侖靜電定律（Coulomb's law of electrostatics），其內容為：

1. 兩點電荷間的作用力與兩者間距離的平方成反比。
2. 兩點電荷間的作用力與其帶電量的乘積成正比。
3. 兩點電荷間同性電相斥，異性電相吸，作用力的方向在其連心線上，如圖 11-7 所示。

上述定律可以用數學式表示為

$$F = \frac{kQq}{r^2} \tag{11-1}$$

式中的 F 為兩點電荷間的作用力，Q、q 為兩點電荷的帶電量，r 為兩點電荷間的距離，k 為比例常數，其值為 9×10^9 牛頓·公尺^2 / 庫侖^2。

為了紀念庫侖在物理學上的重大貢獻，SI 單位（Systeme International, 國際單位系統）將電量的單位以他的名字庫侖（coulomb）來命名，簡稱為 C。一個電子所帶的電量 $e = 1.6 \times 10^{-19}$ 庫侖，稱為基本電量，1 庫侖的電量即為 6.25×10^{18} 個電子所帶的電量。

圖 11-5　庫侖

圖 11-6　庫侖扭秤實驗裝置

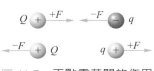

圖 11-7　兩點電荷間的作用力

例題 1

兩個帶電小球,一個帶有 3×10^{-5} 庫侖,另一個帶有 4×10^{-5} 庫侖,兩者相距 30 公分,求兩小球間的庫侖靜電力?

答:由公式(11-1)可知:

$$F = \frac{kQq}{r^2} = \frac{9 \times 10^9 \times 3 \times 10^{-5} \times 4 \times 10^{-5}}{(0.3)^2}$$
$$= 120 \text{(牛頓)}。$$

類題 1

如圖所示,有 A、B、C 三個點電荷,A、B 為 2×10^{-5} 庫侖,C 為 4×10^{-5} 庫侖,求

(1) A、B 兩點電荷間的靜電力?

(2) B、C 兩點電荷間的靜電力?

(3) 點電荷 B 所受的靜電力總和?

11-3　電場與電力線

11-3.1　電場

　　將一個帶電體放置於空間中,則任何其他的帶電體靠近它時,必受到庫侖靜電力的影響,也就是說:帶電體會使周圍空間具有一些特殊的性質,當其他電荷進入此空間範圍時,就會受到力的作用。為了說明電荷之間靜電力的超距作用,法拉第(Michael Faraday,1791-1867,英國人)於十九世紀提出電場(electric field)的觀念,用來解釋電荷之間的靜電力如何作用。電場是空間的一種狀況,當帶電粒子進入此影響範圍時,就會受到其所在位置的電場影響,而呈現出受力的狀態。

　　電場是否存在可利用一體積很小,帶電量不大的帶電體實驗,若此帶電體受到靜電力,則所在之處必有電場存在。若帶電量 q 的電荷在該處受到的靜電力為 $\vec{F}$ 時,則此處的電場 $\vec{E}$ 為

$$\vec{E} = \frac{\vec{F}}{q} \tag{11-2}$$

　　因此,我們也可將單位正電荷所受的靜電力稱為電場。上式中,力屬於向量,故電場亦屬於向量,其 SI 單位為牛頓／庫侖(N/C)。將(11-1)代入上式,可得

$$E = \frac{\frac{kQq}{r^2}}{q} = \frac{kQ}{r^2} \qquad (11\text{-}3)$$

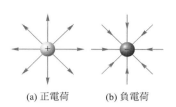

(a) 正電荷　　(b) 負電荷

圖 11-8　**點電荷的電場方向。**

　　電場的方向會因電荷的正、負值而改變。正電荷的電場方向是以點電荷為中心向外發散；負電荷則是向內指向電荷中心，如圖11-8所示。若考慮空間中有數個點電荷同時對某一點所產生的電場，則該點的電場為每一個點電荷對該點產生的電場之向量和。

例題 2

如圖所示，AB 距離 2 公尺，BC 距離 1 公尺。在 A 點上放一點電荷，所帶電量為 $q = 4 \times 10^{-8}$ 庫侖。求 B、C 兩點的電場？若又在 C 點上放一點電荷，所帶電量為 $q = 1 \times 10^{-4}$ 庫侖，則此電荷受 A 點的靜電力大小？

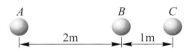

A　　　　　B　　C

2m　　　1m

答：依照（11-3）式，電場 $E = \dfrac{kQ}{r^2}$ ，

因此 B、C 兩點的電場為

$$E_B = \frac{(9 \times 10^9) \times (4 \times 10^{-8})}{2^2}$$
$$= 9 \times 10 = 90 \text{（牛頓／庫侖）} \quad \text{向右}$$

$$E_C = \frac{(9 \times 10^9) \times (4 \times 10^{-8})}{(2+1)^2}$$
$$= 4 \times 10 = 40 \text{（牛頓／庫侖）} \quad \text{向右}$$

依照（11-2）式，C 點上放一點電荷，受 A 點的靜電力大小

$$F = qEC = (1 \times 10^{-4}) \times (40) = 4 \times 10^{-3} \text{ 牛頓}$$

類題 2

如圖所示，在 A 上放一點電荷，其電量為 $q = 1.2 \times 10^{-7}$ 庫侖；在 C 上放一點電荷，其電量為 $q = -4 \times 10^{-8}$ 庫侖。求 B 點的電場大小與方向？

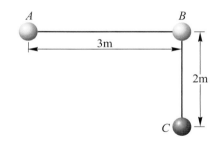

A　　　　　　　　　　B

3m

2m

C

11-3.2　電力線

圖 11-9　法拉第

早期靜電學尚未充分發展時，並非使用電場的觀念來解釋靜電力交互作用，而是由 1840 年左右，由法拉第（圖11-9）提出的電力線（electric line of force）觀念來解釋。法拉第認為兩電荷之間的靜電力是透過電力線來作用，電力線由正電荷出發而止於負電荷，其數目與電量的大小成正比。由於同性電荷間為排斥力，故假設電力線具有彈性且有相互排斥的傾向。在電場觀念被建立之前，電力線被認為是真實存在的，用來解釋靜電力的超距現象，並可將空間中電場分佈狀況以幾何圖形表示。實際上，電力線是不存在的，它只是一種描述電場的模型，雖然電力線的觀念已被電場所取代，但在許多情況，我們仍可由電力線的分布圖形中獲得許多電場的重要性質。

下列各點為電力線與電場間的重要性質：

1. 電力線始於正電荷而止於負電荷或無窮遠處。
2. 電力線的密度與該處電場大小成正比。
3. 由點電荷出發或是終止的電力線數目會正比於該電荷的電量大小。
4. 電力線上各點的切線方向，代表該點的電場方向。
5. 無電荷處不同電力線不相交。

圖11-10為電力線的示意圖。其中(a)(b)(c)(d)為點電荷的電力線圖形，(e)(f)為均勻帶電的電荷板電力線圖形，其電力線分布圖形都遵守上述的性質。

若有兩個甚大的平板，兩平板上分別帶有均勻的正電與負電，且兩平板上的電荷密度是相同的。將兩平板平行擺放，此時兩平板間的電力線如圖 11-10(f) 所示。平行兩電板間的電力線都是由正電的電板出發向右往負電的電板前進，且因平板上電荷密度相同，故電力線密度也是均勻的，也使得兩平板間各處的電場大小都會相同。由此可知，**等電量且均勻分佈的正、負電兩平行電板之間的電場為均勻電場**。

將一點電荷 q 放置於均勻電場 E 時，點電荷的受力為 $F = qE$，由於電場大小不隨位置而變，故受力為一定值，即點電荷在均勻電場內的加速度為定值，其運動為等加速度運動。若電荷初速度與電場方向平行，其運動為直線等加速度運動；若初速度與電場方向有一夾角時，則其運動會類似拋體運動，如圖 11-11 所示。

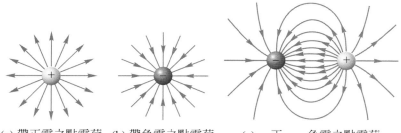

(a) 帶正電之點電荷　(b) 帶負電之點電荷　(c) 一正、一負電之點電荷

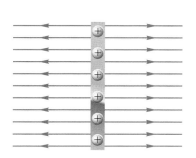

(e) 帶均勻正電荷之電荷板　(f) 帶均勻正負電荷之電荷板

圖 11-10　電力線的示意圖

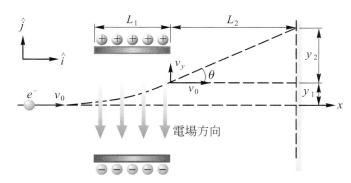

圖 11-11　帶電粒子在均勻電場中的運動

11-4　電位能、電位與電位差

　　於上冊討論萬有引力與重力位能時，我們將萬有引力歸納為保守力，並對其所作的功稱為重力位能。保守力對物體所作的功與路徑無關，只與起點與終點間的位能差有關。由於靜電力也屬於保守力，故也可以引進其對應的靜電位能（electrostatic potential energy）觀念。當電荷在電場內的位置（電位）改變時，就會使其電位能改變，對此現象我們能以物體在重力場中的位置與重力位能間的關係來類比。

11-4.1 電位能

　　將一點電荷$+Q$置於原點O處並固定時，把一點電荷$+q$放於點電荷$+Q$的電場內，此點電荷$+q$會受靜電力作用而逐漸遠離點電荷$+Q$。如圖 11-12 所示，若以外力F將點電荷$+q$由無窮遠處慢慢推至距離點電荷$+Q$為r處時，且其動能並未改變，因此依照功能定理，外力F作的功與電荷Q、q之間的靜電力所作的功，兩者的總和為零，即外力F所作的功與靜電力所作的功，兩者大小相等，但正負值不同。綜合上述，假設無窮遠處的電位能為零，外力將點電荷q由無窮遠處移至距離點電荷Q為r處，所作的功等於此系統電荷Q、q之間的電位能。則點電荷q在距離點電荷Q為r處的電位能為

$$W = U = \frac{kQq}{r} \tag{11-4}$$

圖 11-12　電位能示意圖

　　電位能為能量的形式之一，屬於純量，不具方向性，其單位為焦耳（J）。描述電位能與作功之間的關係，可用重力位能的例子解釋。將石塊由地面舉高時，石塊的位能增加，外力須對石塊作功；若是石塊由高處掉落時，外力不需作功，石塊會因重力往下掉落，掉落的過程中石塊的位能會減少。因此，將兩電性相同的電荷相互靠近時，需施以外力作用作功，故其電位能增加；當電荷因電性排斥而遠離時，則電位能降低。若是兩電性相異的電荷因電性吸引而靠近時，電位能會降低；施以外力作用而使其相互遠離時，則電位能會增加。

　　最後要提醒的是，系統中電荷間的電位能是由電荷與電場共有的。以兩個電荷為例，電位能是由兩點電荷所共有；若系統是由兩個以上的電荷所組成時，系統的電位能為兩兩成對的點電荷之間的電位能總和。以三個點電荷為例，若三個點電荷的電量分別為q_1、q_2與q_3，其位置關係如圖 11-13 所示，則此系統的電位能為

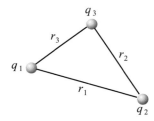

圖 11-13　三個點電荷所組成的系統

$$U = \frac{kq_1q_2}{r_1} + \frac{kq_2q_3}{r_2} + \frac{kq_3q_1}{r_3}$$

當此系統內三個電荷間的相對距離不變時，任意將此三角形平移或旋轉，則此系統的電位能不會改變。

例題 3

如圖所示，有三個點電荷 A、B、C，電荷 A 的電量為 -2×10^{-5} 庫倫，電荷 B 的電量為 -3×10^{-5} 庫倫，電荷 C 的電量為為 4×10^{-5} 庫倫，求此系統的電位能？

答：依照（11-4）式 $U = \dfrac{kQq}{r}$，

分別算出 U_{AB}、U_{AC} 與 U_{BC} 三個電位能的值而系統的電位能為三個電位能的總合，即

$U = U_{AB} + U_{AC} + U_{BC}$

$$= \frac{(9\times10^9)\times(-2\times10^{-5})\times(-3\times10^{-5})}{0.1}$$

$$+ \frac{(9\times10^9)\times(-2\times10^{-5})\times(4\times10^{-5})}{0.1+0.2}$$

$$+ \frac{(9\times10^9)\times(-3\times10^{-5})\times(4\times10^{-5})}{0.2}$$

$= 54 + (-24) + (-54)$

$= -24$（J）

類題 3

四邊形 $ABCD$ 為一邊長 3 公尺的正方形，若在 A、B、C 三點各放一電量為 2×10^{-4} 庫侖的點電荷，D 點各放一電量為 -2×10^{-4} 庫侖的點電荷，求此系統的電位能？（註：算出兩兩成對點電荷電位能（6 組）的總合）

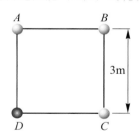

11-4.2　電位與電位差

當我們將鐵塊由低處緩慢移到高處時，所需作的功與鐵塊的質量及移動的高度差都有關係。若我們將焦點集中到高度差時，就需剔除鐵塊質量的影響，故在實驗過程中，須固定鐵塊的質量或只取單位質量的鐵塊將其舉高，來找出外力作功與高度差之間的關係。電位在電場內的關係就類似於重力場中物體的位置高低，外力對電荷作功與電量及電位有關，故將電量固定以便找出外力作功與電位間的關係。依照電位能的觀念，電位定義為：將單位正電荷由無窮遠處緩慢移至距離固定電荷 Q 為 r 處所作的功，也可視為單位正電荷所具有的電位能。與電荷 Q 距離為 r 處的電位 V 為

$$V = \frac{U}{q} = \frac{kQ}{r} \tag{11-5}$$

電位為純量，有正負之分但無方向，通常假設地球或無窮遠處的電位為零。電位的單位為焦耳／庫侖（J/V），可簡寫為伏特（volt），以符號 V 表示，這是為了紀念伏特（Alessandro Volta，1745-1827，<u>義大利人</u>）在電學上的貢獻。數個點電荷在某點所產生的電位，為每一個點電荷對該點產生的電位和。

(a) 電位能增加，電位上升

(b) 電位能增加，電位下降

(c) 電位能降低，電位下降

(d) 電位能降低，電位上升

圖 11-14　點電荷 + q ($-q$) 移動時，其電位與系統電位能的變化。

由（11-5）式可知，電位的高低與電荷的電量 Q 成正比，與距離 r 成反比。如圖 11-14。而電荷 q 在電位為 V 之處所具有電位能為

$$U = qV \tag{11-6}$$

電場中的電位並非絕對的，而與零電位的位置有關，但任意兩點間的電位差值是有絕對性的，並不會因零電位的選擇而改變。而兩點間電位的差值稱為電位差，又稱為電壓（voltage）。若 a 點電位為 V_a，b 點電位為 V_b，兩點的電位差 V_{ab} 為

$$V_{ab} = V_a - V_b \tag{11-7}$$

V_{ab} 可所代表的意義為：單位正電荷由 b 點移至 a 點時，外力所需作的功。假設將點電荷 q 由 b 點移到 a 點時，點電荷 q 在 a 點的電位能為 qV_a，在 b 點的電位能為 qV_b，則電荷移動時，外力所作的功為

$$W = qV_a - qV_b = q (V_a - V_b) = qV_{ab} \tag{11-8}$$

當 $qV_{ab} > 0$ 時，外力作正功；當 $qV_{ab} < 0$ 時，外力作負功。

1 焦耳的電能可以對 1 庫侖的電量作功，使其通過 1 伏特的電位差；功的單位也可表示為庫侖-伏特（C-V）。將一帶有基本電量的電荷通過電位差為 1 伏特的兩點，其所需的能量稱為一電子伏特（**electron-volt**），簡稱為 **eV**。可寫成

$$1eV = 1.6 \times 10^{-19} \text{（C）} \times 1 \text{（V）}$$
$$= 1.6 \times 10^{-19} \text{（J）}$$

例題 4

如圖所示，$Q_1 = +6 \times 10^{-9}$ 庫侖，$Q_2 = -8 \times 10^{-9}$
庫侖，求

(1) A 點的電位？

(2) A 點的電場？

(3) B 點的電位？

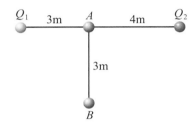

答：

(1) 依照（11-5）式，電位 $V = \dfrac{U}{q} = \dfrac{kQ}{r}$ ，

Q_1 對 A 的電位為

$$V_1 = \frac{(9 \times 10^9) \times (6 \times 10^{-9})}{3} = 18$$

Q_2 對 A 的電位為

$$V_2 = \frac{(9 \times 10^9) \times (-8 \times 10^{-9})}{4} = -18$$

A 點的電位為 $V_1 + V_2 = 18 + (-18) = 0$（V）

電位不需考慮方向，只需注意其正負。

(2) 依照（11-3）式，電場 $E = \dfrac{kQ}{r^2}$ ，

Q_1 對 A 的電場為

$$E_1 = \frac{(9 \times 10^9) \times (6 \times 10^{-9})}{3^2} = 6 ，$$

方向向右 Q_2 對 A 的電場為

$$E_2 = \frac{(9 \times 10^9) \times (8 \times 10^{-9})}{4^2} = 4.5 ，$$

方向向右

A 點的電場為

$E_1 + E_2 = 6 + 4.5 = 10.5$（N/C），

方向向右

電場為向量，需考慮方向。

其方向可用正電荷的受力方向判斷。

(3) $\overline{BQ_1} = \sqrt{3^2 + 3^2} = 3\sqrt{2}$ ；

$\overline{BQ_2} = \sqrt{3^2 + 4^2} = 5$

Q_1 對 B 的電位為

$$V_1 = \frac{(9 \times 10^9) \times (6 \times 10^{-9})}{3\sqrt{2}} = 9\sqrt{2}$$

Q_2 對 B 的電位為

$$V_2 = \frac{(9 \times 10^9) \times (-8 \times 10^{-9})}{5} = -14.4$$

B 點的電位為

$$V_1 + V_2 = 9\sqrt{2} - 14.4 \doteqdot -1.67 \text{（V）}$$

類題 4

四邊形 $ABCD$ 為一邊長 2 公尺的正方形，若
在 A、B、C 三點各放一電量為 4×10^{-8} 庫侖
的點電荷，D 點各放一電量為 -4×10^{-8} 庫侖
的點電荷，求 O 點的電位與電場？

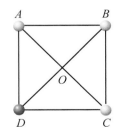

11-4.3 均勻電場與電位差

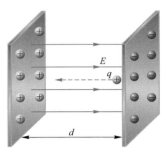

圖 11-15 均勻電場中帶電粒子的移動

正、負兩平行帶電板間的電場為均勻電場,假設正電荷 q 於均勻電場 E 內,兩帶電板的間距為 d,欲施加外力 F 使正電荷 q 由負電電板移到正電電板時,則此力作功為 $W = Fd$,如圖 11-15 所示。由(11-2)式可知,$F = qE$,故

$$W = Fd = (qE)d$$

外力作功會轉換成電位能,依照(11-5)式對電位的定義可知,$V = \dfrac{U}{q} = \dfrac{W}{q}$,將上式等號右側的 q 移項可得

$$\frac{W}{q} = V = Ed \tag{11-9}$$

由上式可知,兩平行帶電板的電位差與帶電板間的電場以及板距成正比。

例題 5

正、負兩平行帶電板相距 0.02 公尺,其電位差為 40 伏特,求兩平行電板間的均勻電場大小?一電子在平行電板間的受力大小?

答:依照(11-9)式,$V = Ed$,

又 $V = 40$、$d = 0.02$,故 $40 = E \times 0.02$

均勻電場大小為 $E = 2000$(N/C),

而 $F = qE$,故電子的電量 $q = 1.6 \times 10^{-19}$ 庫侖

電子的受力大小為

$F = (1.6 \times 10^{-19}) \times 2000 = 3.2 \times 10^{-16}$(N)

類題 5

若正、負兩平行帶電板間的電場為 3000 牛頓／庫侖,且相距 0.03 公尺,求兩平行帶電板的電位差?

11-1　電的本質

1. 富蘭克林認為與絲綢摩擦過後的玻璃棒所帶的電為正電；與毛皮摩擦過後的塑膠棒所帶的電為負電。

2. 電子離開的物體負電荷減少，正電荷數目不變，故帶正電；獲得電子的物體負電荷增加，正電荷的數目不變，故帶負電。兩物體所帶電性相反，電量相同。

11-2　庫侖定律

1. 庫侖靜電定律（Coulomb's law of electrostatics），其內容為：

   (1) 兩點電荷間的作用力與兩者間距離的平方成反比。

   (2) 兩點電荷間的作用力與其帶電量的乘積成正比。

   (3) 兩點電荷間同性電相斥，異性電相吸，作用力的方向在其連心線上。

2. $F = \dfrac{kQq}{r^2}$。F 為兩點電荷間的作用力，Q、q 為兩點電荷的帶電量，r 為兩點電荷間的距離，k 為比例常數，其值為 9×10^9 牛頓・公尺 ^{2}／庫侖 ^{2}。

3. 一個電子所帶的電量 $e = 1.6 \times 10^{-19}$ 庫侖，稱為基本電量，1 庫侖的電量即為 6.25×10^{18} 個電子所帶的電量。

11-3　電場與電力線

1. 單位正電荷所受的靜電力稱為電場，$E = \dfrac{F}{q} = \dfrac{kQ}{r^2}$。

2. 數個點電荷在某點所產生的電場，為每一個點電荷對該點產生的電場之向量和。

3. 電力線與電場間的重要性質，列舉如下：

   (1) 電力線始於正電荷而止於負電荷或無窮遠處。

   (2) 電力線的密度與該處電場大小成正比。

   (3) 由點電荷出發或是終止的電力線，其數目與電荷的電量成正比。

   (4) 電力線上各點的切線方向，代表該點的電場方向。

   (5) 無電荷處不同電力線不相交。

4. 等電量且均勻分布的正、負電兩大平行電板間的電場為均勻電場。

11-4　電位能、電位與電位差

1. 若無窮遠處的電位能為零，點電荷 $+q$ 距離電荷 Q 為 r 處的電位能為 $U = \dfrac{kQq}{r}$ 。

2. 電位為單位正電荷所具有的電位能，與電荷 Q 距離為 r 處的電位為 $V = \dfrac{U}{q} = \dfrac{kQ}{r}$ 。

3. 電荷 q 在電位為 V 之處所具有電位能為 $U = qV$。

4. 數個點電荷在某點所產生的電位，為每一個點電荷對該點產生的電位和。

5. 電位差是將單位正電荷在兩點間移動時，外力所需作的功，即 V_{ab} 也可表示為：單位正電荷由 b 點移至 a 點時，外力所需作的功。

6. 電荷移動時外力所作的功為 $W = qV_a - qV_b = qV_{ab}$。

7. 一電子伏特 $1\text{eV} = 1.6 \times 10^{-19}$ 焦耳（J）。

8. 兩平行帶電板的電位差與帶電板間的電場以及板距成正比，其關係式為 $V = Ed$。

習 題

一、選擇題

( ) 1. 以貓皮摩擦玻璃棒後，貓皮帶正電的原因是 (A) 帶正電的質點由貓皮移向玻璃棒 (B) 帶正電的質點由玻璃棒移向貓皮 (C) 帶負電的質點由玻璃棒移向貓皮 (D) 帶負電的質點由貓皮移向玻璃棒。

( ) 2. 完全相同的金屬球有 A、B、C 三個，A 球帶正電量 10^{-4} 庫侖，B 球帶負電量 3×10^{-5} 庫侖二者相距一公尺；將不帶電的 C 球持之，先與 A 球相觸後移開，再與 B 球相觸移去，則 A、B 二球間的靜電力為 (A) 27 牛頓相吸 (B) 4.5 牛頓相斥 (C) 4.5 牛頓相吸 (D) 不可知。

( ) 3. A、B、C 三個點電荷，帶電量分別為 5 庫侖、3 庫侖、1 庫侖，AB 相距 4 公尺，BC 相距 3 公尺，AC 相距 2 公尺，則 AB、BC、AC 之間的靜電力 F_{AB}、F_{BC}、F_{AC} 大小關係為何？ (A) $F_{AB} = F_{BC} = F_{AC}$ (B) $F_{AC} > F_{BC} > F_{AB}$ (C) $F_{AB} > F_{AC} > F_{BC}$ (D) $F_{AC} > F_{AB} > F_{BC}$。

( ) 4. 下列有關於電力線的敘述，何者錯誤？ (A) 電力線是正電荷沿受電力方向連續移動所形成的軌跡 (B) 電力線是正電荷在電場中由靜止釋放後的運動軌跡 (C) 電力線稠密處，電場較大，稀疏處，電場較小 (D) 通過空間中的一點之電力線只有一條。

( ) 5. 在一點電荷旁 3 公尺處，有一電場強度為 2×10^{6} 牛頓／庫侖，則該點電荷的帶電量為何？ (A) 2×10^{-3} 庫侖 (B) 6.67×10^{-4} 庫侖 (C) 2×10^{3} 庫侖 (D) 6.67×10^{2} 庫侖。

( ) 6. 有 A、B 兩質子，今將 A 固定，而使 B 由遠處逐漸接近於 A，則 B 的電位能 (A) 增加 (B) 減少 (C) 不變 (D) 不能確定。

( ) 7. 電子由平行板的負極加速移至正極，在移動過程中電子的電位及電位能的變化分別為何 (A) 升高、減少 (B) 升高、增加 (C) 降低、減少 (D) 降低、增加。

( ) 8. 電量 5×10^{-2} 庫侖的帶電體，由電位為 40 伏特的 A 點移至 B 點，須作功 1.5 焦耳，則 B 的電位為何？ (A) 10 伏特 (B) 40 伏特 (C) 60 伏特 (D) 70 伏特。

( ) 9. 下列有關電位的敘述，何者錯誤？ (A) 具有大小 (B) 具有方向 (C) 距電場無窮遠處的電位為零 (D) 愈靠近正電荷處電位愈高。

( ) 10. 一平行金屬板的板距為 0.2 公分，電位差為 20V，則其電場強度為何？ (A) 100,000 (B) 10,000 (C) 1,000 (D) 100 伏特／公尺。

二、填充題

1. 一電量為 0.3×10^{-6} 庫倫的電荷，置於電場中某點所受的作用力為 0.6 牛頓，則該點的電場強度為＿＿＿＿＿＿牛頓／庫倫。

2. $Q_1 = 4 \times 10^{-8}$ 庫倫，$Q_2 = -4 \times 10^{-8}$ 庫倫，兩點電荷在空間相距 5 公尺，則在兩電荷連心線段上距離 Q_1 為 1 公尺處的電位為＿＿＿＿＿＿伏特。

3. 施外力將帶有 4 庫侖電量的正電荷，由 A 點移至 B 點時需作功 20 焦耳，由 B 點移至 C 點時需作功 12 焦耳，試問：

    (1) AB 二點間的電位差為＿＿＿＿＿＿伏特；

    (2) BC 二點間的電位差為＿＿＿＿＿＿伏特；

    (3) AC 二點間的電位差為＿＿＿＿＿＿伏特。

4. 如圖所示，將三帶電荷排列成三角形，若 $q = 1.0 \times 10^{-5}$ 庫侖，$a = 10$ 公分，則此系統的電位能為＿＿＿＿＿＿焦耳。

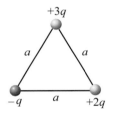

5. 兩個點電荷所帶的電量分別為為 5×10^{-5} 與 4×10^{-5} 庫侖，相距 2 公尺，則求兩個點電荷間

    (1) 靜電力大小為＿＿＿＿＿＿牛頓。

    (2) 電位能為＿＿＿＿＿＿焦耳。

    (3) 兩點電荷的中點處之電場大小為＿＿＿＿＿＿牛頓／庫侖。

Chapter **12**
電流

現代人的生活是離不開電的，舉凡便利我們生活的電視機、收音機、電扇、電鍋、電冰箱、電燈及電腦等，沒有電一切就停擺了。社會新聞中，偶爾報導某些人獨自在山中，過著日落而休日升而行，沒有電的原始生活，就讓許多人深感佩服。只要聽到停電的消息，我們是多麼的恐懼。

12-1　電流與電動勢

12-1.1　電流

水在水管中的流動稱為水流，而電荷在導體中流動時，就稱為電流（electric current）。十九世紀初，科學家研究電荷在導體中的移動，認為電流是正電荷由電池的正極出發，經過電路向電池的負極移動，故定義導體中電流的方向為正電荷移動的方向。事實上，近代科學家發現，在導體中實際流動而傳遞電流的是帶負電的自由電子，自由電子的流動方向與電流方向相反，如圖 12-1 所示。然而，現今我們對電流的定義仍是沿用以往電流的定義，並未改變。

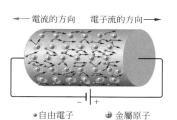

圖 12-1　電路中電流方向與電子流動的方向相反

將電池兩端以導線連接一燈泡，燈泡就會發光，形成一電路（circuit），電池的符號為 ——|￨—— ，長線代表正極，短線代表負極。當電路形成時，由於電池兩端具有電位差，故在導線內會產生電場，使得電子移動方向與電場方向相反。

電流的大小是以在單位時間內流過電路上某一截面的電量來表示，若在 t 秒內通過電路截面的電量為 Q 時，則電流 I 可表示為

$$I = \frac{Q}{t} \tag{12-1}$$

電流的單位為庫倫／秒，稱為安培（ampere），以符號 A 表示，這是為了紀念法國科學家安培（Andre Marie Ampere，1776-1836）在電磁

學上的貢獻而定。**1 安培的電流是指電路的某一截面每一秒鐘通過 1 庫倫的電量，即一秒鐘通過了 6.25×10^{18} 個電子。**

　　電流並非只能在導線中產生，例如電子在真空中或空氣中移動時，也會產生電流，電流方向與電子運動方向相反；電解液中含有正、負離子，離子往正、負兩極移動時也有電流產生。

12-1.2　電動勢

　　要讓導線上產生電流，就需要讓導線上有電場作用，而驅使自由電子移動。這個現象是需要有能量才能作用的，在電路上提供能量而作功的裝置稱為電源。電池為常用的一種電源，利用電池內部儲存的化學能轉換成電能，驅動電荷在電路上移動而形成電流。就好比水管內的水流要能持續流動，就需以抽水機運作，將水由低處抽到高處而對水作功，水才能由高水位流向低水位；電池就好比抽水機，對導線內的電荷作功，使電池兩極的導體間產生電位差，以驅動電荷沿電路移動而形成電流，如圖 12-2 所示。

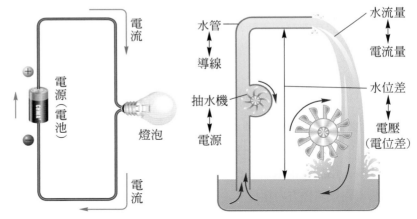

圖 12-2　用抽水機模擬電池示意圖

　　在電池無內部阻力時，將單位正電荷由負極經由電池內部移向正極時所需作的功，稱為電池的電動勢（electromotive force），簡寫為 emf，以符號 ε 表示。電動勢可定義為：當電池外電路的電流為零時，電池兩極間的電位差。假設將 q 庫侖電荷在電池內部由負極移到正極需作功 W，則電池的電動勢為

$$\varepsilon = \frac{W}{q} \tag{12-2}$$

思考問題

量測電路常用的工具為三用電錶，試著尋找其原理與使用方法，培養自行檢測電器的能力哦！

電動勢的單位爲焦耳／庫侖（J/C），可寫爲伏特（volt），簡記爲 V，與電位的單位相同。

12-2　電阻與歐姆定律

在水管流動的水流，若水管變細，所受到的阻力也會變大；水管變粗，阻力也隨之變小。電流流動時，電路中的阻力與電流大小的關係，應該與水流類似。1826 年，德國物理學家歐姆（Georg Simon Ohm，1787-1854）在實驗中發現：在溫度一定的情形下，導體兩端的電位差與通過導體的電流值成正比，兩者的比值稱爲此導體的電阻（electric resistance）。此關係被稱爲歐姆定律（Ohm's law），以數學式表示爲

$$R = \frac{V}{I} \; ; \; 電阻 = \frac{電壓}{電流} \tag{12-3}$$

電阻的國際單位爲歐姆（ohm），以 Ω 表示，在電路上以 ——ᴧᴧᴧ—— 表示，如圖 12-3 所示。當電路中導線兩端的電位差爲 1 伏特，導線中的電流爲 1 安培時，我們稱此導線的電阻爲 1 歐姆。

圖 12-3　電阻器

金屬導線遵守歐姆定律，但並非所有電子元件的電流與電壓的關係皆爲線性關係，例如二極體等，但各元件在不同電流下的電阻值亦可由（12-3）式求出。

例題 1

將電阻爲 0.5 歐姆的燈泡接上 1.5 伏特的電池，則電路上的電流爲多少？

答：利用歐姆定律 $R = \frac{V}{I}$，

將 $V = 1.5$，$R = 0.5$ 代入，可得

$0.5 = \frac{1.5}{I}$

$I = \frac{1.5}{0.5} = 3$ (A)

類題 1

燈泡接上 110 伏特電壓時，若通過燈泡的電流爲 2.5A 時，則此燈泡的電阻大小爲何？

爲何物質會有電阻呢？由於任何物質皆由原子所構成，因此金屬導線內金屬原子緊密排列，電流的產生是因爲導線上的電場驅使自由電子漂移，在運動過程中會與原子碰撞因而產生阻力，此阻力即爲電阻。當導線材質不同時，原子的排列會不同，其電阻值也會不同。

　　電阻大小除了因為材質不同而有所變化，也和導線長度及截面積有關。經研究發現，電阻大小 R 與其長度 L 成正比，且與其截面積大小 A 成反比。相同材質的導線，長度越長，截面積越小時，電阻越大；反之，長度越短，截面積越大時，電阻越小。以式子表示為

$$R = \rho \frac{L}{A} \tag{12-4}$$

　　ρ 稱為電阻率（resistivity），其單位為歐姆・公尺（$\Omega \cdot m$），其大小因電阻的材料而定。純物質在固定溫度下有一固定值，金屬導體的電阻率極小。表 12-1 為常見物質的電阻率。

表 12-1　常見物質於室溫下的電阻率

電阻材料	電阻率（$\Omega \cdot m$）
導體	
銀	1.59×10^{-8}
銅	1.72×10^{-8}
金	2.44×10^{-8}
鋁	2.82×10^{-8}
鎢	5.6×10^{-8}
鐵	9.71×10^{-8}
鉑	1.06×10^{-7}
鉛	2.2×10^{-7}
汞	9.4×10^{-7}
半導體	
碳	3.5×10^{-5}
鍺	0.46
矽	2300
絕緣體	
玻璃	$10^{10} - 10^{14}$
硬橡膠	10^{13}
琥珀	5×10^{14}
石英	7.5×10^{17}

電阻率 ρ 會隨著溫度而變化，大部分金屬的電阻率會隨著溫度的升高而變大，而其電阻也會隨溫度升高而變大。這是因為溫度升高後，原子震盪變劇烈，使得自由電子在移動時與原子的碰撞增加，因而使電阻增加。但某些物質的電阻率 ρ 卻是會隨溫度的升高而減小，其電阻也會隨溫度升高而減小，例如半導體中的矽、鍺……等，這是因為溫度升高會使部分束縛電子變成自由電子，而增加自由電子的數量，反而使電阻下降。

例題 2

A、B 兩電阻為相同材料製成，A 的電阻為 120 歐姆，若 B 電阻長度為 A 電阻的 3 倍，截面半徑為 A 電阻的 2 倍，求 B 電阻大小？

答：由公式（12-4）可知

$R = \rho \dfrac{L}{A}$，故 $R_A = \rho \dfrac{L_A}{A_A}$

A、B 電阻的長度關係：$L_B = 3L_A$；

半徑關係：$R_B = 2R_A$，

可推算出其截面積關係為：$A_B = 4A_A$

故 $R_B = \rho \dfrac{L_B}{A_B} = \rho \dfrac{3L_A}{4A_A} = \dfrac{3}{4} \rho \dfrac{L_A}{A_A} = \dfrac{3}{4} R_A$

$R_B = \dfrac{3}{4} \times 120 = 90$（歐姆）

類題 2

將一金屬線電阻的長度均勻拉長 3 倍，則其電阻變為幾倍？

12-3 串聯與並聯

電路上各元件的連結方式包含**串聯**（series connection）與**並聯**（parallel connection）兩種。電路由一點出發只以一條通路連結而回到原點的方式，稱為串聯；有兩條或兩條以上通路連結的方式，稱為並聯。以下介紹電阻的串聯與並聯的性質。

一、電阻的串聯

圖 12-4 為三個電阻的串聯，由於電路中的電量是守恆的，故各個電阻的電流均相等，即

$$I = I_1 = I_2 = I_3$$

電池作功使電路的電位升高，經三個電阻消耗能量而降壓，故電池的電位差為各個電阻的電位差總和，即

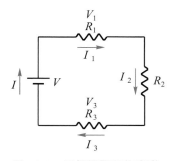

圖 12-4　三個電阻器的串聯

$$V = V_1 + V_2 + V_3$$

依照歐姆定律可知，$V_1 = I_1R_1$，$V_2 = I_2R_2$，$V_3 = I_3R_3$，若 R 為此串聯電路的等效電阻，則 $V = IR$，上式可改為

$$IR = I_1R_1 + I_2R_2 + I_3R_3 = I(R_1 + R_2 + R_3)$$

則此串聯電路的等效電阻為各電阻的總和，即

$$R = R_1 + R_2 + R_3 \qquad (12\text{-}5)$$

此式可推廣至任意個電阻的串聯。

二、電阻的並聯

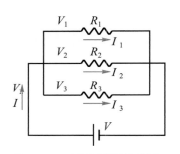

圖 12-5 三個電阻器的並聯

圖 12-5 為三個電阻的並聯，電流分為三條路線流動，如同水流般，總水流須等於各水路上水流之總和，故可知

$$I = I_1 + I_2 + I_3$$

而三個電阻兩端具有共同端點，因此電位差均相等，即

$$V = V_1 = V_2 = V_3$$

依照歐姆定律可知，$V_1 = I_1R_1$，$V_2 = I_2R_2$，$V_3 = I_3R_3$，若 R 為此並聯電路的等效電阻，$V = IR$，則

$$I_1 = \frac{V_1}{R_1} \ , \ I_2 = \frac{V_2}{R_2} \ , \ I_3 = \frac{V_3}{R_3} \ , \ I = \frac{V}{R}$$

代入 $I = I_1 + I_2 + I_3$，可得

$$\frac{V}{R} = \frac{V_1}{R_1} + \frac{V_2}{R_2} + \frac{V_3}{R_3} = V(\frac{1}{R_1} + \frac{1}{R_2} + \frac{1}{R_3})$$

則

$$\frac{1}{R} = \frac{1}{R_1} + \frac{1}{R_2} + \frac{1}{R_3} \qquad (12\text{-}6)$$

　　並聯電路的等效電阻的倒數為各電阻倒數的總和，等效電阻值會小於各個並聯的電阻。此式可推廣至任意個電阻的並聯。

例題 3

若 A、B 兩點之電位差為 20 伏特，試求

(1) A、B 兩點間的等效電阻為多少？

(2) 經過 6Ω 之電阻器的電流為多少安培？

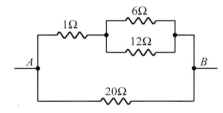

答：

(1) 6Ω 與 12Ω 為並聯，其等效電阻為

$$\frac{1}{R_1} = \frac{1}{6} + \frac{1}{12}$$

$R_1 = 4$（Ω）

電路圖可簡化為下圖

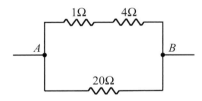

上方電路之 1Ω 與 4Ω 為串聯，

其等效電阻為 $R_2 = 1 + 4 = 5$（Ω）

故電路圖可簡化為 5Ω 與 20Ω 的並聯電路，

A、B 兩點間的等效電阻為

$$\frac{1}{R} = \frac{1}{5} + \frac{1}{20} \ , \ R = 4 （\Omega）$$

(2) 電路圖上方電路的電位差為 20V，等效電阻為 5Ω，其電流為

$20 = I \times 5$，$I = 4$(A)

因此上方電路等效電阻內之 4Ω 之電位差為 $V_4 = 4 \times 4 = 16$（V）

4Ω 為 6Ω 與 12Ω 並聯而成，

並聯時各電阻的電位差相等，

故 6Ω 的電位差為 16V，經過 6Ω 之電阻器的電流為

$$16 = I_6 \times 6 \ , \ I_6 = \frac{16}{6} = \frac{8}{3} \ (A)$$

類題 3

如圖所示，試求經過 6Ω 之電阻器的電流為多少安培？ 4Ω 之電阻器的電位差為多少伏特？

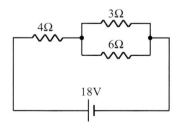

12-4　電池的電動勢與端電壓

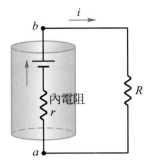

圖 12-6　電池有內電阻 r 的示意圖

如圖 12-6 所示，將電池以導線接上一電阻形成通路時，電池的電動勢為 ε，電池內部的電阻為 r，外接電阻為 R 時，此電路中的總電阻為 $R + r$，此時電路的電流大小為

$$i = \frac{\varepsilon}{R + r}$$

整理後可得

$$\varepsilon - ir = iR \qquad\qquad (12\text{-}7)$$

上式等號右方的 iR 值為外電路兩端的電位差，即 $iR = V_a - V_b = V_{ba}$，V_{ba} 為電池兩極的電位差，稱為電池的**端電壓**（terminal voltage）；等號左方的 ir 值為電池內電阻消耗的電壓，稱為**勢降**（potential drop），如圖 12-7 所示。故可知

$$\text{電動勢（}\varepsilon\text{）} - \text{勢降（}ir\text{）} = \text{端電壓（}iR\text{）}$$

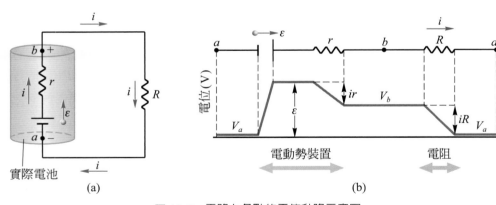

圖 12-7　電路上各點的電位升降示意圖

當電流 $i = 0$ 時，即電路被切斷而未接通時，此時電池的端電壓等於電動勢，$V_{ba} = \varepsilon$；當電路接通而使得電路上有電流通過時，電池內電阻部將會造成電能耗損，使電位下降 ir，此時兩極的端電壓會小於其電動勢，$V_{ba} < \varepsilon$。

例題 4

電動勢為 24V 的電池，其內電阻為 1Ω，以導線接上一外電阻 11Ω，求

(1) 電路上的電流值？

(2) 電池的端電壓？

答：

(1) $i = \dfrac{\varepsilon}{R+r}$，代入數值可得

$i = \dfrac{24}{11+1} = 2$ (A)

(2) 依照（12-7）式，$\varepsilon - ir = ir = Vab$

端電壓 $V_{ba} = 24 - 2 \times 1 = 22$ （V）

類題 4

電動勢為 12V 的電池接上一外電阻 2.5Ω 時，電阻的電壓為 10V，求

(1) 電路上的電流值？

(2) 電池的內電阻？

12-5　電流的熱效應

在常溫時，導體內的原子排列十分緊密，且由於原子間互相牽制，使得原子僅能在原地小幅度的來回振盪。當電子移動時，就會很容易與原子相互碰撞，雖然電流中電子的質量甚小，當與原子碰撞時仍會使得電子的動能減少，並會有一部分能量由電子轉移到原子上，使原子的振動加劇，因而使導體的溫度升高，這種現象就稱為電流的熱效應（heat effect of current）。當導體的電阻越大，電流越強時，其熱效應也會越大。

電流在導體或電阻中的流動，與電能有絕對的關係。當電壓推動電流時，就是提供電荷移動的電能，因此電流的流動就會消耗掉電能。若電量為 Q 的電荷，增加電壓 V 所需消耗掉的電能為 W 時，其關係為

$$W = Q \times V$$

以歐姆定律 $R = \dfrac{V}{I}$，以及電流的定義 $I = \dfrac{Q}{t}$ 代入，可將上式改寫為

$$
\begin{aligned}
W = QV \quad &= (It)V \\
= (It)(IR) \quad &= I^2 Rt \\
= (\dfrac{V}{R})^2 Rt \quad &= \dfrac{V^2}{R}t
\end{aligned}
\qquad (12\text{-}8)
$$

而單位時間內所消耗掉的電能，稱為電功率（electric power），可寫為

$$P = \frac{W}{t} = IV = I^2R = \frac{V^2}{R} \tag{12-9}$$

電功率的單位為焦耳／秒，可寫為瓦特（watt），簡稱為瓦（W）。1 瓦特即表示電路上每一秒內獲得或消耗 1 焦耳的能量。

思考問題
在寒冷的冬天，最想窩在暖呼呼的電暖爐旁。請問電暖爐的種類及其原理為何？

表 12-2　常用電器之電功率參考值

電器名稱	功率（w）	電器名稱	功率（w）	電器名稱	功率（w）
電視機	200	洗衣機	300	吹風機	750
電冰箱	500	烘衣機	1100	DVD	200
電腦	250	熱水瓶	900	電鍋（煮飯）	600

當電路上獲得或消耗掉的電能全部都轉換成熱，由於熱功當量為 **4.186 焦耳／卡**，1 焦耳約等於 0.24 卡。故若須計算導體或電阻經過時間 t 秒後所產生的熱量時，就可將單位由焦耳變為卡，即

$$H = 0.24W = 0.24Pt = 0.24IVt = 0.24I^2Rt = 0.24\frac{V^2t}{R} \tag{12-10}$$

電鍋、電暖爐、電熨斗、電熱水壺及電烤箱等常用的家庭電器如圖 12-8 所示，都是利用電流的熱效應，電器內部都有鎳鉻線所做成的線圈，是以 67.5％鎳、15％鉻、16％鐵與 1.5％錳四種成分組合而成的合金，此合金的優點為導通電流後會有紅熱的現象，但不會氧化與變脆，因此不易燒斷，十分耐用。

燈泡發光也是相同的原理，燈絲的材料是用鎢絲製成的，其熔點約為 3400℃。要讓燈泡發光得導通適當電流，使鎢絲溫度上升至 2500℃ 以上而發出白光。為了避免高溫下，鎢絲容易因高熱而蒸發，故會在燈泡內填充不容易與其他物質產生化學變化的氬氣或氮氣，以增加燈泡的使用時間。

電力公司在計算用戶費用時，是以用戶消耗掉的電能來計算，所使

用的單位為度。**1 度定義為 1 千瓦小時**（kW．h），表示 1 千瓦電功率的電器使用 1 小時所消耗的電能。

$$1 \text{ 度} = 1 \text{ 千瓦小時} = 1000 \text{（瓦）} \times 3600 \text{（秒）}$$
$$= 3.6 \times 10^6 \text{（焦耳）}$$

圖 12-8　電暖爐、電熨斗、電熱水壺

例題 5

一電熱器的電阻為 100Ω，當有 3 安培電流通過電阻時，則此電熱器的電功率大小為何？每分鐘產生幾卡的熱量？

答：依據公式（12-9）可知

$P = I^2R = 3^2 \times 100 = 900$（瓦特）

每一分鐘電能作功為

$W = Pt = 900 \times 60 = 5.4 \times 10^4$（焦耳）

而 1 焦耳 = 0.24 卡

故每分鐘產生熱量為

$H = 0.24W = 0.24 \times 5.4 \times 10^4 = 1.296 \times 10^4$（卡）

類題 5

以熱水壺加熱 3 公升 20℃ 的冷水到沸騰（100℃），若此熱水壺的電阻為 50Ω，通過的電流為 4A，則須加熱多少時間？

例題 6

辦公室內每日的用電，110V-100W 的日光燈 6 枝，110V-200W 的電風扇 4 台，110V-400W 的電腦 3 台，同時使用 8 小時，若每度電的費用為 3 元，則

(1) 辦公室每日所消耗的電能為幾度？

(2) 一個月（30 天）的電費為多少？

答：

(1) $P = P_1 + P_2 + P_3$
$\quad = 100 \times 6 + 200 \times 4 + 400 \times 3$
$\quad = 2600$（瓦）$= 2.6$（千瓦）

$W = Pt = 2.6 \times 8 = 20.8$（度）

(2) 一個月所消耗的電能為 $20.8 \times 30 = 624$ 度
故電費為 $624 \times 3 = 1872$ 元

類題 6

每日的家庭用電中，110V-500W 的電冰箱使用 24 小時，110V-100W 的日光燈 4 枝各使用 5 小時，110V-400W 的洗衣機使用 1 小時，110V-300W 的電視機使用 2 小時，若每度電費為 4 元，求家庭的每日電費為多少？

12-1　電流與電動勢

1. 導體中電流的方向為正電荷移動的方向，實際流動的是帶負電的自由電子，自由電子的流動方向與電流方向相反。

2. 在 t 秒內通過電路截面的電量為 Q 時，則電流 $I = \dfrac{Q}{t}$。電流的單位為庫倫／秒，稱為安培，簡寫為 A。

3. 1 安培的電流就是指電路的某一截面每一秒鐘通過 1 庫倫的電量，即一秒鐘通過了 6.25×10^{18} 個電子。

4. 在電池無內部阻力時，將單位正電荷由負極經由電池內部移向正極時所需作的功稱為電池的電動勢（electromotive force），簡寫為 emf。

5. 電動勢可定義為：當電池外電路的電流為零時，電池兩極間的電位差。

6. 假設將 q 庫侖電荷在電池內部由負極移到正極需作功 W，則電池的電動勢為 $\varepsilon = \dfrac{W}{q}$。電動勢的單位為焦耳／庫侖（J/C），可寫為伏特（V），與電位單位相同。

12-2　電阻與歐姆定律

1. 歐姆定律：在溫度一定的情形下，導體兩端的電位差與通過導體的電流值成正比，兩者的比值稱為此導體的電阻，以數學式表示為 $R = \dfrac{V}{I}$。

2. 電阻大小除了因為材質不同而有所變化，也和導線長度及截面積有關。依據實驗可得知，$R = \rho \dfrac{L}{A}$，ρ 稱為電阻率，依電阻的材料而定，其單位為歐姆．公尺（$\Omega \cdot m$）。

12-3　串聯與並聯

1. 電阻串聯時，電路上電流、電壓與等效電阻為

$I = I_1 = I_2 = I_3$；$V = V_1 + V_2 + V_3$；$R = R_1 + R_2 + R_3$

2. 電阻並聯時，電路上電流、電壓與等效電阻為

$I = I_1 + I_2 + I_3$；$V = V_1 = V_2 = V_3$；$\dfrac{1}{R} = \dfrac{1}{R_1} + \dfrac{1}{R_2} + \dfrac{1}{R_3}$

12-4　電池的電動勢與端電壓

1. 電池兩極的電位差，稱為電池的端電壓；電池內電阻消耗的電壓，稱為勢降。

2. 電動勢（ε）－勢降（ir）＝端電壓（iR）。

3. 當電流 $i = 0$ 時，電池的端電壓等於電動勢，$V_{ba} = \varepsilon$；當電路接通而使得電路上有電流通過時，兩極的端電壓會小於其電動勢，$V_{ba} < \varepsilon$。

12-5　電流的熱效應

1. 電路上所消耗的電能為 $W = QV = IVt = I^2Rt = \dfrac{V^2}{R}t$。

2. 單位時間內所消耗掉的電能，稱為電功率，可寫為 $P = \dfrac{W}{t} = IV = I^2R = \dfrac{V^2}{R}$。

3. 1 度＝1 千瓦小時＝1000（瓦）×3600（秒）＝$3.6×10^6$（焦耳）。

習 題

一、選擇題

( ) 1. 電路上的電池在放電時，其端電壓會 (A) 大於電動勢 (B) 等於電動勢 (C) 小於電動勢 (D) 因電路上的電阻大小而改變。

( ) 2. 電路上二個電阻 R_1 與 R_2 以並聯方式連結，則電路之總電阻為 (A)$R_1 + R_2$ (B) $\dfrac{1}{R_1} + \dfrac{1}{R_2}$ (C) $\dfrac{R_1 R_2}{R_1 + R_2}$ (D) $\dfrac{R_1}{R_2}$。

( ) 3. 相同物質的導體，其電阻大小會 (A) 與長度成反比，與截面積成正比 (B) 與長度成正比，與截面積成反比 (C) 與長度及截面積成正比 (D) 與長度及截面積成反比。

( ) 4. 一內電阻為 2.5 歐姆，電動勢為 60 伏特的電池，與 7.5 歐姆的電阻器連成一通路，則電池的端電壓為 (A) 50 (B) 45 (C) 35 (D) 25 伏特。

( ) 5. 試求右圖的電路中，流過 4 歐姆電阻器的電流大小為
(A) 1
(B) 2
(C) 3
(D) 6 安培。

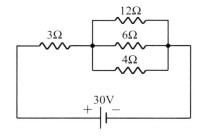

( ) 6. 將電阻器 $R_1 = 12$ 歐姆，$R_2 = 36$ 歐姆，並聯組合後接上 48 伏特之電源，試問通過 R_1 之電流為 (A) 2 (B) 3 (C) 4 (D) 5 安培。

( ) 7. 一電阻線的電阻為 R，將其截成兩段，長度比為 3：2，若再將兩段電阻並聯，則電阻會變為多少 R？ (A) $\dfrac{7}{12}$ (B) $\dfrac{6}{5}$ (C) $\dfrac{5}{6}$ (D) $\dfrac{6}{25}$。

( ) 8. 有一導線長為 30 公尺，截面積為 5 平方公分，其電阻率為 3.5×10^{-8} 歐姆·公尺，則此導線的電阻為 (A) 8.4×10^{-4} (B) 3.2×10^{-4} (C) 2.1×10^{-3} (D) 1.2×10^{-3} 歐姆。

( ) 9. 一電阻式的熱水壺附有使用說明：當電壓為 220 伏特時，2 公升 25℃ 的水可於 10 分鐘煮沸。若將此壺帶到電壓為 110 伏特的地區使用，則要將 1 公升 25℃ 的水煮沸，需要多少分鐘？ (A) 5 (B) 10 (C) 15 (D) 20 分鐘。

( ) 10. 1 度的電能可以使 100 伏特、200 瓦特的燈泡發光約 (A) 1 (B) 5 (C) 20 (D) 40 小時。

(   ) 11. 臺灣電力公司電價每度 3.0 元，若有標明為 110 伏特，80 瓦特的日光燈 5 盞，每
        晚點亮 5 小時，則每個月需付電費多少元？   (A) 80 元   (B) 140 元   (C) 180 元
        (D) 220 元。（一月以 30 日計算）

二、填充題

1. 電池是一種將_____能轉換成_____能的裝置。

2. 電力公司計電的單位為「度」。一度等於_____焦耳。

3. 電路上通過 400Ω 電阻的電流為 5 安培，經一小時後此電阻共產生熱量_____卡。

4. 如下電路圖所示，ab 間的等效電阻為_____歐姆；將 ab 接上 32 伏特的電池，則通過 2Ω
   的電流大小為_____安培；12Ω 的電壓大小為_____伏特。

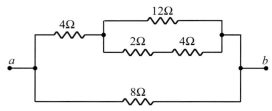

5. 一乾電池的電動勢 ε = 6 伏特，內電阻為 0.5Ω，當接上一只 2.5Ω 之外電阻時，其電流為
   _____安培；電池的端電壓為_____伏特。

6. 將電阻為 55Ω 的導線，接在 220 伏特的電源上，則經過 10 分鐘後，通過此導線電量為
   _____庫倫；在此時間內流過此導線的電子有_____個。

7. 如圖所示，請求出通過 3Ω 電阻的電流為_____；4Ω 電阻的電流為_____；6Ω 電阻的
   電流為_____。

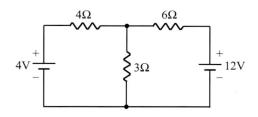

Chapter 13

電流的磁效應

在茫茫大海中，指南針能夠指引方向讓航海者不會迷路；電風扇插上電源後，按下開關就能夠轉動；按下電鈴使它通電，就會鈴鈴作響，這些現象都是運用磁鐵與電流會產生磁性的性質。電與磁有何關係？本章將對此加以探討與說明。

13-1 磁場與磁力線

13-1.1 磁性與地磁

西元前八世紀時，古希臘人發現到一種天然礦石，可以吸引鐵片；在中國歷史的紀錄中，黃帝時期已經有指南車的發明；戰國時代（西元前四世紀），人們發現到天然礦石可以吸引鐵製品。這種礦石現在我們稱為磁鐵礦（magnetite），主要成分為 Fe_3O_4，俗稱磁石（loadstone）。磁石吸引鐵塊特性就稱為磁性（magnetism）。

將一條狀磁鐵靠近鐵粉，可以發現越靠近兩端所吸引的鐵粉最多，中央部份的鐵粉最少，因此磁鐵的兩端磁性是最強的，稱為磁極（magnetic pole）。將磁鐵用細線綁於中央，使其水平懸掛而自由轉動；當磁鐵靜止時，兩端會指向地球的南北兩方。指向北方的稱為指北極（north seeking pole），簡稱為北極（north pole）或 N 極；指向南方的稱為指南極（south seeking pole），簡稱為南極（south pole）或 S 極。

磁極必定成對出現，也就是 N 極與 S 極不可能單獨出現。若將磁鐵從中折斷，則會變成兩個都有 N 極與 S 極的磁鐵，如圖 13-1 所示。將兩個磁鐵互相靠近，若是 N 極與 S 極，則會互相吸引；若是 N 極與 N 極，S 極與 S 極，則會互相排斥，如圖 13-2 所示。

磁鐵除了可以吸引鐵質的物體外，對鈷、鎳等材料也會吸引，故我們將鐵、鈷、鎳等材料稱為磁性物質（magnetic material），當物質內的成分包含磁性物質時，就會被磁鐵所吸引，並發生磁化（magnetization）現象。磁化是指無磁性的物質受到具有磁性的磁鐵吸引後，而具有磁性的現象。

圖 13-1　磁鐵上 N、S 兩極必同時存在

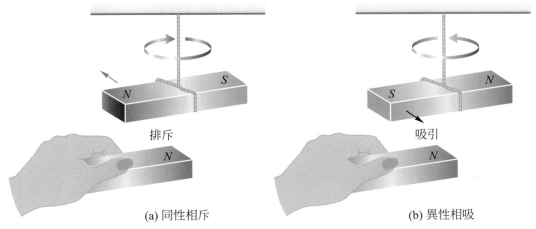

(a) 同性相斥　　　　　　　　　　　　(b) 異性相吸

圖 13-2　磁鐵同性相斥，異性相吸。

　　這些磁性物質為何能被磁鐵吸引呢？為何會發生磁化現象呢？這些問題需要從原子內部說起。原子內部的電子會圍繞著原子核轉動，且自己也會有自旋的現象，就會在原子周圍產生磁場。原子內的電子軌域，每一個最多只能容納兩個電子，兩個電子自旋的方向必須相反，一個順時鐘旋轉，另一個就要逆時鐘旋轉。因此，兩個電子產生的磁性方向就會相反，因而互相抵消。當原子內的軌域中包含兩個電子時，此種原子就沒有磁性；但有些原子內的電子軌域中只有一個電子，此時磁性就無法抵消，使原子帶有磁性，所以就容易被外加磁場所吸引與影響。

　　由於這些磁性物質中的原子就是具有磁性的，物質內部宛如包含了許多微小的磁鐵。在未磁化前，這些小磁鐵的分布雜亂無章，磁極指向任意方向，N極與S極的磁性因此相互抵銷，對外就無法顯示出磁性。若經過強力磁鐵磁化，則物質內的小磁鐵會排列的很整齊，其磁極都會朝向同一個方向，內部的磁性就會顯現出來。這說明了將磁鐵折成兩段時，每一段都是包含N極與S極的完整磁鐵。

　　要讓磁鐵的磁性消失的方法包含 (1) 加熱使其溫度升高，(2) 猛力敲打，(3) 以另一磁性大的磁鐵以任意方向摩擦，這些方法都會讓磁鐵內部的磁性物質排列變亂，而讓磁性消失。

　　當利用磁鐵吸引鐵釘時，鐵釘吸附在 S 極時，接觸磁鐵的一端會被感應成 N 極，另一端形成 S 極，此時鐵釘變成一個小磁鐵，可以再去吸引另一根鐵釘，因此磁鐵就可以讓鐵釘間彼此吸引，而能吸引一大串鐵釘。若是將第一根鐵釘移開磁鐵，所有鐵釘將立即失去磁性，而無法相

互吸引而分開，如圖 13-3 所示。這種經磁化後會產生磁性，但一旦離開磁鐵，磁性立即消失的物體，稱為**暫時磁鐵**；而有些物質經磁化後，其磁性能夠保持較長的時間而不會消失，稱為**永久磁鐵**。

13-1.2　磁場與磁力線

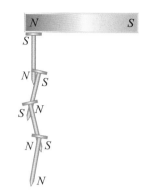

圖 13-3　鐵釘磁化後形成暫時磁鐵

將羅盤靠近磁鐵附近，羅盤會受到磁鐵的磁力影響，使得指針產生偏移，我們將磁鐵磁力所能影響的空間稱為**磁場**（magnetic field），這如同電荷會形成電場，物質會形成重力場的現象。磁場並無邊際，其範圍為無窮遠，大小則隨距離而遞減。任意一點的磁場強度以符號 B 來表示，常用單位為特斯拉（tesla，T）與高斯（gauss，G），兩單位間的關係為

$$1T = 10^4 \text{ gauss}$$

地表的磁場大小約為 0.5 高斯，普通磁鐵棒兩端的磁場約為 50-100 高斯，發電廠的大型電磁鐵約為 2 特斯拉，超導磁鐵則可達 30 特斯拉。當磁場方向為向內垂直入射紙面時，其記號為「×」；磁場方向為向外垂直射出紙面時，其記號為「‧」。

法拉第仿照電力線而提出了磁力線的觀念，用以解釋各種磁性的現象。將磁棒平放在硬紙板上，紙面上均勻的灑上鐵粉，並輕敲紙面，可發現到鐵粉在紙上形成無數條曲線，且些曲線互不相交，如圖 13-4 所示，我們稱此曲線為**磁力線**。

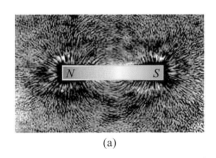
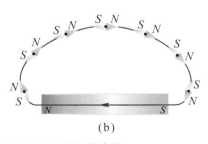

(a)　　　　　　　　　　(b)

圖 13-4　(a) 長條磁棒的磁力 (b) 磁力線示意圖

磁力線的觀念與電力線類似，但因靜電可正、負電單一存在，而磁則需 N、S 極成對存在，因此磁力線是一條封閉的光滑曲線，彼此間不會相交，圖 13-5 為常見的磁力線圖。磁力線的觀念如下：

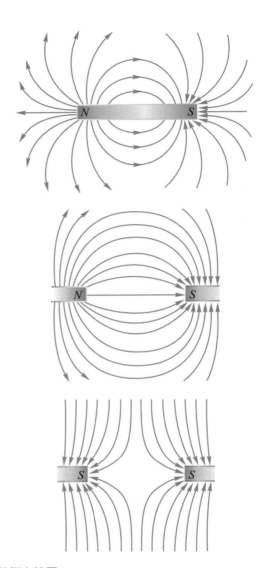

圖 13-5　常見的磁力線圖

1. 在磁棒外部，由 N 極出發後回到 S 極；在磁棒內部，則由 S 極指向 N 極。
2. 磁力線是一條封閉的光滑曲線，彼此間不會相交。
3. 磁力線會互相排斥。
4. 磁力線的切線方向代表該點的磁場方向。
5. 磁力線密度與磁場強度成正比。

在西元十七世紀初，科學家吉爾伯特（William Gilbert，1540-1603）在其著作中提到：地球本身具有磁性，可視爲一巨大的永久磁鐵，因此磁鐵受到地球磁力影響，就會指向同一方向。依據科學家的探測，地球磁場可用一條長磁鐵來模擬，磁棒的中心位於地球球心，地磁的 S 極位於地球的地理北極附近，地磁的 N 極則是位於地球的地理南極附近，地磁的磁軸並未與地球的自轉軸重疊，兩者間的夾角約爲 11.5°。以北半球爲例，地磁的 S 極距離地理北極約 1200 公里，位於加拿大北部，緯度約 78.5° 左右，如圖 13-6 所示。

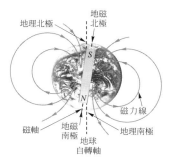

圖 13-6　地磁模型示意圖

由於地磁的磁軸並未與地球轉軸重疊，因此當我們利用指南針或羅盤辨識方向時，磁針所指向的南北方向，其實是指向地磁的 N 極與 S 極而非地理南北極，兩者間會有一偏差的角度，此角度稱爲磁偏角。此外，由於地球爲球形，磁針爲了指向地磁的 S 極，故磁針 N 極指向的方向並非水平，而是與水平面夾有一角度，我們將 N 極指向方向與水平面的夾角稱爲磁傾角。北半球的磁針 N 極向下傾斜，南半球則是向上仰，在赤道區域則是接近水平，在南北兩極則接近垂直。不同緯度的磁偏角與磁傾角各有不同，爲辨識所在位置的絕佳工具，具有磁偏角的海圖是航海人員重要的資料。在台北的磁偏角約爲 4.9 度偏西，磁傾角則約爲 37.3 度。

思考問題

現代醫療科技有許多器材可以呈現人體組織的狀況，協助醫師診斷病情，核磁共振攝影(MRI)就是一種常見的工具。請問其原理爲何？

地球磁場的強度會隨著時間和區域的不同而有變化，依據過去古地磁學的研究發現，地球磁極會有反轉的現象，大約數十萬年到數百萬年會發生一次，每次反轉過程需要數千年到數萬年的時間之間。在過去 7600 萬年，地球磁場已經反轉約 171 次，目前地球磁場方向已經維持約 70 萬年，磁場大小正逐漸減小當中。

地球的磁場能保護人類免於受到宇宙輻射的傷害，且地磁能將宇宙中的帶電粒子引向南北兩極，再進入大氣層，與大氣中的氣體碰撞，產生離子而發射出不同顏色的光波，形成極光，如圖 13-7 所示。候鳥能夠辨識方向，準確的在遙遠兩地之間往返，也是靠地球磁場的引導。因此，沒有了地球磁場，地球喪失保護功能，生物將會受到許多來自外太空致命的宇宙輻射傷害，電子儀器也會受到輻射的干擾，因而損壞無法使用。候鳥也將無法遷移，維持一貫的生活週期，影響其繁殖以及撫育後代。甚至有些科學家預測，古文明消失的原因，就是因爲地磁的翻轉所造成的。

圖 13-7　極光

13-2 電流的磁效應

思考問題

日常生活中，應用電與磁之間的轉變，可以讓生活更加便利。想想看，手機內的哪些元件，是利用這種原理製作而成的？

西元 1820 年，丹麥科學家厄斯特（Hans Christian Oersted，1777-1851）在上課時意外發現，將磁針放在通過電流的導線附近，會使磁針產生偏轉。再經其反覆實驗，證實了不論導線爲哪種形狀，只要有電流通過，就能在導線附近產生磁場，這項發現讓原本互不相關的電流與磁場有了新的關聯，也使得在這之後的科學家對這進行深入的研究，開啓了現在電磁學的發展與應用。

在這之後，法國物理學家必歐（Jean Baptiste Biot，1774-1862）與沙伐（Felix Savart，1791-1841）建立了帶電流的極小段導線附近，產生的磁場大小之數學公式，安培也推導出導線中電流與磁場強度的關係，並且重複厄斯特的實驗，進而找出電流方向與周邊空間磁場方向間的關係。

13-2.1 安培右手定則

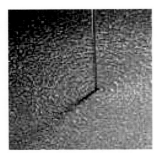

圖 13-8　載流長直導線所產生的磁場

依照實驗觀察，載流長直導線所產生的磁場，其磁力線分布是一圈圈環繞著導線的同心圓，如圖 13-8 所示，越靠近導線，磁力線越密集，這代表越靠近導線的磁場強度越大。當改變電流方向時，可發現羅盤指針 N 極的方向，也改變了方向，代表磁場方向與電流方向有關。當電流由上往下流時，羅盤 N 極方向爲順時針方向；電流由下往上流時，羅盤 N 極方向爲逆時針方向。

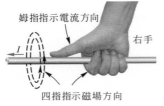

姆指指示電流方向
右手
四指指示磁場方向

圖 13-9　安培右手定則

辨識磁場的方向或磁針 N 極的方向，可以用安培右手定則（Ampere's right-hand rule）來判斷，以右手虛握載流的長直導線，以豎起的大拇指指向電流的方向，握拳而環繞導線的其餘四指所彎曲的方向即表示電流產生的磁場的方向，如圖 13-9 所示。

將導線繞成圓形後，通上電流後，所產生的磁場方向也可以用安培右手定則來決定，以右手四隻手指沿著電流繞圓形導線的方向彎曲，代表電流的方向，此時豎起的拇指所指的方向就是圓形導線中央的磁場方向，即爲 N 極的方向。

13-2.2 必歐－沙伐定律

由於電流會在空間中產生磁場，而電流在空間中任一點所產生之磁場的分布定律，是由必歐與沙伐兩位科學家所建立的。他們由實驗得

到長直導線周圍的磁場、電流及距離間的關係，並發展出一小段電流在空間所造成的磁場關係式，此關係式稱為必歐－沙伐定律（**Biot-Savart law**）。

如圖 13-10 所示，假設一小段導線長 ΔL，通過的電流為 i，則此電流會於空間中建立磁場。若 P 點與導線的距離為 $\vec{r}$，以導線 ΔL 方向延伸一軸線，此軸線即為電流之方向，ΔL 與 $\vec{r}$ 之間的夾角為 θ。圖上之 OP 平面垂直此軸線，依照安培右手定則，P 點的磁場方向為：OP 平面上，以 O 為圓心且通過 P 點的圓形，在 P 點上的切線方向。經實驗後發現，此導線上的電流在 P 點所產生的磁場 $\Delta\vec{B}$ 為

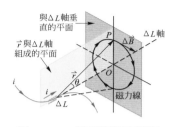

圖 13-10　帶電導線之磁場

$$\Delta B = \frac{\mu_0}{4\pi}\frac{i\Delta L\sin\theta}{r^2} \tag{13-1}$$

磁場 ΔB 的方向垂直於 $\vec{r}$ 與 i 的方向，磁場的 SI 單位為特斯拉（tesla），可記為 T；μ_0 為一常數，稱為真空中的磁導率（permeability），其值為 $4\pi\times10^{-7}$ 特斯拉－公尺／安培。

13-3　載流導線的磁場

一、長直導線

若有一條長直導線，導線上的電流為 i 時，則在與導線垂直距離為 a 的一點，其磁場大小可利用必歐－沙伐定律，以微積分為計算工具求出，如圖 13-11 所示，其值為

$$B = \frac{\mu_0 i}{2\pi a} \tag{13-2}$$

由上式可知，長直導線產生的磁場與導線上的電流大小成正比，而與導線的垂直距離成反比。磁場方向為以導線為中心的同心圓，各點的方向由安培右手定則來判斷。

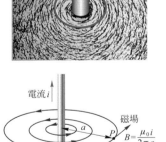

圖 13-11　載電流 i 的長直導線

二、圓形線圈

若將導線圍成一圓形線圈，同樣會於圓形線圈附近形成磁場。在線圈中央處，導線各小截所產生的磁場方向，都為垂直圓形線圈平面，沿

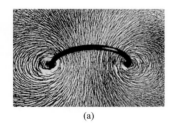

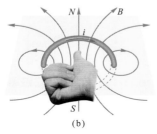

圖 13-12 (a) 載流圓形導線所產生的磁場，其電力線的分布圖。(b) 以右手定則判定磁場的方向。

著圓心軸的方向，故會使線圈內部的磁場強度累加，其強度會大於線圈外的磁場。圓形線圈所產生的磁力線分布，相當於一塊小磁鐵。

將鐵粉灑在線圈附近，可觀察到磁場的磁力線分布，如圖 13-12(a) 所示。13-12(b) 為應用安培右手定則來判斷電流與磁場方向的示意圖，四指彎曲代表電流方向，拇指則是指向磁場的方向，可視為 N 極。

假設此圓形線圈半徑為 r，導線上的電流為 i 時，則圓心處所產生的磁場大小為

$$B = \frac{\mu_0 i}{2r} \tag{13-3}$$

若線圈不止單獨一圈，而為許多圈時，假設有 N 匝時，圓心處之磁場大小為

$$B = \frac{\mu_0 N i}{2r} \tag{13-4}$$

由上式可知，圓形線圈圓心處的磁場與導線上的電流大小成正比，而與圓形半徑大小成反比。

三、螺線管

將一長導線均勻纏繞成圓柱形的線圈，就稱為**螺線管**（solenoid），螺線管可視為數圈圓形線圈疊合在一起的情形。由於每一匝導線電流的環繞方向相同，所產生的磁場方向也相同，使得螺線管中央的磁場強度甚強，較管外磁場大的多。螺線管內的磁力線是沿著平行軸線的方向均勻分布，磁場強度為各匝線圈的磁場總和，可視為均勻磁場，故可將螺線管視為一棒狀磁鐵，一端為 N 極，另一端為 S 極。

將鐵粉灑在線圈附近，可觀察到磁場的磁力線分布，如圖 13-13(a) 所示。圖 13-13(b) 為相對應的磁力線分布圖。利用安培右手定則判斷磁場方向，四指彎曲代表電流方向，拇指則是指向磁場的方向，可視為 N 極。

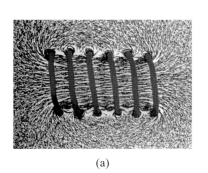
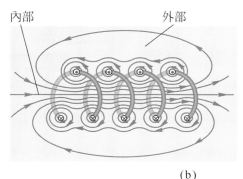

(a) 　　　　　　　　　　　　　(b)

圖 13-13　**螺線管線圈的內外所產生的磁場，與其磁力線的分布。**

　　假設螺線管長度為 L，管上線圈共有 N 匝，當線圈通以電流 i 時，此時螺線管內的磁場為

$$B = \frac{\mu_0 Ni}{L} = \mu_0 ni \qquad (13\text{-}5)$$

上式中 $n = \dfrac{N}{L}$，為每單位長度所含的線圈匝數。

　　因此，螺線管的磁場強度除了與通過的電流大小成正比外，也與單位長度所繞的線圈匝數成正比。也就是說，要讓螺線管的磁場加強，除了增強電流外，在繞線圈時，要繞的更緊密與更多層。此外，在螺線管中央插入一軟鐵棒，或是直接將線圈繞於鐵棒上，也可使磁場增強。這是因為螺線管通上電流後，其中央的軟鐵棒會被線圈產生的磁場磁化，形成磁鐵，就能使磁場大為增強，即形成**電磁鐵**（electromagnet），如圖 13-14 所示。電磁鐵的磁性僅在有電流流通時存在，當中斷電流後，磁性立即消失，屬於暫時磁鐵。

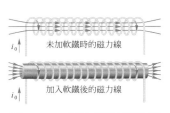

圖 13-14　**加入軟鐵前後磁力線的比較**

　　由於電磁鐵所產生的磁性甚強，且可藉由控制電流的強度與方向，改變磁場的強度與方向，因此常常運用於日常生活當中。除了上述之條形電磁鐵外，也會將線圈纏繞成馬蹄鐵狀，以利於應用。鋼鐵廠或碼頭貨櫃裝運區的起重機，電鈴、電話，都是利用電磁鐵的特性加以運用的。此外，將電磁鐵與永久磁鐵相互組合，可製成電動馬達或電動機（electric motor），其實用性更為廣泛。

例題 1

長直導線中通以 40 安培的電流，則距離導線 20 公分處的磁場大小為何？（忽略地磁）

答：依照（13-2）式，$B = \dfrac{\mu_0 i}{2\pi a}$

$B = \dfrac{4\pi \times 10^{-7} \times 40}{2\pi \times 0.2} = 4 \times 10^{-5}$（特斯拉）

　$= 0.4$（高斯）

類題 1

承上題，假設此導線垂直地面，電流由下而上，則導線東方 10 公分處的磁場大小與方向為何？

例題 2

米棋與至佑分別纏繞一螺線管，米棋在 20 公分的螺線管上繞了 4000 匝，至佑則在 30 公分的螺線管上繞了 5000 匝，兩螺線管皆通入 20 安培的電流，求那一個人螺線管內的磁場較大？

答：依照（13-2）式，

螺線管內的磁場 $B = \dfrac{\mu_0 N i}{L} = \mu_0 n i$

米棋的螺線管磁場為

$B = \dfrac{4\pi \times 10^{-7} \times 4000 \times 20}{0.2}$

　$= 16\pi \times 10^{-2} \cong 0.5$（T）

至佑的螺線管磁場為

$B = \dfrac{4\pi \times 10^{-7} \times 5000 \times 20}{0.3}$

　$= \dfrac{4}{3}\pi \times 10^{-1} \cong 0.42$（T）

而 $0.5 > 0.42$，米棋的螺線管內的磁場較大

類題 2

將導線緊密纏繞 50 圈成一圓形線圈，半徑為 4 公分，以 10 安培電流流入，求圓心處的磁場大小？

13-4 載流導線在磁場中所受的力

　　從厄斯特的實驗發現，載流導線旁的磁針會受到電流的影響而偏轉，即磁針受到電流的作用力，那麼電流是否有會受到磁場的作用呢？依照牛頓第三運動推理，這應該是必然的現象，也就是磁場會對電流或是在磁場中運動的電荷產生作用力，本節將說明這個現象的性質。

13-4.1　載流導線在磁場中所受的力

如圖 13-15 所示，以電池、電阻、導線、開關與馬蹄形磁鐵組成一實驗裝置，磁鐵的 N 極在下，有一段導線位於磁鐵的 N、S 極之間，且此段導線可以自由擺動。當電路為通路時，N、S 極間導線的電流方向為由外向內側，則此時會發覺導線向右移動，這表示導線受到方向向右的外力影響。

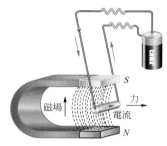

根據實驗歸納，此外力是因為導線中的電流與磁鐵之磁力所形成，方向垂直於電流及磁場。以導線的移動程度可知：導線在磁場中的受力大小，與電流與導線長度成正比，也與垂直於電流方向的磁場分量成正比。

圖 13-15　載流導線於磁場內的受力

因此，在一均勻磁場 B 中，長度為 L 的導線上之電流為 I，導線電流方向與磁場方向之夾角為 θ，則此導線所受的磁力大小為

$$F = ILB_{\perp} = ILB \sin\theta \qquad\qquad (13\text{-}6)$$

外力的方向可以右手開掌定則找出，其方法為：將右手掌打開，拇指伸直，以拇指指向電流方向，四指指向磁場方向，掌心所在平面的法線方向即為所受磁力的方向，如圖 13-16 所示。因此，當磁場與電流相互垂直時，θ 為 90° 時有最大值 F = ILB；當磁場與電流同向或反向時，夾角 θ 為 0° 或 180° 時有最小值 F = 0。

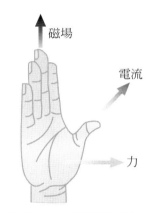

圖 13-16　右手開掌定則

為何載流導線在磁場中會受力呢？我們可用磁力線的性質來解釋磁力的產生。法拉第認為磁力線有彈性，且由於磁力線會互相排斥，故導線會被推向磁力線密度較小的區域。如圖 13-17 所示，圖 13-17(a)(b) 分別為均勻磁場與由紙面垂直流出的載流導線之磁力線圖，在導線上方兩者的磁力線方向相反，故磁場相互抵銷而減弱，磁力線密度變小，如圖 13-17(c) 所示；在導線下方兩者的磁力線方向相同，故磁場相互累加而增強，磁力線密度變大，如圖 13-17(d) 所示。因此，導線會被推向磁力線密度較小的上方，磁力的方向為向上，如圖 13-17(e) 所示。

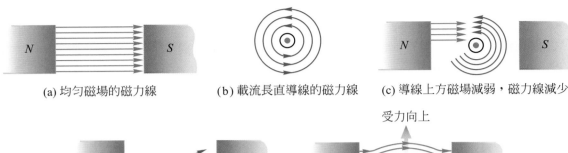

(a) 均勻磁場的磁力線　　(b) 載流長直導線的磁力線　　(c) 導線上方磁場減弱，磁力線減少

受力向上

(d) 導線下方磁場增強，磁力線增加　　(e) 導線被推向磁力線密度小的方向

圖 13-17　載流導線在磁場中受磁力的原因

13-4.2　兩平行之載流導線

(a) 平行同向的電流

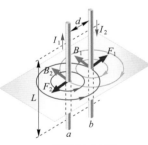
(b) 平行反向的電流

圖 13-18　兩平行載流導線的磁力作用

　　由於載流導線會在其附近空間形成磁場，而磁場內的載流導線會受到磁力作用，因此，將兩條載流導線平行放置時，兩載流導線個別形成的磁場，必會影響另一條導線，使其受到磁力作用。經實驗發現，當兩載流導線上的電流方向相同時，兩導線會互相吸引；當兩載流導線上的電流方向相反時，兩導線會互相排斥，如圖 13-18 所示。

　　此現象可用磁力線的性質來解釋，如圖 13-19 所示。(a) 為當兩載流導線電流方向相同時，兩導線間的磁場方向相反，因而互相抵銷使磁力線減少；而兩導線外側的磁場方向則是相同，磁場加強使磁力線增加。這會造成導線兩側的磁力線密度大於導線之間的磁力線密度，兩導線皆會受到向中間靠近的磁力，因此兩導線會互相吸引。反之，(b) 為當兩載流導線電流方向相反時，兩導線間的磁場方向相同使磁力線增加，兩導線外側的磁場方向相反使磁力線減少，這使得導線兩側的磁力線密度小於導線之間的磁力線密度，兩導線會受到往兩側遠離的磁力，兩導線會互相排斥。

　　1852 年，安培藉由實驗測量與分析，找出兩平行之載流導線間作用力的關係。假設兩平行之載流導線 a、b 上的電流分別為 I_1、I_2，導線間的距離為 d，長度均為 L，則導線 a 在導線 b 處所產的磁場 B_1 為

$$B_1 = \frac{\mu_0 I_1}{2\pi d}$$

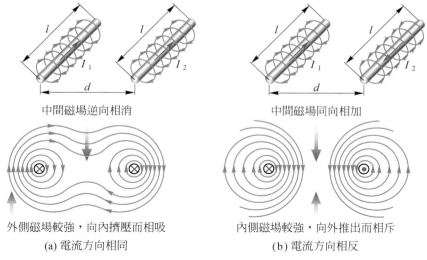

中間磁場逆向相消   中間磁場同向相加

外側磁場較強，向內擠壓而相吸   內側磁場較強，向外推出而相斥

(a) 電流方向相同   (b) 電流方向相反

圖 13-19　兩平行載流導線受磁力的原因

代入（13-6）式就可求出導線 b 受到導線 a 產生磁場的作用力 F_2 為

$$F_2 = I_2 L B_1 = I_2 L \frac{\mu_0 I_1}{2\pi d} \tag{13-7}$$

同理，導線 b 在導線 a 處所產的磁場 B_2 為

$$B_2 = \frac{\mu_0 I_2}{2\pi d}$$

代入（13-6）式就可求出導線 a 受到導線 b 產生磁場的作用力 F_1，

$$F_1 = I_1 L B_2 = I_1 L \frac{\mu_0 I_2}{2\pi d} \tag{13-8}$$

　　將（13-7）、（13-8）兩式整理後，可發現兩力大小相同，依照安培右手定則判斷，此兩力方向相反。當電流同向時，導線互相吸引；當電流反向時，導線互相排斥。兩導線間的作用力為

$$F = \frac{\mu_0}{2\pi} \frac{I_1 I_2}{d} L \tag{13-9}$$

則兩平行之載流導線間，每單位長度所受的磁力大小為

$$\frac{F}{L} = \frac{\mu_0}{2\pi}\frac{I_1 I_2}{d} \tag{13-10}$$

（13-10）式可用來定義電流的基本單位－安培。當兩平行之無限長載流導線相距 1 公尺，通以相同電流並使導線每公尺受力為 2×10^{-7} 牛頓時，此時導線上的電流值為 1 安培。

例題 3

載流直導線長 40 公分，通以電流 30 安培。將此導線置於 1.5 特斯拉的均勻磁場上，導線與磁場方向夾 30° 角，求此導線於磁場內所受之力？

答：依照（13-6）式，磁力大小 $F = ILB\sin\theta$

故 $F = 30\times0.4\times1.5\times\sin30° = 9$（N）

力的方向垂直導線與磁場方向。

類題 3

兩無限長的細長直導線相互平行，其距離為 20 公分，若兩導線互相排斥，且導線間每單位長度的作用力大小為 4×10^{-4} 牛頓，若兩導線上的電流值相等，求此電流值大小與方向？

13-5　電動機與檢流計

13-5.1　載流線圈在磁場中所受的力矩

將一條導線彎成一個封閉的矩形，並將其放置在均勻磁場中，如圖 13-20 所示，均勻磁場的大小為 B，矩形線圈上的電流為 I，矩形的平面與磁場方向平行，線圈的長寬分別為 b 與 a，以右手定則判斷線圈各邊受磁力作用的方向，可發現到：$\overline{PS}$ 與 $\overline{QR}$ 兩邊所受的磁力為零，而 $\overline{PQ}$ 與 $\overline{RS}$ 兩邊所受的磁力大小相等，方向相反。故可知：此矩形線圈所受磁力的合力為零，但是其合力矩並不為零。線圈受此力矩作用而以 $\overline{OO'}$ 為轉軸來轉動，如圖 13-20(b)，當線圈轉動成圖 13-20(c) 的情形時，此時線圈面的面積向量 $\vec{A}$ 與磁場方向 $\vec{B}$ 的夾角為 θ，此時 $\overline{PQ}$ 與 $\overline{RS}$ 兩邊所受的磁力大小為

$$F_1 = F_2 = IbB$$

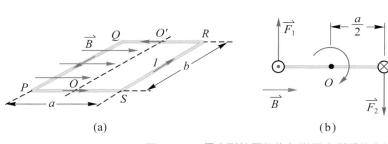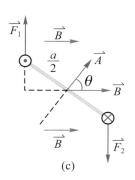

圖 13-20　長方形線圈於均勻磁場中所受的力矩

而兩邊到轉軸 $\overline{OO'}$ 的垂直距離（力臂）為 $\dfrac{a}{2}\sin\theta$，且兩磁力對轉軸 $\overline{OO'}$ 所產生的力矩方向相同。矩形線圈所受的總力矩為

$$\tau = 2 \times F_1 \times (\frac{a}{2}\sin\theta) = 2 \times IbB \times (\frac{a}{2}\sin\theta) = IabB\sin\theta$$

上式中，ab 為線圈的面積 A，與線圈的形狀無關，可適用於各種形狀的線圈在均勻磁場中所產生的力矩。若同時有 N 匝線圈於磁場內，上式可改寫為

$$\tau = NIBA\sin\theta \qquad\qquad\qquad （13\text{-}11）$$

因此，當線圈面與磁場垂直（$\theta = 0°$）時，磁力矩為零；而當兩者平行（$\theta = 90°$）時，磁力矩最大。

在日常生活中，載流線圈在磁場中受到力矩而轉動的現象，被應用在許多物體上。電動機（electric motor，俗稱馬達）、檢流計（galvanometer）等，都是依據此原理而製成的。

13-5.2　電動機

電動機為可將電能轉換成力學能的裝置，其構造如圖 13-21 所示，主要元件包含：

1. 電樞：可轉動的線圈。
2. 場磁鐵：提供穩定的均勻磁場。

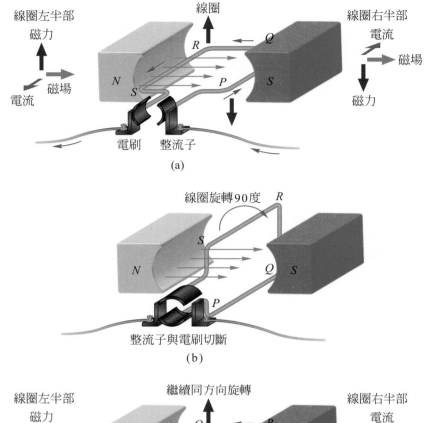

線圈左半部 磁力 磁場 電流

線圈 R Q

線圈右半部 電流 磁場 磁力

N S P S

電刷 整流子

(a)

線圈旋轉90度 R

S Q S

N

P

整流子與電刷切斷

(b)

線圈左半部 磁力 磁場 電流

繼續同方向旋轉 Q R

線圈右半部 電流 磁場 磁力

N P S

S

(c)

圖 13-21 將通有電流的矩形線圈 *PQRS* 置於磁場中,受到力矩的示意圖。

3. 整流子:兩個不相連的半圓環金屬片,隨線圈轉動,又稱爲換向器、或集電環。

4. 電刷:固定不動,用以連接外部電源與整流子的電極。

　　電樞置於固定磁場中,當線圈通上直流電時,線圈受力矩作用而產生轉動。當線圈面與磁場方向平行時,如圖 13-21(a) 所示,此時的力矩最大。線圈面由平行磁場轉至垂直磁場方向的過程中,磁力矩逐漸減小;當線圈面與磁場垂直時,如圖 13-21(b) 所示,電刷與整流子接觸中斷,此時瞬間,線圈上並無電流,磁力矩爲零,但線圈因爲慣性作用而不會

立即停止，仍朝原方向轉動。當電刷與整流子再度接觸時如圖 13-21(c) 所示，兩半圓環的正負極會變換，線圈中的電流方向因而轉變，而使線圈以同方向繼續轉動。

在線圈轉動 180° 時，若線圈上的電流方向保持不變，則圈面的電流方向與磁場的相對方向會與原本的方向相反，使線圈所受到反方向的力矩，使轉動無法持續而停止。整流子的目的就是為了防止此情形產生，整流子隨著線圈轉動，每轉動 180° 就會與不同的電刷接觸，以改變電流的方向，使線圈受到的力矩方向固定，而能持續轉動，如圖 13-22 所示。

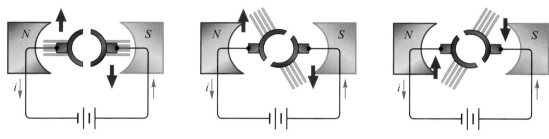

圖 13-22 電樞轉動時，力矩與整流子間的關係示意圖。

利用電動機接上一些機械裝置，就可將電能轉換成力學能對外輸出，對現代社會而言，是一個十分重要的裝置。

13-5.3 檢流計

檢流計也是利用載流線圈在磁場中受力，產生力矩而轉動的原理所製成的，為一種測量電流的儀器，電路上以 Ⓖ 表示。

將線圈纏繞在一圓柱形的鐵心外側，線圈上連接指針與渦型彈簧，上述元件置於永久磁鐵的兩極之間，如圖 13-23 所示。鐵心與永久磁鐵做成圓柱形的目的，是為了讓兩者之間的磁場能沿鐵心的半徑方向均勻分布。當線圈上的電流為零時，調整彈簧始指針對準刻度為零之處；通上電流時，線圈受到磁力矩作用而轉動，使渦型彈簧產生扭轉形變，而有恢復力產生，並產生相反方向的力矩，當兩力矩大小相等時，線圈就不再轉動。

因此，電流越大，磁力矩越大，轉動的角度就會越大，電流與轉動角度成正比。利用此性質就可測量電流大小，若要增加檢流計的精確值，可將其指針增長。

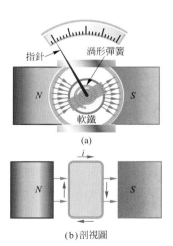

圖 13-23 檢流計的重要元件示意圖

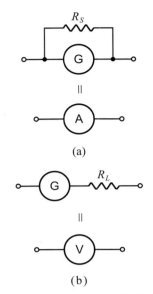

圖 13-24　安培計、伏特計
與檢流計的關係 R_S：低電阻
R_L：高電阻

　　由於檢流計上線圈的導線很細，通以大電流時容易燒燬，故只能測量小電流。我們常會藉由簡單的電路改裝，增加其實用性，其方法為：

1. 將檢流計並聯一低電阻，稱為安培計（**ammeter**），電路上以 Ⓐ 表示，測量時須與電路串聯。如此一來，電路上多數電流會分流至低電阻，僅一小部份流過檢流計，就可測量較大的電流值。

2. 將檢流計串聯一高電阻，稱為伏特計（**voltmeter**），電路上以 Ⓥ 表示，測量時須與電路並聯。如此一來，伏特計的電阻甚大，電路上多數電流會分流至待測電路，僅一小部份流過檢流計，再配合適當的刻度面，就可讀出測量的電壓值，如圖 13-24 所示。

13-1　磁場與磁力線

1. 當磁鐵靜止時，兩端會指向地球的南北兩方。指向北方的稱為指北極，簡稱為北極或 N 極；指向南方的稱為指南極，簡稱為南極或 S 極。

2. 磁極必定成對出現。

3. 要讓磁鐵的磁性消失的方法包含

    (1) 加熱使其溫度升高。

    (2) 猛力敲打。

    (3) 以另一磁性大的磁鐵以任意方向摩擦。

4. 磁力所能影響的空間稱為磁場。

5. 磁力線是一條封閉的光滑曲線，彼此間不會相交。觀念如下：

    (1) 在磁棒外部，由 N 極出發後回到 S 極；在磁棒內部，則由 S 極指向 N 極。

    (2) 磁力線是一條封閉的光滑曲線，彼此間不會相交。

    (3) 磁力線會互相排斥。

    (4) 磁力線的切線方向代表該點的磁場方向。

    (5) 磁力線密度與磁場強度成正比。

13-2　電流的磁效應

1. 安培右手定則：以右手虛握載流的長直導線，以豎起的大拇指指向電流的方向，握拳而環繞導線的其餘四指所彎曲的方向即表示電流產生的磁場方向。

2. 必歐–沙伐定律 $\Delta B = \dfrac{\mu_0}{4\pi}\dfrac{i\Delta L\sin\theta}{r^2}$。磁場 ΔB 的方向垂直於 $\vec{r}$ 與 i 的方向，磁場的 SI 單位為特斯拉（tesla），可記為 T；μ_0 為一常數，稱為真空中的磁導率，其值為 $4\pi\times10^{-7}$ 特斯拉－公尺／安培。

13-3　載流導線的磁場

1. 長直導線產生的磁場與導線上的電流大小成正比，而與導線的垂直距離成反比，其公式為

    $B = \dfrac{\mu_0 i}{2\pi a}$。

2. 圓形線圈圓心處的磁場與導線上的電流大小成正比，而與圓形半徑大小成反比，其公式為

    $B = \dfrac{\mu_0 i}{2r}$。

3. 螺線管的磁場強度除了與通過的電流大小成正比外，也與單位長度所繞的線圈匝數成正比，其
   公式為 $B = \dfrac{\mu_0 Ni}{L} = \mu_0 ni$ 。

13-4　載流導線在磁場中所受的力

1. 導線在磁場中的受力大小，與電流與導線長度成正比，也與垂直於電流方向的磁場分量成正
   比。

2. 在一均勻磁場 B 中，長度為 L 的導線上之電流為 I，導線電流方向與磁場方向之夾角為 θ，則
   此導線所受的磁力大小為 $F = ILB_\perp = ILB \sin\theta$。

3. 外力的方向可以用右手開掌定則找出，其方法為：將右手掌打開，拇指伸直，以拇指指向電流
   方向，四指指向磁場方向，掌心所在平面的法線方向即為所受磁力的方向。

4. 當兩載流導線上的電流方向相同時，兩導線會互相吸引；當兩載流導線上的電流方向相反時，
   兩導線會互相排斥。

5. 兩平行之載流導線間，每單位長度所受的磁力大小為 $\dfrac{F}{L} = \dfrac{\mu_0}{2\pi} \dfrac{I_1 I_2}{d}$ 。

13-5　電動機與檢流計

1. N 匝線圈於磁場內所受的磁力矩 $\tau = NIBA \sin\theta$。

2. 電動機為可將電能轉換成力學能的裝置，主要元件包含：

   (1) 電樞：可轉動的線圈。

   (2) 場磁鐵：提供穩定的均勻磁場。

   (3) 整流子：兩個不相連的半圓環金屬片，隨線圈轉動，又稱為換向器、或集電環。

   (4) 電刷：固定不動，用以連接外部電源與整流子的電極。

3. 檢流計也是利用載流線圈在磁場中受力產生力矩而轉動的原理所製成的，為一種測量電流的儀
   器，電路上以 Ⓖ 表示。

4. 將檢流計並聯一低電阻，稱為安培計（ammeter），電路上以 Ⓐ 表示，測量時須與電路串聯。

5. 將檢流計串聯一高電阻，稱為伏特計（voltmeter），電路上以 Ⓥ 表示，測量時須與電路並聯。

習 題

一、選擇題

(　　) 1. 下列有關磁力線的各項敘述，何者是<u>錯誤</u>的？　(A) 磁力線上任一點的切線方向是電荷在該點所受磁力的方向　(B) 磁力線在磁鐵內部的方向是從 *S* 極指向 *N* 極　(C) 磁力線的疏密程度代表磁場強度的強弱；磁力線愈密，磁場強度愈強　(D) 磁力線是封閉的平滑曲線，任何兩磁力線絕不相交。

(　　) 2. 下列各選項條形磁鐵的磁力線，何者是正確的？

(　　) 3. 將磁針置於電流由北向南之導線的正上方，則磁針的 *N* 極將偏向　(A) 東　(B) 西　(C) 南　(D) 北。

(　　) 4. 若電流以由桌面垂直向上穿出的方向流動，則在桌面上觀察其產生的磁場方向為　(A) 與電流同方向　(B) 與電流反方向　(C) 順時針方向　(D) 逆時針方向。

(　　) 5. 有一導線 *L* 長為 0.5 公尺；電流 *I* 為 10 安培，若此導線與一強度 *B* 為 0.8 特斯拉之磁場夾 30 度角，試問此導線所受之力大小為何？　(A) 16　(B) 8　(C) 4　(D) 2　牛頓。

(　　) 6. 二條長直導線互相平行，分別流過 4 安培及 2 安培的電流，若兩導線相距 4 公分，則互相作用的磁力大小為每公尺　(A)1.2×10^{-5}　(B)4.0×10^{-5}　(C)5.6×10^{-5}　(D)8.0×10^{-5}　牛頓。

(　　) 7. 電動機的哪一部分是由電磁鐵所組成的？　(A) 電刷　(B) 整流器　(C) 電樞　(D) 場磁鐵。

(　　) 8. 有一螺線管的長度為 20 公分，均勻纏繞線圈 10000 匝，線圈內通電流 4 安培，螺線管截面半徑為 3 公分，請問螺線管內的磁場強度為多少特斯拉？　(A) 0.25　(B) 0.125　(C) 0.005　(D) 0.00215。

二、填充題

1. 在矩形導線旁，放置一長直導線，二者均通以電流 I，電流方向如右圖所示，則整個矩形線圈受磁力的方向為_____。

2. 將長 2 公尺之導線置於一磁場強度為 0.8 特斯拉之均勻磁場中，導線上載有 10 安培之電流，求

    (1) 導線與磁場垂直時，作用於導線上之磁力大小為_____。

    (2) 導線與磁場夾 45° 角時，作用於導線上之磁力大小為_____。

    (3) 導線與磁場平行時，作用於導線上之磁力大小為_____。

3. 有一長直導線，載有 20 安培的電流，則在距離直導線 4 公尺處，其磁場大小為_____特斯拉。

4. 有一纏繞 5 匝的圓形線圈通有 8 安培的電流，線圈的半徑為 10 公分，求其圓心的磁場為_____特斯拉。

5. 安培計為電流計內部_____聯一個_____電阻，使用時與待測電路_____聯；伏特計為電流計內部_____聯一個_____電阻，使用時與待測電路_____聯。

電磁感應

自從 1820 年，<u>厄斯特</u>發現了電流的磁效應，<u>必歐</u>、<u>沙伐</u>與安培陸續發現有關電流產生磁場的相關理論，顯示電與磁的關聯性。這使得當時的物理學家聯想到另一個相反的現象：利用磁場是否也可以產生電流？我們將在本章討論這個問題。

14-1 法拉第電磁感應定律與感應電動勢

在 1831 年，<u>英國物理學家法拉第</u>從實驗中發現了磁生電的現象，驗證了科學家的猜測。現由下列實驗來說明。

一、磁棒與線圈間有相對運動時

如圖 14-1(a) 所示，線圈上接上一檢流計，取一磁鐵由上方靠近線圈，發現檢流計的指針產生偏轉，這顯示線圈上有電流產生。將磁鐵置於線圈中不動時，指針歸零，這顯示線圈上沒有電流。將磁鐵往上抽出，檢流計的指針也會產生偏轉，但與磁鐵靠近線圈時的偏轉方向相反，這顯示線圈上也有電流產生，但其方向與磁鐵靠近時的電流方向相反。

如圖 14-1(b) 所示，改由磁棒固定而移動線圈來靠近或遠離磁棒時，也會有產生電流的現象產生。實驗中也可發現：當磁棒與線圈間的相對運動速度越快時，產生的電流也會越大。

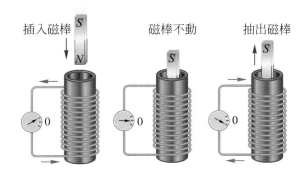

(a) 磁棒移動產生感應電流

圖 14-1 磁棒與線圈有相對運動時會產生感應電流

(b) 線圈移動產生感應電流

圖 14-1　磁棒與線圈有相對運動時會產生感應電流（續）

二、磁場改變時

　　兩線圈相向而立，左線圈接上檢流計測量是否有電流產生，且電路上沒有電源，檢流計指針指向中央零點處；右線圈接上電池、電阻與開關。按下開關前，右側線圈電路為斷路，電路上沒有電流通過而產生磁場，故左側線圈也無磁場通過。按下開關後，右側線圈形成通路而產生磁場，此時左側線圈電路上的檢流計指針瞬間偏轉，顯示有電流產生；待右側線圈電流穩定後，左側電路上的電流就會消失。在切斷開關時，右側線圈因電流消失而使產生的磁場消失，此時左側線圈上的檢流計指針瞬間會偏轉到另一邊，然後又回到中央零點處，這也顯示出瞬間有電流的產生，如圖 14-2 所示。

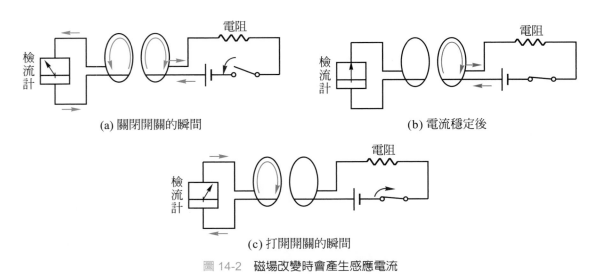

(a) 關閉開關的瞬間　　　　　　　　　　　(b) 電流穩定後

(c) 打開開關的瞬間

圖 14-2　磁場改變時會產生感應電流

　　由圖 14-1 可發現：當磁棒與線圈間有相對運動時，線圈會感應出電流。由圖 14-2 可發現：當封閉線圈內的磁場有所變化時，線圈會感

應出電流。法拉第以磁力線模型來說明實驗的結果，當封閉線圈內的磁力線數目改變時，即磁場大小有所變化，線圈的導線就會產生電流，此現象稱為電磁感應（**electromagnetic induction**），所生成的電流稱為感應電流（**induced current**）。

　　磁場的強度 B 可用磁力線的密度來表示，故可將磁場強度稱為磁通量密度（**magnetic flux density**），而通過線圈的磁力線數目以磁通量（**magnetic flux**）表示，可寫為 Φ。當均勻磁場 B 與線圈面垂直時，Φ 定義為磁場的強度 B 與線圈面積 A 的乘積，即

$$\Phi = BA \qquad\qquad (14\text{-}1)$$

　　磁通量的單位為韋伯（weber），以 Wb 表示，1 韋伯等於 1 特斯拉－公尺 ^{2}（$1\text{Wb} = 1\text{T-m}^2$）。

　　若均勻磁場 B 與線圈面並不垂直，磁場與線圈面的法線有一夾角 θ 時，如圖 14-3 所示，通過線圈面的磁通量為

$$\Phi = BA\cos\theta \qquad\qquad (14\text{-}2)$$

　　當通過線圈面的磁通量隨著時間產生變化時，線圈就會產生感應電流，這表示線圈內會產生一感應電動勢（**induced electromotive force**），以驅使線圈上的電荷移動產生電流。當磁通量變化越大時，感應電流越大，故感應電動勢也越大，感應電動勢 ε 會正比於磁通量的時變率 $\dfrac{\Delta\Phi}{\Delta t}$，即

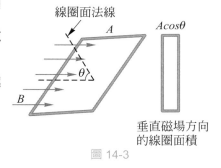

線圈面法線

$A\cos\theta$

垂直磁場方向的線圈面積

圖 14-3

$$\varepsilon = -\frac{\Delta\Phi}{\Delta t} \qquad\qquad (14\text{-}3)$$

　　如果線圈有 N 匝時，由於通過每一匝線圈的磁通量變化大小方向都相同，（14-3）式可改寫為

$$\varepsilon = -\frac{N\Delta\Phi}{\Delta t} \qquad\qquad (14\text{-}4)$$

上式中，感應電動勢的單位為伏特（V），負號是為了標示出感應電動勢的方向，將會於下節說明。由上式可知，感應電動勢的量值等於通過線圈面的磁通量的時變率，此式稱為法拉第電磁感應定律（Faraday's law of induction）。

例題 1

有一 300 匝之線圈置於一垂直磁場中，其面積為線圈電路的電阻為 20Ω，其截面積為 8×10^{-2} 平方公尺，當磁場大小為 5×10^{-1} 特斯拉時，

(1) 求此時線圈的磁通量？

(2) 若磁場在 0.06 秒內均勻地變為零，求其感應電動勢大小？

(3) 感應電流大小？

答：

(1) 依照（14-2）式，線圈的磁通量為

$\Phi = BA\cos\theta$，可知

$\Phi = (5\times10^{-1})\times(8\times10^{-2})\cos 0°$

$\quad = 4\times10^{-2}$（Wb）

(2) 依照（14-4）式，感應電動勢為

$\varepsilon = -\dfrac{N\Delta\Phi}{\Delta t}$，可知

$\varepsilon = -\dfrac{300\times(0-4\times10^{-2})}{0.06} = 200$（V）

(3) 代入 $V = IR$，感應電流為

$I = \dfrac{V}{R} = \dfrac{200}{20} = 10$（A）

類題 1

線圈繞有 30 匝，其截面積為 0.2 平方公尺，將線圈置於磁場中，線圈面法線與磁場夾 60° 角，當磁場大小為 0.6 特斯拉時，

(1) 求此時線圈的磁通量？

(2) 若線圈於 0.2 秒內轉至線圈面法線與磁場夾 90° 角之處，求其感應電動勢大小？

14-2 冷次定律

感應電流的方向的判斷方式是在 1833 年，由德國科學家冷次（Heinrich Friedrich Emil Lenz，1804-1865）首先提出來的。冷次在法拉第的實驗基礎上，將實驗結果歸納為：線圈磁通量變化而產生的感應電流，其方向是為了讓所產生的磁通量對抗此線圈的磁通量變化，此敘述稱為冷次定律（Lenz's law）。而法拉第電磁感應定律上的負號，就是為了表示感應電流產生的磁通量與線圈的磁通量變化方向相反。

利用安培右手定則就可判斷出感應電流的方向。當通過線圈的磁通量增加時，感應電流所產生的磁通量是為了要反抗增加，故其方向與原

磁通量的方向相反；當通過線圈的磁通量減少時，感應電流所產生的磁通量是為了要反抗減少，故其方向與原磁通量的方向相同。圖 14-4 中，當磁鐵的 N 極靠近線圈時，線圈內指向右方的磁通量（磁力線數目）會增加，感應電流就會產生指向左方的磁通量，再利用右手定則就可得知感應電流的方向；若是磁鐵的 N 極遠離線圈時，線圈內指向右方的磁通量會減少，感應電流就會產生指向右邊的磁通量，而判斷出感應電流的方向。

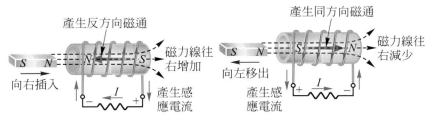

圖 14-4　磁鐵靠近或遠離線圈時的感應電流

我們也可利用磁性來判斷感應電流的方向。當磁鐵 N 極靠近線圈時，線圈會有要排斥磁鐵接近的現象，故會在靠近磁鐵的方向，以感應電流生成 N 極，來抗拒磁鐵的接近。若是磁鐵 N 極遠離線圈時，線圈則會在靠近磁鐵的方向，以感應電流生成 S 極，來吸引磁鐵。然後再利用右手定則，拇指指向 N 極的方向，也可得知感應電流的方向。

1847 年，亥姆霍茲（Hermann von Helmholtz，1821- 1894，德國人）證明了冷次定律不過是能量守恆定律的必然結果，違背冷次定律就是違反了能量守恆定律。假設在一不受重力且真空的狀態下，施力將一磁鐵棒推向一封閉線圈，且磁鐵棒的 N 極垂直指向線圈面。在靠近的過程中，通過線圈面的磁通量產生變化，使線圈產生感應電流。若依冷次定律的判斷，線圈上之感應電流所產生的磁通量會反抗因磁鐵棒靠近而造成的磁通量增加，而使磁鐵棒靠近線圈的速度變慢。這可視為一種能量轉換的現象，即磁鐵棒的動能減少，轉換成線圈上的電能，如圖 14-5 所示。

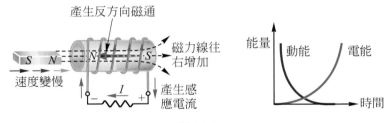

圖 14-5

要是假設冷次定律是錯誤的，感應電流的方向與冷次定律所指的相反時，則感應電流產生的磁通量反而會吸引磁鐵棒，而使磁鐵棒靠近線圈的速度加快。此時，磁通量的時變率加大，產生的感應電流也變大，吸引磁鐵棒的磁力也會變大。如此一來，磁鐵棒的動能與線圈上的電能會永無止境的增加，顯然違背了能量守恆的基本原則。

例題 2

如圖所示，有一矩形線圈置於 $B = 2$ 特斯拉的均勻磁場中，線圈的一邊 $\overline{AC}$ 為 0.4 公尺，線圈電路的電阻為 6 歐姆。將線圈朝垂直磁場方向以等速度 $v = 0.3$ 公尺 / 秒移動時，求

(1) 線圈的感應電動勢？

(2) 線圈的感應電流？

(3) $\overline{AC}$ 上的感應電流方向？

答：

(1) 依照（14-3）式，感應電動勢為 $\varepsilon = -\dfrac{\Delta\Phi}{\Delta t}$，可知

$$\varepsilon = -\frac{\Delta\Phi}{\Delta t} = -\frac{B\Delta A}{\Delta t} = -\frac{B(L\Delta x)}{\Delta t}$$

$$= -BL\frac{\Delta x}{\Delta t} = -BLV$$

上式中，L 為 $\overline{AC}$ 之長度，

Δx 為線圈在移動方向的移動距離，

故其移動速度 $v = \dfrac{\Delta x}{\Delta t}$ 。

將題目的已知條件代入上式，可得

感應電動勢 $\varepsilon = -2 \times 0.4 \times 0.3 = -0.24$（V）

(2) 將感應電動勢 ε 代入 $V = IR$，則感應電流為

$$I = \frac{V}{R} = \frac{0.24}{6} = 0.04 \text{（A）}$$

(3) 依據冷次定律判斷

因為線圈的移動，線圈內向下的磁通量隨時間而減少，故感應電流是為了反抗減少，故感應電流產生的磁通量向下，在線圈上電流以順時針方向流動，在 $\overline{AC}$ 上是由 $A \to C$。

類題 2

如圖所示，有一長直鐵心，繞有甲、乙兩段線圈，甲線圈以導線與可變電阻、電池與開關連接，乙線圈則只與一固定電阻連接。試回答下列問題：

1. 在按下甲電路中的開關 S 形成通路的瞬間，
   (1) 甲、乙電路中的乙線圈左端所產生的極性分別為何？
   (2) 乙電路中的電流方向為何？

2. 當按下甲電路中的開關 S 形成通路，經過一段時間後，
   (1) 乙電路中的電流方向為何？
   (2) 乙線圈右端的感應磁極為何？

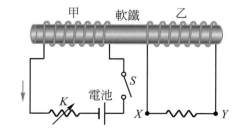

14-3　變壓器

變壓器（transformer）是一種用來改變交流電電壓高低的裝置，是現在生活中不可或缺的，其主要功能為提供適當電壓供電器使用。變壓器是利用電磁感應的原理來啟動的，其裝置如圖 14-6 所示，將兩組不同匝數的線圈，纏繞在一封閉的矩形軟鐵心左右兩側，一組線圈與電源相連接，稱為主線圈（primary coil），另一組線圈為輸出電力的部份，稱為副線圈（secondary coil）。

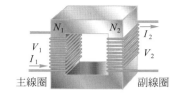

圖 14-6　變壓器的簡單構造

變壓器必須接上交流電方能產生功效。當主線圈接上交流電時，由於交流電的電流大小與方向會均勻的改變，使得主線圈所產生的磁通量隨時間做規律性的變化，藉由矩形鐵心將磁通量傳遞至副線圈，使得副線圈的線圈產生感應電流，而有電流的輸出。若是主線圈接上直流電時，其電壓與電流穩定無變化，主線圈上的磁通量固定而沒有變化，因此副線圈就不會產生感應電流，變壓器就沒有功效，如圖 14-7 為各種變壓器圖形。

由於軟鐵心在將主線圈的磁通量傳遞至副線圈時，無法完美的將所有磁通量傳遞而會有耗損，加上電流通過線圈導線時所產生的熱能，以及鐵心上渦電流的能量損失，這些因素會使變壓器輸出電能的功率小於輸入功率。在討論時會將上述之因素排除，假設變壓器沒有能量損耗，為一個理想變壓器，此時輸入主線圈的功率等於副線圈的輸出功率。

圖 14-7　各種變壓器圖形

主線圈與副線圈間電壓與電流的關係，必須看其纏繞線圈的匝數而定。若主線圈的電壓為 V_1，電流為 I_1，所纏繞的線圈匝數為 N_1；副線圈的電壓為 V_2，電流為 I_2，所纏繞的線圈匝數為 N_2。當變壓器接上交流電時，兩線圈的磁通量變化相同，所產生的感應電動勢分別為

$$\text{主線圈 } V_1 = -N_1 \frac{\Delta \Phi}{\Delta t} \text{ ；副線圈 } V_2 = -N_2 \frac{\Delta \Phi}{\Delta t}$$

由上兩式可得：$\dfrac{V_1}{V_2} = \dfrac{N_1}{N_2}$ 。

理想變壓器中，兩線圈的功率相同，即 $P_1 = P_2$，又 $P = IV$，故 $I_1 V_1 = I_2 V_2$，可知

$$\frac{V_1}{V_2} = \frac{I_2}{I_1} = \frac{N_1}{N_2} \qquad\qquad (14\text{-}5)$$

　　因此，若是要升高電壓，則副線圈的匝數需較主線圈多圈，稱爲升壓變壓器；若是想要降低電壓，則主線圈的匝數需較副線圈多圈，稱爲降壓變壓器。由（14-5）式可知，升壓變壓器所輸出的電流會變小，降壓變壓器所輸出的電流則會變大，如圖14-8所示。

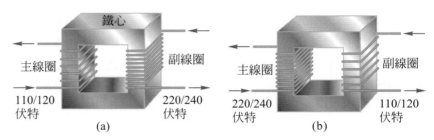

圖 14-8　利用變壓器升降電壓的示意圖 (a) 升壓變壓器 (b) 降壓變壓器

例題 3

將變壓器插入室內用電 110V 的插頭中，產生 6V 電壓提供收音機使用，求此變壓器內主線圈與副線圈

(1) 所纏繞線圈的比？

(2) 電流值的比？

答：依據（14-5）式可知，

電壓、電流與線圈匝數的比爲 $\frac{V_1}{V_2} = \frac{I_2}{I_1} = \frac{N_1}{N_2}$

故 $\frac{110}{6} = \frac{I_2}{I_1} = \frac{N_1}{N_2}$

主、副線圈所纏繞線圈的比 $N_1 : N_2 = 55 : 3$

電流值的比 $I_1 : I_2 = 3 : 55$

類題 3

發電機的輸出電壓爲 880V，其電功率爲 2200W，經一個變壓器後，使其電壓變爲 110V，以供家用電器使用，若此變壓器的原線圈爲 2000 匝，則問：

(1) 副線圈匝數？

(2) 流經主線圈的電流值？

(3) 流經副線圈的電流值？

　　圖 14-9 爲電力輸送示意圖，電力公司輸送電力，將電力由發電廠傳送到各使用的地方，由於發電廠皆處於較偏僻的地方，需要傳送很長一段距離，雖然電纜線的電阻並不大，但由於長度甚長，故其總電阻也十分可觀。依據 $P = IV$，將電壓提升的越高，就可以使電路上的電流越小，假設電路上的電流爲 I，電阻爲 R，電路上因爲電阻所損耗掉的功率爲 P，$P = I^2R$，當電路上的電流越小時，電力的損失也就越小。由此可知，提升電壓有助於降低輸送電力途中的電能損失。

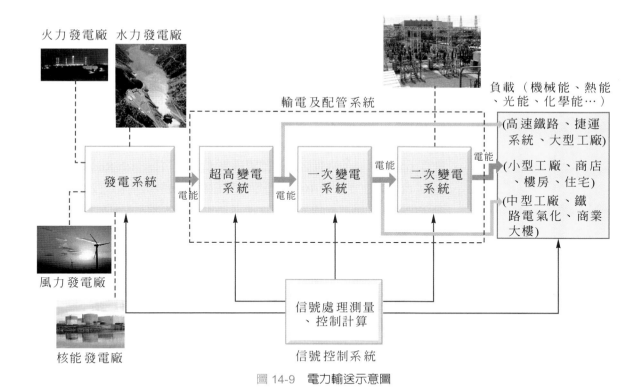

火力發電廠　水力發電廠

輸電及配管系統

負載（機械能、熱能
、光能、化學能…）

(高速鐵路、捷運
系統、大型工廠)

(小型工廠、商店
、樓房、住宅)

(中型工廠、鐵
路電氣化、商業
大樓)

發電系統　　電能　　超高變電
系統　　電能　　一次變電
系統　　電能　　二次變電
系統　　電能

風力發電廠

信號處理測量
、控制計算

核能發電廠　　信號控制系統

圖 14-9　電力輸送示意圖

　　發電廠利用發電機所產生的電力，其電壓約為 11,000 伏特到
23,000 伏特，由電廠輸出後立即利用變壓器將電壓升高到 154,000 伏特
到 345,000 伏特的超高電壓，此時才利用超高壓電纜將電力傳送到各地。
當傳送到鄰近各都市或工業區的變電所時，電壓經降壓後，再傳送到市
內的配電所，減至約數千伏特，最後經都市內電線桿上的變壓器，或是
豎立於地面上的亭置式變壓器，將電壓降到 110 伏特或 220 伏特，用傳
到室內供一般電器用品使用。

　　超高電壓的傳送須十分謹慎，在野外的超高壓電纜都架設於高架鐵
塔上，市區內的高壓電則大多採用地下電纜，以確保安全。變電所與配
電所內的設備，大多是變壓器以及安全防護設施；變壓器用於降低電壓
或升高電壓，對人類生活極為重要，為了增加其安全性，在安全防護設
施上設有預防雷擊的避雷針，以及防止電流超載的斷路器。

14-4　電磁波

　　「電生磁，磁生電」，電場與磁場之間會交互影響。當空間上某一點，有隨時間變化的電場或磁場時，同時也會感應出隨時間變化的磁場與電場，這種感應現象並不需要靠介質傳遞，就能將隨時間變化的電場或磁場，由空間中某一區域傳遞至另一區域。由於這種現象具有波的性質，故被稱為電磁波（electromagnetic wave）。電磁波是由馬克士威所推論出來的，在他逝世之後，德國科學家赫茲（Heinrich Rudolf Hertz，1857-1894）在實驗室中利用簡單的電磁振盪裝置發射出電磁波，而在另一處接收此裝置射出的電磁波，並算出電磁波的速度，如圖 14-10 所示。赫茲通過實驗確認電磁波屬於橫波，並擁有普遍光波所具有的直線傳播、反射、折射、干涉、繞射和偏振等性質，因而證明了電磁波具有光波的一切性質，並證實了馬克士威的電磁理論。在 1901 年，無線電之父馬可尼（Guglielmo Marconi，1874-1937，義大利人）首先成功的傳送無線電報橫越大西洋，開啓了電磁波的實際應用。

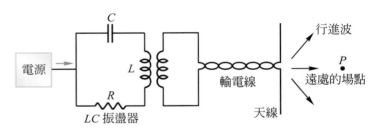

圖 14-10　利用震盪電路裝置產生屬於無線電波的電磁波，觀察者在 P 點觀測行進波。

　　電磁波具備下列幾項特性：

1. 電磁波的傳遞不需靠介質傳遞。

2. 電磁波為電場與磁場的交互作用，而產生的波動屬於橫波，電磁波的傳播方向與電場及磁場的振動方向三者相互垂直，如圖 14-11 所示。

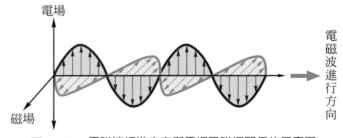

圖 14-11　電磁波行進方向與電場及磁場關係的示意圖

3. 所有電磁波在真空中的速度都相同，與波長或頻率無關。其速度為
　 光速 c，$c = 3 \times 10^8$ 公尺／秒。

　　電磁波的波長與頻率所涵蓋的範圍很廣，雖然不同波源產生的電
磁波之波長或頻率可能重疊，但仍可依電磁波的波長範圍加以分類。
圖 14-12 為各種電磁波的波長與頻率分布圖，稱為**電磁波譜**。由圖中可
知，電磁波包含了無線電波（radio wave）、微波（microwave）、紅外
線（infrared）、可見光（visible light）、紫外線（ultraviolet）、 X 射
線（X-ray）與 γ 射線（gamma ray）等，一般人眼所能看見的電磁波為
可見光，範圍約在 4×10^{-7} 至 7×10^{-7} 公尺，即 400-700 奈米 (nm) 之間，
如表 14-1 所示。僅佔電磁波譜的極小範圍。其中，紅色光的波長最長
而紫色光的波長最短。

表 14-1　可見光的波長範圍

可見光	波長範圍 (nm)
紅	625-740
橙	600-625
黃	560-600
綠	520-560
藍	450-520
紫	400-450

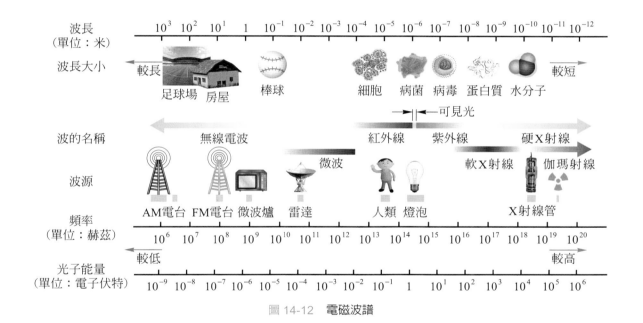

圖 14-12　電磁波譜

本章重點

14-1　法拉第電磁感應定律與感應電動勢

1. 當封閉線圈內的磁力線數目變化時，即磁場大小有所變化，線圈的導線就會產生電流，此現象稱為電磁感應，所生成的電流稱為感應電流。

2. 磁場的強度 B 可用磁力線的密度來表示，故可將磁場強度稱為磁通量密度，而通過線圈的磁力線數目以磁通量表示，可寫為 Φ。當線圈面積 A，磁場與線圈面的法線有一夾角 θ 時 $\Phi = BA\cos\theta$。

3. 感應電動勢的量值等於通過線圈面的磁通量的時變率，稱為法拉第電磁感應定律。感應電動勢 ε 會正比於磁通量的時變率，即 $\varepsilon = -\dfrac{N\Delta\Phi}{\Delta t}$。

14-2　冷次定律

1. 線圈磁通量變化而產生的感應電流，其方向是為了讓所產生的磁通量對抗此線圈的磁通量變化，此敘述稱為冷次定律。

2. 德國人亥姆霍茲證明了冷次定律不過是能量守恆定律的必然結果，違背冷次定律就是違反了能量守恆定律。

14-3　變壓器

1. 變壓器是一種用來改變交流電電壓高低的裝置，是利用電磁感應的原理來啟動的。

2. 變壓器內主副線圈的線圈匝數、電流與電壓間的關係為 $\dfrac{V_1}{V_2} = \dfrac{I_2}{I_1} = \dfrac{N_1}{N_2}$。

3. 電力公司輸送電力時，將電壓提升的越高，就可以使電路上的電流越小，電力的損失也就越小。

14-4　電磁波

1. 當空間上某一點，有隨時間變化的電場或磁場時，同時也會感應出隨時間變化的磁場與電場，就能將隨時間變化的電場或磁場，由空間中某一區域傳遞至另一區域，這種現象具有波的性質，故被稱為電磁波。

2. 電磁波具備下列幾項特性：

(1) 電磁波的傳遞不需靠介質傳遞。

(2) 電磁波為電場與磁場的交互作用，而產生的波動屬於橫波，電磁波的傳播方向與電場及磁場的振動方向三者相互垂直。

(3) 所有電磁波在眞空中的速度都相同，與波長或頻率無關。其速度爲光速 c，$c = 3 \times 10^8$ 公尺／秒。

3. 各種電磁波的波長與頻率分布圖，稱爲電磁波譜。

本章重點

一、選擇題

( ) 1. 冷次定律即　(A) 力學能守恆定律　(B) 電量不滅定律　(C) 質量守恆定律　(D) 能量守恆定律　的必然結果。

( ) 2. 變壓器改變電壓的功能，是依據下列哪個定律？　(A) 電量守恆定律　(B) 法拉第電磁感應定律　(C) 庫侖定律　(D) 歐姆定律。

( ) 3. 請選出下列選項中不正確的敘述？　(A) 電動機俗稱馬達，為可將電能轉變成力學能輸出的設備　(B) 發電廠為了減少電能耗損，在長距離輸電時，會利用變壓器將電壓升高　(C) 發電機是應用法拉第定律，將力學能轉變成電能的設備　(D) 變壓器能使輸出的電功率增加。

( ) 4. 下列各圖中，當電路接通時哪些磁鐵會受到線圈磁力所吸引？　(A) 甲丙　(B) 乙丙　(C) 甲丁　(D) 乙丁。

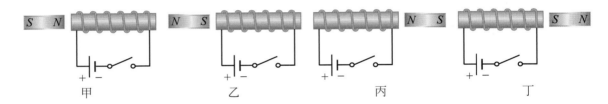

甲　　　　　乙　　　　　丙　　　　　丁

( ) 5. 一磁鐵垂直於鐵環面，當磁鐵以 N 極向鐵環靠近時，假設眼睛能辨明電流方向，則在右圖中，眼睛觀測到的感應電流的方向為何？　(A) 順時鐘方向　(B) 逆時鐘方向　(C) 先逆時鐘方向，後為順時鐘方向　(D) 沒有感應電流。

眼睛

( ) 6. 下列敘述何者錯誤？　(A) 電磁波能在真空中傳播　(B) 在任何地方的電磁波速率皆為光速　(C)X 射線屬於電磁波的一種　(D) 電磁波有偏振的現象，屬於橫波。

( ) 7. 下列是根據波長的長短（由短至長）所排列的電磁波，何項正確？　(A) 紫外線－微波－可見光　(B) γ 射線－可見光線－無線電波　(C) 紫外線－可見光－X 射線　(D) 微波－紅外線－無電線波。

二、填充題

1. 將 500 匝的線圈置於磁場中，若通過線圈的磁通量在 0.02 秒內由 -4×10^{-2} 韋伯變為 1×10^{-2} 韋伯，則線圈上感應電動勢為_____伏特；若線圈的電阻為 5 歐姆，其感應電流為_____安培。

2. 導體板上的感應電流路徑為環形，類似漩渦狀，稱為_____。

3. 一磁棒的 S 極沿著平行導體板面的方向移動，磁鐵前方的導體板部分會產生_____方向的感應電流。

4. 有一發電機的電功率為 2000W，其輸出電壓為 400V，經一個變壓器後，其電壓變為 100V。若此變壓器的原線圈為 600 匝，則求

   (1) 副線圈匝數為_____匝。

   (2) 流經副線圈的電流值為_____安培。

三、討論題

1. 依據法拉第的電磁感應定律，請思考為何沒有直流變壓器？

近代物理

Chapter

15

在十九世紀末，物理學中的古典力學、熱物理學、光學與電磁學等理論，物理學家認為已發展完善，對於自然界的物理現象，大多都能了解並加以解釋。但是到了十九世紀即將結束之際，物理學的研究方向有很大的改變，由物質性質與物理現象的巨觀體系，轉而進入到原子結構與基本粒子的微觀體系，兩者間的觀念與研究方法有很大的差異，故以古典物理與近代物理來區分。在上冊第一章中提到，近代物理的兩大基石為量子論與相對論，本章將針對近代物理的重大發現加以探討。

15-1　電子的發現

15-1.1　陰極射線管

1879 年，英國物理學家克魯克（William Crookes，1832-1919）研究低壓氣體放電與陰極射線，利用高度真空的真空管，進而製造出陰極射線管（cathode ray tube，CRT）。

陰極射線管的裝置如圖 15-1 所示，將兩金屬板置於密封的低氣壓玻璃管內，分別接上高電壓直流電源的正負兩極，玻璃管內的氣壓約 $10^{-2} \sim 10^{-4}$ mmHg。當直流電壓調高到數千伏特，正極（或稱為陽極，anode）附近的管壁會發出微弱的色光，色光的顏色與管內氣體的種類有關，如圖 15-2 所示。

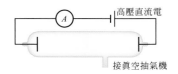

圖 15-1　陰極射線管裝置圖

當時，學術界分為兩派，將陰極射線當作電磁波或粒子。在德國以赫茲為首的學派主張陰極射線是電磁波（當時稱為以太波），而在英國以湯姆森（Joseph John Thomson，1856-1940）為首的學派則認為是帶電粒子，二方人馬爭論不休，紛紛努力尋找證據。

赫茲以垂直陰極射線方向的電場檢驗陰極射線時，發現沒有偏轉的現象，因而認為陰極射線並非是帶電粒子。加上陰極射線可以穿過 2.65×10^{-6} 公分厚的鋁箔，在當時並未發現有如此強之穿透力的粒子，但電磁波卻有很強的穿透力，然而，故認定陰極射線是電磁波的一種。

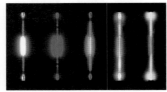

圖 15-2　不同的氣體放電管中，其顏色與氣體種類有關

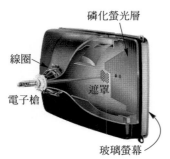

圖 15-3　映像管為陰極射線管的應用

然而，法國物理學家佩蘭（Jean Baptiste Perrin，1870-1942）由實驗中發現到，陰極射線是帶負電的射束，卻被質疑負電粒子不一定是來自於陰極射線。湯姆森則重複赫茲的實驗，發現只要提高管內的眞空度，陰極射線就有偏轉的現象；且湯姆森對佩蘭的實驗加以改良，證明陰極射線確實是帶負電的，並測量出陰極射線粒子之電荷和質量的比值（荷質比）。湯姆森在管內放入一靈敏的小轉輪，當陰極射線打到小轉輪的葉片上時，發現轉輪會轉動，這代表陰極射線是具有質量的。上述實驗結果推翻了赫茲的主張，判斷出陰極射線是帶負電的粒子，而非電磁波。

傳統電視的映像管為陰極射線管的應用，如圖 15-3 所示，將管內陰極所射出的電子加速，再經水平與垂直方向的電場控制電子的軌跡，撞擊螢幕，使佈滿三原色螢光層的螢幕產生彩色影像。

15-1.2　湯姆森實驗

湯姆森為了徹底了解陰極射線的性質，設計出一臺具有高度眞空的陰極射線管，且管內有一平行金屬板，如圖 15-4 所示。圖中之 C 為陰極，A 為陽極，中心有一圓孔以利陰極射線通過，G 為中心有一圓孔之金屬板，中央的 D、F 為兩平行金屬板，右端為螢光幕。將 A、C 分別接上高電壓的正、負兩極，利用眞空抽氣機抽取管內空氣，使管內氣壓下降至約 $10^{-2} \sim 10^{-4}$ mmHg 時，C 極會產生陰極射線，經 A 極加速通過 G 的中心圓孔，撞擊右端螢光幕而產生亮點。

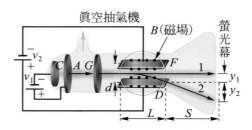

圖 15-4　測量荷質比的陰極射線管實驗

實驗時，當平行金屬板 D、F 沒有接上電壓時，陰極射線會以路徑 1 射至螢光幕；若於 D、F 兩極上施加電壓，金屬板間產生方向向上的均勻電場，使得陰極射線會以路徑 2 射至螢光幕。由於實驗結果顯示：陰極射線的偏折方向與所受的電場方向相反，湯姆森依此推論：陰極射線是由帶負電的粒子所組成的，並以「electron」來稱呼此粒子，即現在我們所稱的電子。

除此之外，湯姆森還利用陰極射線的偏折現象，計算出電子電荷與質量的比值（荷質比）。

目前公認的荷質比為

$$\frac{q}{m} = 1.76 \times 10^{11} \text{ 庫侖／公斤}$$

15-1.3　密立坎油滴實驗

湯姆森利用陰極射線測得電子的荷質比，但並未直接量測出電子的電量與質量。電子的電量遲至 1909 年才由美國科學家密立坎（Robert Andrews Millikan，1868-1953，圖 15-5）所設計的油滴實驗測得。

圖15-6為油滴實驗裝置的示意圖。一對平行的金屬圓盤接上直流電源，使兩圓盤之間產生均勻電場。利用噴霧器將小油滴噴出，小油滴在噴出時，會與噴霧器摩擦而帶電，油滴受到重力的作用而下落，少數油滴經上方金屬圓盤的小孔進入到兩圓盤之間，利用顯微鏡觀察小油滴在兩圓盤之間的運動情形。

圖 15-5　密立坎

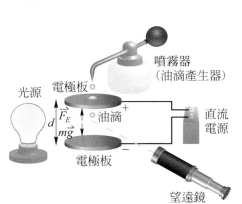

圖 15-6　密立坎油滴實驗示意圖

由於油滴在兩圓盤之間會因電場作用而受到向上的靜電力，重力與靜電力會影響油滴的運動狀況，密立坎觀察小油滴的運動情形，經多次反覆測量，發現所有油滴上所帶的電量 q 均約為 1.6×10^{-19} 庫侖的整數倍，故推論一個電子所帶的電量為 1.6×10^{-19} 庫侖，稱為基本電量，以 e 表示。

將電子的電量代入<u>湯姆森</u>測得的荷質比中，就可求出電子的質量 m，即

$$\frac{q}{m} = 1.76 \times 10^{11} \text{ 庫侖／公斤}$$

$$m = \frac{q}{1.76 \times 10^{11}} = \frac{1.6 \times 10^{-19}}{1.76 \times 10^{11}} = 9.11 \times 10^{-31} \text{ 公斤}$$

15-2　X 射線

15-2.1　X 射線的產生及其性質

1895 年，<u>德國科學家侖琴</u>（Wilhelm Conrad Röntgen，1845-1923）在研究陰極射線管的真空放電實驗時，意外發現到放在陰極射線管旁的螢光板會發光，即使在管與螢光板間放入木板，或是以黑色紙版將陰極射線管包住，螢光板依然會發光。侖琴認為一定有一穿透力甚強的未知射線從管中射出，並將此射線命名為 X 射線（X-ray），意思就是「尚不清楚的光」。

侖琴經一番實驗研究後，歸納出 X 射線的性質包含有：

1. 穿透力甚強。
2. 行進方向不受磁場與電場影響。
3. 無法用光柵與狹縫裝置使之產生繞射現象。
4. 可使許多物質產生螢光，並使照相底片感光。

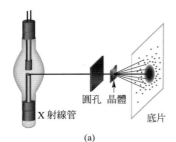

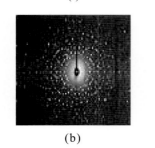

圖 15-7　X 射線對晶體的繞射現象

由於實驗無法發現 X 射線的波動性質，故一度被誤以為是不帶電的粒子。1912 年，<u>德國物理學家勞厄</u>（Max von Laue，1879-1960）以單一頻率的 X 射線入射晶體，在感光底片上觀察到對稱分布的光點，如圖 15-7 所示。這個結果顯示了晶體內的原子是以規則的結構排列，同時也證明了 X 射線的波動性。實際上，X 射線是波長極短且能量較強的電磁波，故不受磁場與電場的影響而偏轉，其波長約在 0.1 埃至 10 埃之間（可見光約在 4000 埃～ 7000 埃之間），也常被稱為 X 光。也因為這個傑出的發現，<u>侖琴</u>獲頒 1901 年的首屆諾貝爾物理學獎。

　　圖 15-8 為產生 X 射線的裝置示意圖，稱為 X 射線管。將管內氣壓抽氣至 10^{-6}mmHg 以下，通上電流使右側負極上的燈絲加熱，當溫度達到某適當高溫時，電子會被燈絲釋放而射出。在負極的燈絲與金屬正極靶間施以約數萬伏特的加速電壓，則電子受電場作用加速撞擊正極靶。撞擊時，高速電子的速度驟降，電子的動能減少，一部分能量轉換成電磁波而發出 X 射線；一部分的能量則轉換成熱能，使正極靶的溫度急速升高，故需以循環的冷卻水或空氣來降溫，以保護 X 射線管能正常工作。

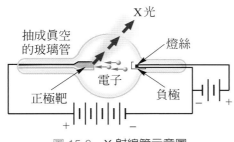

圖 15-8　X 射線管示意圖

15-2.2　X 射線的應用

　　由於 X 射線的穿透性強，波長又短，可用來穿透肌肉組織，在醫學上用於透視人體的內部器官，及診斷人體骨骼的傷害情況，如圖 15-9 所示。由於 X 光對人體內的不同組織有不同的穿透力，故在底片上會產生不同的明暗對比。例如以 X 光來檢測肺結核時，由於肺部染病的組織較密，而正常組織較鬆，兩者對 X 射線的穿透力截然不同，故可利用照過 X 射線後的底片，判斷出是否染病。此外，我們也可以注射顯影劑來改變器官對 X 光的吸收程度，增加其辨識度。

　　然而，當 X 光穿透了許多器官，在底片上的影像會彼此重疊，導致辨識的困難，為解決這個問題，1971 年英國工程師豪斯菲爾 (Godfrey N. Hounsfield) 發明了電腦斷層掃描，利用不同角度的 X 射線穿透人體，由多排的偵測器，測出體內組織的吸收量，再將此一訊號輸入電腦，經處理後，電腦就可顯示出被掃描部分的切面影像。若體內組織有病變時，會與正常組織的密度不同而顯現在影像上。

　　在工業上，我們利用 X 射線測出已鑄造成的金屬內部是否有裂縫的形成；在商業上，我們靠 X 射線區別寶石的真假；郵政上，我們憑 X 射線檢視郵寄的郵包中，是否有炸彈或其他危險物品；在生物學上，利

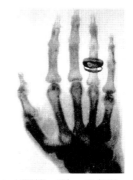

(a) 人類第一張 X 光相片，圖為侖琴夫人的手

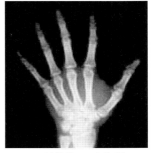

(b) 現代的 X 光照片

圖 15-9

用 X 射線對 DNA 產生的繞射圖形，於 1953 年成功建立了 DNA 的雙股螺旋結構模型；而在科學研究上，X 射線可應用於判定晶體的結構，由於晶體內原子（或分子）間的距離與 X 射線的波長相近，大約為 0.1 埃至 10 埃之間，故可將晶體內原子的規則排列視為光柵，而以 X 射線對晶體做繞射實驗，由繞射圖譜就可判斷出晶體的結構。

雖然 X 射線的用途甚多，但在使用時，須防範其所造成的輻射傷害，由於 X 射線的能量甚強且穿透性高，被它通過的原子會發生游離而遭破壞，故經常照射 X 光可能會出現灼傷或潰瘍，而操作 X 光機的工作人員多會用鉛衣來防護，或在有防護設施的房間內進行操作。

15-3　原子結構

15-3.1　原子模型的發展

在希臘文中，原子（atom）有不可分割的意思，也就是說，科學家在定義原子的觀念時，將原子視為構成物質的基本單位。然而，自從在陰極射線管的實驗中發現到電子的存在，加上 X 射線實驗中，X 射線會將電子由金屬靶內激發出來，這些實驗結果都顯示了原子應含有電子的成分。而原子為電中性，電子帶負電，且原子的質量遠大於電子，故原子內部尚應包含比電子的質量大很多的帶正電成分。

因此，湯姆森對於原子架構提出了葡萄乾布丁模型（plum-pudding model），或稱為西瓜模型。他認為正電荷均勻分布在一個原子內，而電子則一顆顆鑲嵌在均勻分布的正電荷內，其情形有如嵌入葡萄乾的布丁，或是西瓜子分布在西瓜內的情形，如圖 15-10 所示。電子在原子內受到帶正電物質的影響，而做震盪運動或靜止於平衡位置上。此模型說明了原子的大小，也定性地說明原子的穩定性，在當時廣受科學家接受。

1909 年，湯姆森的學生拉塞福（Ernest Rutherford，1871-1937，紐西蘭人）為了研究放射性現象，進行許多有關 α 粒子（氦原子核，He^{2+}）散射的實驗，如圖 15-11 所示，他建議助手蓋革（Hans Wilhelm Geiger，1882-1947，德國人）與學生馬斯登（Ernest Marsden，1889-1970，英國人）觀察 α 粒子射向薄金箔後的散射現象，發現有一些散射後的 α 粒子出現在未預測的角度上，這些散射角不符合湯姆森提出的的原子模型。

圖 15-10　湯姆森的原子模型。原子本身為帶正電球體，電子如同西瓜子，均勻分布其中。

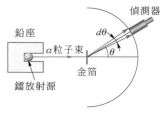

圖 15-11　拉塞福散射實驗示意圖

　　依照葡萄乾布丁模型，帶正電物質均勻分布於原子內，原子的密度應該是相當「鬆軟」的，而實驗使用的 α 粒子束的能量甚大，加上原子內的電子質量很小，α 粒子比電子重 7300 倍，故不會影響 α 粒子的運動。因此，當 α 粒子撞擊薄金箔後，其散射角應該很小，估算約會小於 $1°$。實驗結果發現：大部分的 α 粒子穿過薄金箔後仍沿著原來的方向運動，但少數 α 粒子有大角度的散射，甚至有些 α 粒子如同撞擊到牆壁，朝入射方向反彈。因此，拉塞福開始思考湯姆森原子模型的正確性，並架構另一個原子模型以說明實驗的結果。

　　1911 年，拉塞福提出一個有核原子模型的架構，如圖 15-12 所示，其內容包含下列幾點：

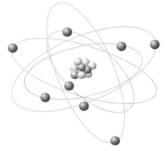

1. 原子中央有"原子核"，原子核帶正電，而且原子質量大部份集中於此。

2. 電子受原子核的靜電力影響，快速繞核作圓周運動，有如行星繞日一般。電子所環繞的空間就是原子的體積。

3. 原子核的體積極小，若與原子比較，有如玻璃珠對操場的大小比例。

圖 15-12　拉塞福的有核原子模型圖

　　利用有核原子模型的架構，就可以解釋 α 粒子對薄金箔的散射實驗。由於原子核很小且質量皆集中於此，大部分的 α 粒子通過原子時，不會散射而沿著原來的方向運動；少數 α 粒子從原子核附近通過，受到原子核的靜電排斥力，就會發生大角度的散射。α 粒子的散射實驗證實了原子內原子核的存在，並推算出原子核的半徑約為 10^{-15} 公尺。

　　雖然當時拉塞福不知道他所發現的原子核中的組成成分為何，原子核中的質子和中子都是後來才被證實的，但他卓越的洞察力推翻了當時所使用的葡萄乾布丁模型，開啟了原子核物理學的新時代。

15-3.2　波耳的氫原子模型 ＊

　　在電磁學理論中提到，一個作加速度運動的電荷必會放射出電磁波。因此，若電子繞原子核作圓周運動，電子會損失能量而作螺旋式的運動，最後會墜落在原子核上，原子應該是不穩定的，且產生的電磁波光譜應該是連續的。事實上，大部分的原子是穩定的，而且發射的光譜線是離散的，這些都與理論的推論不符，以拉塞福的原子模型是無法解釋的。

思考問題
為什麼厚厚的玻璃可以使光線通過，而薄薄的鋁箔卻不能呢？

在 1912 年，丹麥物理學家波耳（Niels Henrik David Bohr，1885-1962）到拉塞福的實驗室工作四個月，協助 α 粒子散射實驗的數據整理和撰寫論文。波耳深信拉塞福的模型是正確的，也知道此模型的缺陷及困難，並企圖尋求解決之道。他認為應該可以由量子論的概念中找到答案，在閱讀過瑞士科學家巴耳末（Johann Jakob Balmer，1825-1898）發表的氫原子光譜論文之後，以及參考德國科學家斯塔克（Johannes Stark，1874-1957）在論文中提到的：原子產生輻射的原因是價電子的躍遷，於 1913 年，波耳在拉塞福有核原子模型的架構下做了幾項假設，建構出氫原子模型，用以說明原子的結構及因電子躍遷而產生輻射的機制。

一、氫原子光譜

利用圖 15-13 的裝置，將光線通過限光器，經三稜鏡的折射而使不同色光分開後，可於螢幕上形成光譜。實驗發現，若光源來自於高溫物體表面所發射出來的電磁波，光譜為連續光譜；若光源來自於單一氣體元素的氣體放電管，則只會觀測到特定波長的光譜線，不同的氣體元素有其特定的光譜波長，與原子內部構造有關，在圖 15-13 可看見氫原子所形成的光譜。

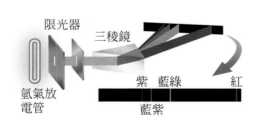

圖 15-13　氫原子光譜

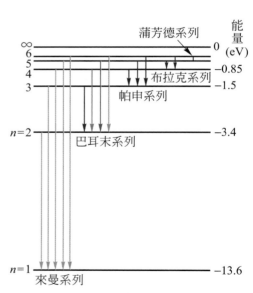

圖 15-14　氫原子光譜系列

　　氫原子光譜在可見光範圍內的系列，巴耳末找出與波長相對應的經驗公式，此系列的氫原子光譜被稱為巴耳末系列。受到巴耳末經驗公式的啓發，科學家將氫原子光譜的研究延伸到紅外光與紫外光的範圍，在 1908 年發現到紅外光區的帕申系列光譜，在 1914 年發現紫外光區的來曼系列光譜，之後又陸續發現布拉克與蒲芬德系列光譜，各光譜如圖 15-14 所示。

二、氫原子模型

　　波耳為了說明原子結構與因為電子躍遷而輻射，所做的基本假設如下：

1. 第一基本假設：電子在原子內受原子核的庫侖靜電力作用，在圓形軌道上繞原子核移動，但是只會在特定軌道上運行，這些特定軌道稱為定態（stationary state）。

2. 第二基本假設：電子在定態上運行時不會輻射出電磁波，其能量維持穩定。電子的角動量 L 須符合角動量量子化的條件，即

$$L = \frac{nh}{2\pi} \qquad (15\text{-}1)$$

n 為一正整數，稱為主量子數，h 為普朗克常數。

3. 第三基本假設：電子在各個定態軌道間躍遷時，能量會產生變化。當電子由能量為 E_n 的定態軌道躍遷至能量為 E_m 的定態軌道時，若 $E_n > E_m$，原子會輻射出頻率為 f 的光子，此光子的能量為兩定態軌道的能量差，即

$$\Delta E = hf = E_n - E_m \qquad (15\text{-}2)$$

　　利用上述假設，波耳能將氫原子中電子在定態軌道上，所具有的能量推導出來，解決了拉塞福原子模型無法解釋的問題，並以一個理論整合了眾多氫原子光譜。在第二基本假設中，$n = 1$ 時能量最低，稱為基態（ground state）；$n \geq 2$ 時，能量較基態時高，稱為激態（excited state）；當 n 越大時，能量越高。較高能量軌道上（高能階）的電子回到較低能量的軌道上（低能階）時，就會輻射出電磁波（光子），形成

光譜；若電子吸收光子的能量時，就有可能由能量較低的軌道，躍遷至能量較高的軌道。各系列的光譜是因電子在不同能階間躍遷所造成的，如圖 15-15 所示。

波耳推導出在主量子數為 n 的軌道上，其能階為

$$E_n = -13.6 \times \frac{1}{n^2} \quad (\text{eV}) \tag{15-3}$$

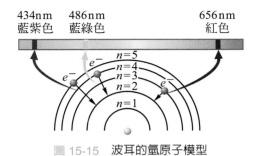

圖 15-15　波耳的氫原子模型

15-1　電子的發現

1. 1879 年，英國物理學家克魯克爲了研究低壓氣體放電與陰極射線，利用高度眞空的眞空管，進而製造出陰極射線管。
2. 湯姆森證明陰極射線是帶負電的粒子，而非電磁波。
3. 湯姆森還利用陰極射線的偏折現象，計算出電子電荷與質量的比值（荷質比）。
4. 1909 年美國科學家密立坎設計油滴實驗，推論出一個電子所帶的電量爲 1.6×10^{-19} 庫侖，稱爲基本電量，以 e 表示。

15-2　X 射線

1. 侖琴經一番實驗研究後，歸納出 X 射線的性質包含有：
   (1) 穿透力甚強。
   (2) 行進方向不受磁場與電場影響。
   (3) 無法用光柵與狹縫裝置使之產生繞射現象。
   (4) 可使許多物質產生螢光，並使照相底片感光。

15-3　原子結構

1. 1911 年，拉塞福提出一個有核原子模型的架構，其內容包含下列幾點：
   (1) 原子中央有”原子核”，原子核帶正電，而且原子質量大部份集中於此。
   (2) 電子受原子核的靜電力影響，快速繞核作圓周運動，有如行星繞日一般。電子所環繞的空間就是原子的體積。
   (3) 原子核的體積極小，若與原子比較，有如玻璃珠對操場的大小比例。

2. 波耳爲了說明原子結構與電子躍遷而輻射，所做的基本假設如下：
   第一基本假設：電子在原子內受原子核的庫侖靜電力作用，在圓形軌道上繞原子核移動，但是只會在特定軌道上運行，這些特定軌道稱爲定態。
   第二基本假設：電子在定態上運行時不會輻射出電磁波，其能量維持穩定。電子的角動量 L 須符合角動量量子化的條件，即 $L = \dfrac{nh}{2\pi}$。n 爲一正整數，稱爲主量子數，h 爲普朗克常數。
   第三基本假設：電子在各個定態軌道間躍遷時，能量會產生變化。當電子由能量爲 E_n 的定態軌道躍遷至能量爲 E_m 的定態軌道時，若 $E_n > E_m$，原子會輻射出頻率爲 f 的光子，此光子的能量爲兩定態軌道的能量差，即 $\Delta E = hf = E_n - E_m$。

3. 波耳推導出在主量子數爲 n 的軌道上，其能階爲 $E_n = -13.6 \times \dfrac{1}{n^2}$ (eV)。

習 題

一、選擇題

( ) 1. 請問哪一位科學家，精確地測出電子的帶電量？ (A) 湯姆森 (B) 拉塞福 (C) 密立坎 (D) 愛因斯坦。

( ) 2. 波長 4000 埃的紫光，其每個光子的能量約為多少焦耳？
(A) 2.83×10^{-19} (B) 4.97×10^{-19} (C) 9.21×10^{-19} (D) 1.48×10^{-18}。

( ) 3. 下列四種實驗，將哪些實驗的結果組合，就可以決定電子質量？
甲：拉塞福的 α 粒子散射實驗；乙：康普頓效應實驗；
丙：湯姆森的陰極射線實驗；丁：密立坎的油滴實驗
(A) 甲、乙、丙 (B) 丙、丁 (C) 乙、丁 (D) 乙、丙。

( ) 4. 下列哪一個實驗建立了電子繞原子核運行的原子結構模型？ (A) 湯姆森荷質比實驗 (B) 拉塞福散射實驗 (C) 康普頓效應實驗 (D) 密立坎的油滴實驗。

( ) 5. 請問一個 $^{79}_{35}\text{Br}$ 原子中含有多少個中子？ (A) 15 (B) 35 (C) 44 (D) 79。

( ) 6. 有關康普頓效應實驗的敘述，下列何者是正確的？ (A) 該實驗證實入射光具有波動性 (B) 將入射光射向金箔並觀察散射現象 (C) 散射角愈小時，散射波的波長也愈小 (D) 以單狹縫繞射分析散射波的波長。

二、填充題

1. 請寫出下列有關近代物理的重大發現的科學家：(1)_____發現電子；(2)_____發現 X 射線；(3)_____提出了量子論；(4)_____提出狹義相對論；(5)_____提出物質波的理論。

2. 在波耳氫原子模型中，$n = 1$ 時，能量最_____，稱為_____態，此時原子最為穩定。

3. 當二元素的_____相同且_____不同時，稱為同位素。

4. 若光波的波長為 3000 埃時，則此光波的頻率為_____Hz，每一光子所具有的能量為_____J，每一光子所具有的動量為_____kg-m/s。

5. 若在一核反應中，反應前後的質量為少了 0.02 公克，則會釋放出_____J 的能量。

6. 頻率為 v 之光子，具有粒子性，請以卜朗克常數 h 與光速 c 來表示：一個光子的動能為_____；一個光子的動量為_____（以 h、c、v 表示）。

三、討論題

近代物理學中著重的是能階的概念，請簡述這與波耳的氫原子模型的關聯性。

Chapter 16 現代科技簡介

人類的歷史已經過了百萬年的歲月，社會的進步可以用當時人類使用的器物來代表，從遠古的石器時代、銅器時代，再進步到鐵器時代。現今以矽爲原料的電子元件產值，已經超過了以鐵爲原料的產值，人類的歷史因而正式進入了一個新的時代，也就是矽的時代。矽所代表的正是半導體元件，包括記憶元件、微處理機、邏輯元件、光電元件與偵測器等在內，舉凡電視、電話、電腦、電冰箱及汽車，都用到它們，這些半導體元件無時無刻都在爲我們服務。

矽是地殼中最常見的元素，許多石頭的主要成分都是二氧化矽，然而，經過數百道製程做出的積體電路，其價值可達上萬美金；把石頭變成矽晶片的過程是一項點石成金的成就，也是近代科學的奇蹟！

16-1 半導體的發現及其應用

16-1.1 半導體的發現

半導體，顧名思義是導電能力介於導體和絕緣體之間的物質，如圖 16-1 所示，其電阻會隨著溫度的上升而降低，可分爲純半導體與雜質半導體兩大類。純半導體材料如矽、鍺與砷化鎵單晶體等，其化學成分單純，導電能力較差，但在加入微量的雜質後，可以改變半導體的內部結構，使其導電能力因而改變，形成雜質半導體，此過程稱爲摻雜（doping）。利用此種特殊性質，便可設計出各類電子電路上所需的元件。

半導體材料依其構成的元素可分爲元素半導體（element semiconductors）以及化合物半導體（compound semiconductors），分別敘述如下：

註 原子的基本構造爲電子與原子核中的質子及中子，而原子最外層軌道上的電子，稱爲價電子。

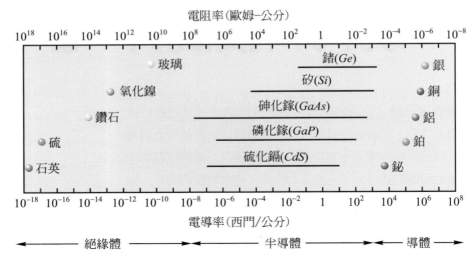

圖 16-1 導體、半導體、絕緣體的電導率分布圖。電導率為電阻率的倒數,都可用來表示物體的導電性(1 西門 = 1 / 歐姆)

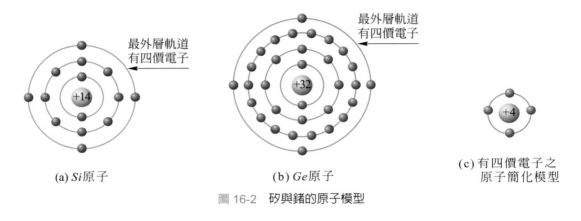

(a) Si 原子　　　(b) Ge 原子　　　(c) 有四價電子之原子簡化模型

圖 16-2 矽與鍺的原子模型

一、元素半導體

以矽(silicon, Si)或鍺(germanium, Ge)等四價元素(外層軌道有四個價電子)為材料所製成的半導體,如圖 16-2 所示。在 1950 年代初期,鍺是最主要半導體材料,也是第一個用來製造電晶體的材料,但它的熱穩定性較差,地球的含量也較稀少,在 1960 年初期之後,改由以矽為半導體的主要材料,應用最為普遍。矽元件在室溫下有較佳的穩定性,而且藏量豐富約佔地表的百分之二十五,其價格低廉而製造容易。

二、化合物半導體

　　化合物半導體包括，三五族元素的化合物，二六族元素的化合物，甚至有由三種元素製成的三元化合物，只要外圍價電子的總數為 8，均可視為半導體材料，如表 16-1 所示。這類材料在通電後，常具有發光的現象，例如砷化鎵（GaAs）適合製作光電元件材料與高頻微波元件，磷化銦（InP）適合製作光纖傳輸的光源，氮化鎵（GaN）適合製作藍光 LED……等。

表 16-1　三五族與二六族元素的化合物具有半導體的特性

II B 族	III A 族	IV A 族	V A 族	VI A 族
	B 硼	C 碳	N 氮	O 氧
	Al 鋁	Si 矽	P 磷	S 硫
Zn 鋅	Ga 鎵	Ge 鍺	As 砷	Se 硒
Cd 鎘	In 銦		Sb 銻	Te 碲
Hg 汞	Tl 鉈			

三五族
二六族

　　常用的純半導體材料矽與鍺，最外層軌道都有 4 個價電子，而原子之間以共價鍵結合成晶體，故每個晶體內原子的最外層都具有八個電子，如圖 16-3 所示，電子都被束縛住而使其導電性甚差。想要增加其導電性，最簡單的方法就是加熱，使電子逃離束縛形成自由電子，但其效果有限。

　　增加半導體導電性較有效的方法為摻雜，使其形成雜質半導體。當我們用第五族的元素當作雜質來取代一個矽原子，則矽與五族元素的外層總電子數變為 4 + 5 = 9 個，扣除共價鍵的 8 個，就會多出 1 個自由電子（負電）做為導電用，稱為 **n 型半導體**（negative type semiconductor），如圖 16-4(a) 所示。若是加入三價元素後，矽與三價元素的外層總電子數為 4 + 3 = 7 個，則是少了 1 個電子。這一個空位被稱為**電洞**（hole），會使得旁邊的電子遞補過來，而在原處又產生空位，其旁邊的電子又開始遞補，如此循環，也會造成電子的移動，而

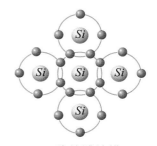

(a) 矽晶體結構

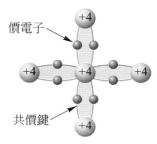

價電子

共價鍵

(b) 簡化晶體結構

圖 16-3　矽原子間以共價鍵結合成晶體結構

形成電流。加了三價元素後的半導體，稱爲 **p** 型半導體（positive type semiconductor），如圖 16-4(b) 所示。

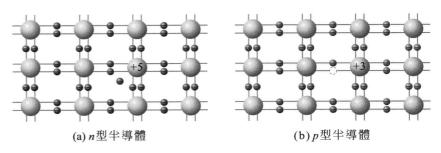

(a) n 型半導體　　　　　　　(b) p 型半導體

圖 16-4　n 型與 p 型半導體

16-1.2　二極體與電晶體

一、二極體

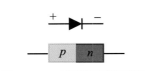

圖 16-5　二極體示意圖與電路符號

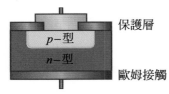

圖 16-6　二極體的實際結構圖

思考問題
如何利用二極體將交流電轉換成直流電？

將 n 型與 p 型半導體接在一起，會成爲 **p-n** 接面二極體（p-n junction diode），簡稱二極體（diode），如圖 16-5、16-6 所示。在 p-n 二極體中，n 型半導體內的自由電子遠多於 p 型半導體內的自由電子，故 n 型半導體內的自由電子會往 p 型半導體擴散，與 p 型半導體內的電洞結合；同理，p 型半導體內的電洞也會往 n 型半導體擴散。此過程所產生的電流稱爲**擴散電流**（diffusion current），如圖 16-7(a) 所示，以 i_{diff} 表示。這種擴散現象使得在半導體接面區域處的 p 型半導體上之電子增加，n 型半導體上之電洞增加，因而形成由 n 型指向 p 型半導體的電場，這個電場會阻礙擴散現象的進行，此電場所產生的電流與擴散電流方向相反，稱爲**漂移電流**（drift current），以 i_{drift} 表示。

當到達平衡時，擴散電流與漂移電流互相抵消，此時在接面的鄰近區域上，電子與電洞相互結合，缺乏可移動的帶電體，故在此區域的導電性甚差，稱爲**空乏區**（depletion region），如圖 16-7(b)。

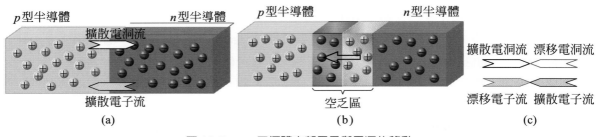

(a)　　　　　　　　　　(b)　　　　　　　　　　(c)

圖 16-7　p-n 二極體內部電子與電洞的移動

由上述可知，p-n 二極體在無外在電場的影響下（即未接上外在電壓時），會在接面附近區域形成空乏區，並因此形成內建電場。若將 p 型半導體接上電池的正極，n 型半導體接上電池的負極時，此時外加電場與空乏區內的內建電場方向相反，使得空乏區的電場減弱，空乏區因而變小，電阻則會下降。電洞與電子在外加電壓的驅使下，可以跨過空乏區，形成由 p 向 n 的電流，此時的外加電壓稱為順向偏壓（forward bias），如圖 16-8 所示。

反之，若將 p 型半導體接上電池的負極，n 型半導體接上電池的正極時，此時外加電場與空乏區內的內建電場方向相同，使得空乏區的電場增強，空乏區因而擴大，電阻升高，不利於電子與電動的流動，只會有微弱的逆向電流，此時的外加電壓稱為逆向偏壓（reverse bias），如圖 16-9 所示。當逆向偏壓持續增加而超過一額定值時，大量的逆向電流將會使二極體燒毀，如圖 16-10 所示，此一額定值為二極體的崩潰電壓（breakdown voltage），以 V_{BR} 表示。

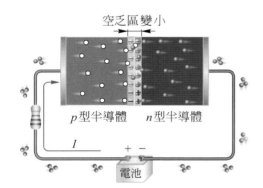

圖 16-8　順向偏壓下狀況下的 p-n 二極體

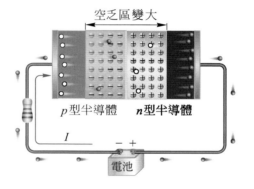

圖 16-9　逆向偏壓下狀況下的 p-n 二極體

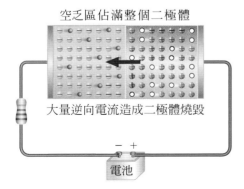

圖 16-10　即將崩潰的 p-n 二極體

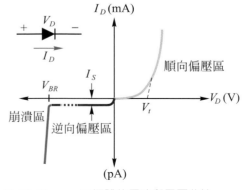

圖 16-11　p-n 二極體的電流與電壓曲線

輸入整流器的波形

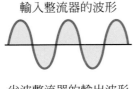

半波整流器的輸出波形

全波整流器的輸出波形

圖 16-12　整流器的輸出波形

圖 16-11 為 *p-n* 二極體的電流與電壓曲線，電流與電壓為非線性關係，不遵守歐姆定律。當順向偏壓（$V_D > 0$）夠大時，電流 I_D 隨電壓增大明顯提高；在逆向偏壓（$V_D < 0$）時，I_D 維持在一定值上，當 $|V_D| > |V_{BR}|$，二極體將崩潰而燒毀。

基於上述之特性，在電路上 *p-n* 二極體具有單向導通電流的功能，常被應用於電路的**整流器**（rectifier），可分為半波整流器與全波整流器，如圖 16-12 所示。利用整流器加上電容的濾波功能就可將交流電變為直流電，提供家庭之收音機、電視機等電器來使用。

二、電晶體

在 1947 年，三位美國物理學家巴丁（John Bardeen，1908-1991）、布萊登（Walter Houser Brattain，1902-1987）和肖克萊（William Bradford Shockley，1910-1989）利用半導體製造出世界上第一個**電晶體**（transistor）。電晶體是一種多重接面的半導體元件，具有控制電流、電壓以及信號功率增益功，常見的電晶體包含**雙極性接面電晶體**（bipolar junction transistor）與**場效電晶體**（field-effect transistor）。

雙極性接面電晶體簡稱 BJT，由三個摻雜濃度不同的半導體區域所組成，同時利用電子與電洞作為載子來傳導電流，可分成 *npn* 和 *pnp* 兩型。這種電晶體含有兩個 *p-n* 接面，可視為由兩個 *p-n* 二極體反向接合而組成，具有三個電極，中間的一層，稱為基極 *B*（base），兩側則分別稱為集極 *C*（collector）和射極 *E*（emitter），如圖 16-13 所示。其中，以射極的摻雜的濃度最高，基極次之，集極最低。

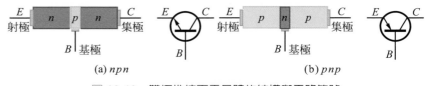

(a) *npn*　　　　　　　　　　(b) *pnp*

圖 16-13　雙極性接面電晶體的結構與電路符號

圖 16-14　常見的雙極性接面電晶體

在 *npn* 中，自由電子為傳送電流的多數載子，反之，*pnp* 則以電洞為傳送電流的多數載子。由於自由電子對電場的反應較電洞靈敏得多，電子的移動速度也較快，故在電路設計時大多採用 *npn* 電晶體，其用途包括放大訊號與作為數位開關的功能。在使用上的優點為反應速度快，缺點則為電晶體本身消耗能量較大，溫度因而上升，須考慮到散熱的問題，圖 16-14 為常見的雙極性接面電晶體。

　　場效電晶體簡稱 FET，因利用電場來控制電流的大小而得名，與雙極性接面電晶體相同，都具有三個電極，但工作原理完全不同。FET 的控制電極稱爲閘極 G（gate），其他兩個電極分別爲源極 S（source）與汲極 D（drain），可分爲 n 通道場效電晶體（n-channel FET）與 p 通道場效電晶體（p-channel FET）兩型，如圖 16-15 所示。n 通道場效電晶體由源極提供電子，經 n 型通道到達汲極，電流方向爲汲極流向源極；p 通道場效電晶體由源極提供電洞，經 p 型通道到達汲極，電流方向爲源極流向到汲極。通道的特性因附近電場而改變，電場則由閘極的電位來控制，圖 16-16 爲 BJT 與 FET 對電流的控制原理示意圖。

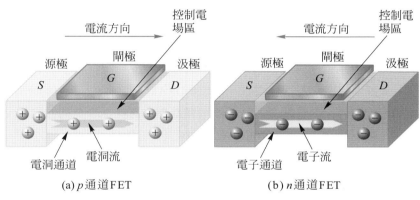

(a) p 通道FET　　　　　(b) n 通道FET

圖 16-15　場效晶體的結構示意圖

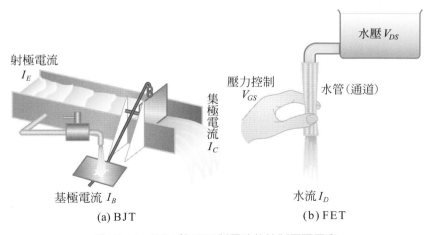

(a) BJT　　　　　(b) FET

圖 16-16　BJT 與 FET 對電流的控制原理示意

現今最常用的電晶體為金氧半場效電晶體（metal-oxide-semiconductor field effect transistor），簡稱 MOSFET，是由金屬氧化物半導體為結構基礎，所設計出來更小更實用的場效電晶體，其結構如圖 16-17 所示。

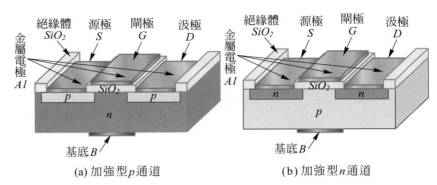

(a) 加強型 p 通道　　　　　　　　　(b) 加強型 n 通道

圖 16-17　金氧半場效電晶體的結構示意圖

電腦內的中央處理器 CPU、記憶體 DRAM、顯示卡、家庭的音響、電子遊樂器等，內部的電路皆有場效電晶體的存在。今日的社會裡，FET 在數位電子原件上的應用已超過 BJT 及其他的電子元件。

16-1.3　臺灣的半導體產業

當今我們每個人都正在享受著資訊的便捷，例如：手裡拿的手機、桌上擺的計算機、小巧方便的掌上型電腦、無所不在的網路、各式各樣的家庭電器用品等，與我們的生活息息相關。而這些高科技產物都離不開一樣最核心的元件：積體電路（integrated circuit），簡稱 IC。1958 年積體電路的發明，使得電子產品如此的短薄、耗電量低、性能穩定，走向輕、薄、短、小、美的境界，再一次掀起工業革命。甚至以今天的技術，各種晶片上的平均電晶體數已高達每平方厘米 660 萬個以上。

積體電路的製程，是把設計好的電路圖經由特殊方法縮成如晶片大小，經過數百道加工程序，可以將二極體、電晶體、電阻器及電容器……等數十萬個電子元件構成的電路，濃縮成只有幾平方公分並蝕刻到矽晶圓薄片上，每一片晶圓片上可製成數十到數百顆的積體電路，再經半導體封裝測試廠完成測試、切割和封裝後，淘汰不良產品，交由電腦、主機板、手機等各種不同廠商生產各式產品。由於積體電路、超大型積體電路的發展，對於龐大的數據處理或運算，以及數位通訊技術的提升，有著重大的貢獻，這些都已成為現代高科技工業中不可缺少的電子元件。

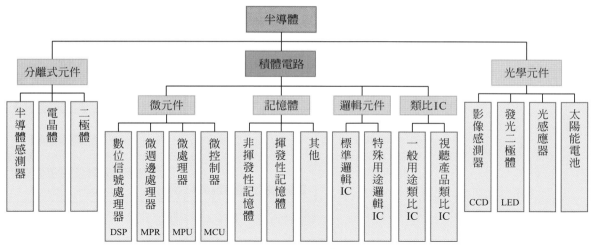

圖 16-18　半導體產業的分布

　　臺灣在這塊領域也沒有缺席，半導體產業大致可分為積體電路，光電元件與分離式元件，其分類如圖 16-18。在政府的大力推動下，半導體產業已經成為我國的第一大產業，在八吋與十二吋晶圓的製造上，為全球數一數二的基地，圖 16-19 為晶圖片與積體電路。產業的最大特色在於專業的分工架構，將 IC 設計、製造、封裝與測試四大型態加以分類分工，這與國外的垂直整合架構不同。在專業的分工架構下，各個製造工廠僅需負責部分製程，故更能專注於改善所負責的製造技術，增加生產的良率與效率，使得我國的半導體產業更具競爭力。

16-1.4　發光二極體

　　發光二極體（Light Emitting Diode）簡稱 LED，如圖 16-20 所示，是利用半導體材料所製成的固態發光元件。不同於一般白熾燈泡，發光二極體是屬於冷發光，不含水銀、省電、使用壽命長，再加上其體積小、耐震動等，在節約能源以及環保的共識下，符合省電、環保且安全的 LED 照明科技將更受重視，尤其高功率 LED 打破傳統的應用模式，從輔助照明切入照明市場，將開啟白光 LED 照明的新時代。

　　發光二極體的發光原理為對二極體外加一順向偏壓，在一適當的順向偏壓下，電子、電洞分別注入 N 極和 P 極兩端後，使得 n 型半導體內的自由電子流向 p 型半導體，p 型半導體內的電洞也會流向 n 型半導體。當電子與電洞結合時，便會在 p-n 界面區域處發光。電子與電洞結合時，電子會由高能量狀態掉回低能量狀態，損失的能量會以光的形式釋放出來。

圖 16-19　晶片與積體電路

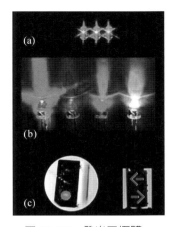

圖 16-20　發光二極體

不同材料製成的 LED 會發出不同顏色的光，如圖 16-21 所示，週期表中三族與五族元素是半導體材料中做爲光源、光偵測材料的主流。

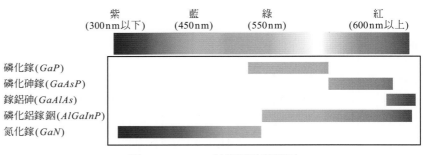

圖 16-21　LED 材質與發光範圍

台灣發光二極體（LED）產業已躍居全球第二大供給國，然而面對全球市場激烈競爭，台灣除了加速發展光電半導體產業技術外，搭配 LED 照明標準檢測技術，將有利於廠商拓展國際市場與產品使用的合法性。回顧全球 LED 產業發展已屆四十年，隨著材料與製程的改進，使得發光二極體產品的特性有大幅度的提升，近年來發光二極體的應用領域不斷的被開發，紅外光 LED 應用在資訊通訊方面及短距離的無線傳輸上；一般亮度的 LED 則應用於電子器材指示燈、室內顯示及消費性電子產品；高亮度 LED 除應用於戶外各種廣告看板及交通號誌外，並在汽車用光源及 LED 顯示器的背光源上，都有相當廣泛的應用。

16-1.5　太陽電池

太陽電池（solar cell）是以 p-n 二極體爲材料製作而成的，將光照射 p-n 接面的原子時，光子撞擊原子使原子釋放出電子，並造成電洞，p-n 接面上的電場會使電子往 n 型移動，使電洞往 p 型移動，因而產生電位差而向外形成電流，如圖 16-22 所示。

在光－電轉換的過程中，並非所有的入射光都能被太陽電池所吸收而轉成電流。當太陽光照射到一 p-n 結構的半導體時，有一半左右的光子因能量太低，對電池的輸出沒有貢獻，而其他另一半被吸收的光子中，約有 1/2 左右的能量以熱的形式釋放掉，所以單一電池的最高效率約在 25% 左右，目前實驗室所研發出來的效率，幾乎可達到理論值的最高水準。

太陽能電池的發電能力和它的面積成正比，但一般利用半導體晶片製作的大面積元件成本過高，只有在特殊場合，例如在人造衛星上，才

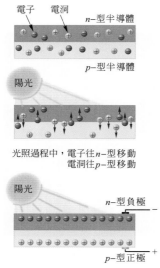

圖 16-22　太陽電池的發電原理

使用得到。而日常所用的太陽能電池，則是以玻璃做基板，先鍍上一層透明的導電膜（通常是氧化銦類的材料），製成非晶態的矽薄膜，並形成 p-n 接面。雖然非晶矽太陽電池的發電效率與使用期限較以晶體材料製作的差，但成本卻低得很多，適合一般發電使用。

最近，科學家們也致力開發太陽電池的新材料與技術，利用有機高分子半導體薄膜（厚度約 100nm）作為感光和發電材料，製造出有機導電高分子太陽能電池。此種技術共有兩大優點，一在於薄膜製程容易，可用噴墨、浸泡塗佈等方式，而且可利用化學合成技術改變分子結構，以提昇效率；另一優點則是因採用軟性塑膠作為基板材料，故具有質輕、可捲曲、色彩化、成本低廉及增大面積等優點，如圖 16-23 為可彎曲的太陽電池。有機太陽能電池一旦商品化，將創造更多生活化的應用，它可以攜帶成為行動電力，供露營使用或黏貼於汽車車窗，甚至直接加入車子烤漆內，也可設計於手機外殼上，隨時隨地的充電。有機太陽能電池不受角度限制，在有雲的情況下也能吸收光線，室內空間如機場或醫院，亦可裝置供應電力，比矽晶太陽能電池更具彈性與靈活度，成本亦較低。

圖 16-23　可彎曲的太陽電池

16-2　人造光

從火把、油燈、蠟燭到煤氣燈，以至於現代的電燈、LED 與雷射等，這些經由人類加工製造後才能產生的光稱為人造光。各式的照明燈讓夜晚大放光明，人類的生活由白日拓展至黑夜；變幻莫測的霓虹燈與廣告燈則把夜晚裝扮得絢麗多彩。

16-2.1　人造光的發現及其發展

18 世紀末，人們開始使用煤氣燈（瓦斯燈）來照明，利用煤氣管道供給城市的各個家庭與街頭照明來使用，但若煤氣管漏氣或堵塞時非常危險，故人們對於照明的改革十分殷切。1879 年，美國科學家愛迪生（Thomas Alva Edison，1847-1931）經過了 1600 多次耐熱材料和 600 多種植物纖維的實驗，製造出第一個炭絲燈泡，可以一次使用 45 個鐘頭。後來他更在這基礎上不斷改良製造的方法，終於推出可以點燃 1200 小時的竹絲燈泡。

　　愛迪生最大的貢獻就是，他為電燈的商業化應用建構整個配套系統。愛迪生為了推廣電燈的使用，自己訂定了一個艱鉅的任務：他還要創造一套供電系統。他研究出並聯電路（parallel circuit）、保險絲、絕緣物質、銅線網路等電器系統的各種附加設備；又製造了電壓穩定的發電機和發展電力連網系統。愛迪生的努力終於使紐約珍珠街的發電站在 1882 年正式啟用。此外，讓世界發光發亮的另一個功臣則是特斯拉（Nikola Tesla, 1856-1943），他所發明的交流電發電系統將電力傳送到世界的每一個角落，改善了人們的生活，增進了工業的發展並促進科學的進步。

　　現今電燈泡本身由玻璃製造，內部的燈絲是由細鎢絲製成的，燈泡內為真空或灌入低壓的惰性氣體，以防止燈絲在高溫下氧化。鎢的熔點高達 3400℃，通電時燈絲會因電流熱效應而加熱，當溫度逐漸上升而達一定的高溫時（約 2500℃），可看見燈絲由暗紅、亮黃而達到白熾狀態，熱能轉換為包含各種色光的白光而輻射出能量，故常將鎢絲燈泡稱為白熾燈泡，所發出的光稱為白熾光。

　　由愛迪生發明的鎢絲燈泡，給現代社會帶來光明，但它極浪費能源，它只利用電能的 10%-20%，其餘的 80%-90% 的電能則變成無用的熱能。為了要發展高效率的電燈以取代愛迪生的白熾燈泡，各國的科學家爭相研究。1938 年，美國通用電子公司製作出螢光燈，這種螢光燈是在一根低壓玻璃管內，填充一定量的水銀蒸汽，管的內壁塗有螢光材料，兩端各有一個電極。螢光燈利用低壓放電的原理發光，當燈管兩極通電而產生的加速電子撞擊汞原子時，汞原子會吸收電子的能量而成受激態，再躍遷回基態時會發出紫外光，紫外光照射壁上的螢光材料後，就會使螢光材料發光。

　　我們若變更螢光粉的種類，便可以得到適合不同場合的燈光，如適合辦公室與工廠的冷白光，適合用在溫暖社交環境中的溫白光。螢光燈它比白熾燈更亮，且電能利用率高故較為省電，由於螢光的光譜與日光相似，常被稱為日光燈。

　　隨著目前 LED 技術的進步，白光 LED 的應用也逐漸開展，曾經有人統計，若把全臺灣的日光燈替換成白光發光二極體裝置，一年可能省下相當一座核能發電廠的電量，加上發光二極體使用固態的無機物質與無機的螢光粉體，更解決了以往日光燈汞污染的問題，因此白光發光二極體可能是人類未來照明設備的最佳選擇，也是目前世界各先進國家所共同努力開發的目標。

　　人類採用的各種人造光不僅只是可見光，還包括被大多數人忽略的一些波長很長或很短的紅外光和紫外光等不可見光。例如，一些印刷機使用光敏固化原理讓油墨凝固，在這個過程中會產生紅外光；冬天使用的熱暖爐會發出紅外光，醫院裏也用紅外光和紫外光治療和消毒，另外還有各種激光（或稱爲雷射）的發明，其應用的範圍不斷拓展，如激光保鮮、激光育種、激光醫療、激光美容等，此外，激光亦廣泛應用於娛樂之上，雷射光碟、激光（或稱爲雷射）表演……等，已經成爲生活的一部份。

16-2.2　雷射 *

　　雷射（Laser），乃 light amplification by stimulated emission of radiation 等五字大寫首字之縮寫，其意思爲受激發輻射而產生光的放大。1960 年美國科學家梅曼（Theodore Harold Maiman，1927-2007）首先利用極亮的氙燈激發紅寶石產生輻射，再經振盪放大，產生人類第一束雷射光，發明了世界上第一台紅寶石雷射，從此之後，各式各樣的雷射如雨後春筍般的被科學家發明。雷射介質的主要作用爲將能源供給的能轉變爲光能，不同的雷射介質就會產生不同波長的雷射光，故雷射常以活性介質來命名，例如用紅寶石做爲介質就稱爲紅寶石雷射。而雷射介質可以是固體（紅寶石雷射、釹釔鋁石榴石雷射），液體（染料雷射）或氣體（二氧化碳雷射、氦氖雷射、準分子雷射），除此之外，尚有化學雷射、半導體雷射等，其活性介質不同，發出來的光顏色也不同，也有不同的特性及應用。在醫療上，由於不同顏色的光與人體組織的作用效果不同，在應用時也會因病變或部位的不同而需要使用不同的雷射。

　　雷射的發光原理和一般光源不同，一般光源是經由自發輻射而產生的，而雷射是以受激輻射來發光的。受激幅射發光在自然界是觀察不到的，但它的理論早在 1917 年愛因斯坦就已推導出來，並且預測了受激放射之輻射光的特性，開啓了雷射的研究與發展。

　　電子在原子中的能量並不是任意的，這些電子的能態會處在一些固定的「能階」，不同的能階對應於不同的電子能量。當原子內所有電子處於可能的最低能階時，整個原子的能量最低，我們稱原子處於基態，當一個或多個電子處於較高的能階時，我們稱原子處於受激態。

　　電子可以透過吸收或釋放能量從一個能階躍遷至另一個能階。例如：一個位於高能階的電子會透過發射一個光子而躍遷至較低的能階，

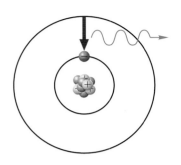

(a) 自發輻射

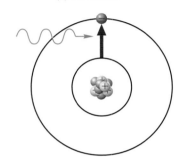

(b) 受激吸收

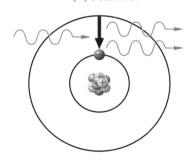

(c) 受激輻射

圖 16-24　光子與電子間的作用

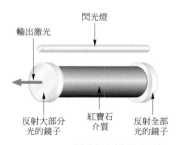

圖 16-25　雷射的構造示意圖

如圖 16-24(a) 所示；同樣地，當電子吸收了一個光子時，它便可能從一個較低的能階躍遷至一個較高的能階，如圖 16-24(b) 所示。在這些過程中，電子吸收或釋放的光子能量總是與這兩能階的能量差相等。由於光子能量決定了光的波長，因此，吸收或釋放的光具有固定的顏色。

電子躍遷可分為三種形式：

1. 自發輻射：若電子處在高能階而較低能階有空位時，電子會自發性的躍遷到較低能階，並輻射出一個光子，其光子的能量為兩能階間的差，如圖16-24(a)所示。

2. 受激吸收：光照射到物質，若光子的能量正好等於高低能階的差，而低能階上有電子且高能階上有空位時，則電子透過吸收光子從低能階躍遷到高能階，如圖16-24(b)所示。

3. 受激輻射：當有一個光子入射時，且其能量等於兩能階間的差距，就會誘發高能階上的電子躍遷到低能階，並釋放出光子。這些光子與入射的光子具有相同波長與方向，其相位也相同。由於一個光子會誘發一個原子發射出一個光子，最後會變成放出兩個相同的光子，如圖16-24(c)所示。

雷射基本上就是由第三種躍遷機制「受激輻射」所產生的。此外，這些光子在雷射共振腔內反射來回振盪數十次至數百次，使光的強度持續反覆的進行放大，最後穿出共振腔形成雷射光束。由於共振腔內的反射鏡只對極少數特定波長具有高反射率，故雷射光的波長範圍很窄，亦即具有單色性。

圖 16-25 為紅寶石雷射的構照示意圖，它由一枝閃光燈，紅寶石晶體介質和兩面鏡所組成，紅寶石晶體當中有微量的鉻原子。當閃光燈發出的光射入紅寶石晶體，使晶體中的鉻原子受到激發，最外層的電子躍遷到受激態。此時，有些電子會透過釋放光子，回到較低的能階。而釋放出的光子會被設於激光介質兩端的鏡子來回反射，誘發更多的電子進行受激輻射，使激光的強度增加。而在兩端的其中一面鏡子會將全部的光子反射，另一面鏡子則會把大部分光子反射，並讓其餘小部分光子穿過，而穿過鏡子的光子就是我們所見的雷射。

雷射光與其他的光源比較，有四個特點：

1. 高亮度（Brightness）：

　　雷射光的直徑只有 0.1 ～ 0.2 公分，連續波的雷射經常可聚集約 10^{-4} 至 200 瓦的功率於此小面積上，在這麼小的面積上能聚集如此大的功率，這是一般光源所不及的，故使用雷射時，不可用眼睛正對雷射光。

2. 高方向性（Directionality）：

　　直徑 0.15 公分的雷射光光點行進一公里後，僅會變成約 2 公分的大小，故可視為一接近平行的光源。一般的光源容易向四面八方發散，光度與距離的平方成反比，強度很快就會變弱。

3. 單色性（Monochromatity）：

　　雷射是單色光線，具有單一波長與單一頻率。一般光源，如太陽、白熾燈泡所發射出來的光線，乃是由許多不同頻率者所組成的，從牛頓以三稜鏡將太陽光散開成帶狀的彩色光譜即可得知。

4. 高相干性（Coherence）：

　　雷射光為同調光源，有如部隊踢正步走，不但每一步的大小一樣（波長相同），方向一致（低發散性），而且每一步落地的時間都一致（高同調性），這種整齊的步伐很容易就造成干涉的現象。普通光源的相干性是極差的，故很難看得到干涉現象。

思考問題
藍光播放器與一般的DVD光碟機有何不同？

　　雷射在現代科技領域裡，已經不再是一個摩登的抽象名詞，而是一種逐漸普遍應用於各種科學領域的工具，雷射甚至已經融入日常生活中，成為家喻戶曉的新發明。雷射光具有普通光源所沒有的四項特性，故能普及應用於研發醫療、通訊、資訊、及工業等領域。

　　藉由雷射的干涉效應，能夠真實記錄及顯現原物體形狀，產生全像紀錄，就算照片遭到毀損，只需一小塊區域，就可以將影像重建出來。而全像術應用於檢驗、資料的高密度存取、藝術、防仿冒標籤等，例如信用卡上亮亮的立體標記。此技術也可應用在護照上，以特殊波長的光照射才能看到影像內藏的記號或文字，增加防偽功能，指紋自動辨識等。

　　雷射在測量方面的應用有對準定位、量測精確的距離、雷射雷達等。在工業方面有機件製造、切割與銲接等。在資訊產品的應用則有光纖通訊、顯示器、印表機、消費性的雷射影碟與唱片等。在醫療上有雷

射手術、雷射除斑、癌治療、眼角膜矯正視力等,雷射幾乎成為各種領域應用上不可或缺的工具。

16-3　平面顯示器

　　傳統的電視或電腦顯示器是以陰極射線映像管(CRT)來製作,映像管是個真空的大型玻璃容器,需要較大的擺放空間,而近年開發的平面顯示器(flat panel display)其正面面板為平板式,不同於CRT的弧面式,所需空間小很多,已迅速普及至各類消費性電子產品。

　　當前平面顯示器主流為液晶與電漿,如圖 16-26 所示,液晶顯示器原本是為了小型顯示裝置而開發,如筆電、手機、與小螢幕電視等,在大型化過程中,液晶顯示器有其技術瓶頸。為了讓高畫質的大螢幕電視可以普及,以富士通公司為中心所開發的顯示技術—電漿顯示器(plasma display panel,即 PDP)因而誕生。若觀察目前的顯示器市場,尺寸在 30 吋以下的顯示器以液晶為主流,30 吋到 40 吋液晶和電漿各佔一半,但因液晶顯示器的製作技術有所突破,其占有率也日益擴大。

液晶顯示器 (LED)

電漿顯示器 (PDP)

圖 16-26　液晶與電漿顯示器

16-3.1　液晶的發現及其應用

　　液晶(liquid crystal)是一種兼具液體之流動性與晶體之一定規則排列性的特殊材料,故稱為液態晶體。液晶的種類繁多,每一個的性質都不同,但都有著低溫呈現固體結晶,溫度上升後會形成保持部分結晶性的液態物質,若再加溫時則變為液體狀的現象。

　　在 1888 年時,植物學家雷尼哲(Friedrich Reinitzer,1857～1927,奧地利人)在加熱安息香酸膽石醇時,意外發現到其異常熔解的現象,在 145～179°C 之間的渾濁液態物質具有晶體所特有的方向性質,證實了液晶的存在。1963 年時,美國 RCA 公司發現到液晶會受到電場的影響而產生偏轉的現象,也發現光線射入到液晶中會產生折射。於 1964 年,美國首先發表了全球首台利用液晶特性來顯示畫面的螢幕,在雷尼哲發現液晶物質後 80 年,「液晶」和「顯示器」兩個專有名詞才連結在一起,液晶顯示器(liquid crystal display,簡稱 LCD)成為大家朗朗上口的專業名詞。

　　就如同大多數新發明的科技一樣,液晶顯示器無法立即商業化與大量製造,到了 1973 年時,英國發現了可以利用聯苯來製作液晶,且聯

苯所製作的液晶顯示器十分安定，解決了以往所使用的液晶材料較不穩定的問題。在這之後，液晶顯示器開始應用於電子用品上，例如日本開始量產液晶顯示計算機。1983 年，日本發表全球首推的薄膜電晶體彩色液晶顯示器（TFT-LCD），較其他顯示器小型輕量，耗電量低，至今已成爲薄型顯示器的主流。

　　液晶材料具有液體特性，當受到光、熱、電場及磁場等外在作用時，液晶的光折射率、介電常數、磁化率及黏度等特性會隨著外在作用方向的不同而有所差異，導致光學或電學等特性改變。我們利用這種特殊的旋光性，製成液晶顯示器及光學感測器等物品。液晶顯示器是將液晶材料夾在經過處理的兩片玻璃板之間，玻璃板上有兩片互相垂直的偏光板，利用外加電場驅使液晶分子產生旋轉之變化，作爲 ON、OFF 之光閘開關。液晶顯示器不同於其他自發光性的顯示器，液晶不會發光，所需的光源來自於背面輔助光源或反射光源。在整個顯示器元件中，液晶其實扮演著光閥的作用；藉由不同的驅動電壓改變液晶的配列狀態，進而控制照明光穿透的程度，加上 RGB 三原色彩色濾光片的協助，而達到顯像的功能，如圖 16-27 所示。

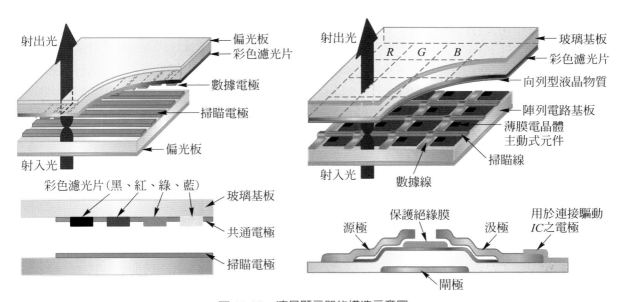

圖 16-27　液晶顯示器的構造示意圖

　　由於上下兩偏光板互相垂直，當未對液晶分子施加電壓時，光經由上方偏光板而成偏振光，經液晶分子的扭轉而轉向 90°，使光能通過下方的偏光板；若對液晶分子施加電壓時，其所形成的電場會使液晶分子

排列整齊而不會使光線扭轉，光就無法通過與上方偏光板垂直的下方偏光板，如圖 16-28 所示。利用這樣的特性，就能控制通過彩色濾光片上三原色的光線強度，而產生多采多姿的顏色。

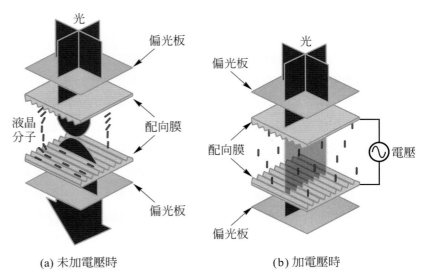

(a) 未加電壓時　　　　　　　　(b) 加電壓時

圖 16-28　利用外加電壓使液晶扭轉來控制光的穿透量

　　雖然液晶顯示器尚有可視角度的問題、反應時間的問題（速度慢就會有馬賽克），且因液晶面板不能完全遮掩住光源，而使得畫面很難顯示全黑等這些缺點。但由於液晶顯示器具有輕量薄型化、低耗電量及無輻射污染等優點，且能與半導體製程技術相容，順應著這股網際網路數位資訊化市場的興起，在短時間內產品之應用呈飛躍性的成長。近幾年來，液晶材料儼然成為各種攜帶型電子及資訊產品中不可或缺的顯示媒體，廣泛的應用於數位相機、行動電話、計算機、超薄型電視機及電器用品的顯示器上，在在顯示了液晶材料應用上的普遍與重要性。

16-3.2　電漿原理在平面顯示器上的應用

　　電漿（**plasma**）乃為一群荷電粒子與中性粒子所組成的高度離子化之高溫氣體，因為它的一些性質與氣體截然不同，故有人稱電漿為物質的第四態。宇宙間有 90% 以上的物質是以電漿的形式存在，如星雲、恆星或地球的電離層、高溫的太陽表面上以及日光燈管內，都是以電漿的型態存在。

　　電漿顯示器（**plasma display panel**）簡稱為 **PDP**，於 1964 年在美國研發成功，當時所使用的放電發光氣體是氖氣，所顯現的色彩是單一

的橙色。1972 年時，單色 PDP 已經廣泛被應用在工業和第一代手提電腦之數字與文字顯示器。電漿顯示器依結構及放電方式可分成直流型與交流型，1992 年之後，由於交流型 PDP 有結構簡單、壽命長與較不耗電的優點，加上製程可靠與品質信賴度高等因素，故成為市場上大型顯示器的主流。

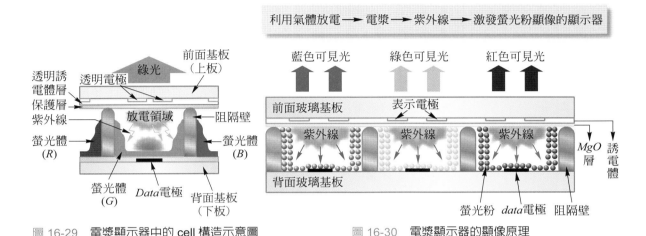

圖 16-29　電漿顯示器中的 cell 構造示意圖　　　圖 16-30　電漿顯示器的顯像原理

　　電漿顯示器的發光原理和日光燈管十分類似，日光燈管內的汞蒸氣為電漿狀態，利用電漿放電使之發光，我們可想像成有許多被縮小化的日光燈聚集在一起放電而形成螢幕。每一個放電空間稱為一個 cell，這些放電空間中會封入氖（Ne）、氙（Xe）或氦（He）等惰性混合氣體。圖 16-29 為 PDP 的一個 cell，每個 cell 裡面有兩片透明電極，當外加高電壓時，惰性氣體會離子化而形成電漿並釋放出紫外線，產生的紫外線被塗佈在阻隔壁上的螢光粉所吸收，螢光粉就會被激發出可見光，光的顏色則由螢光粉的種類所決定。圖中的放電領域為主要的發光區域，前面基板、背面基板，都是用含鈉的玻璃所作成，用以保護內部的構造。

　　彩色的電漿顯示器的螢光粉種類必須包括可發出紅、藍、綠三原色光的螢光粉，而每個 cell 都只能發出紅、藍、綠單一色光，故將三種顏色的 cell 排列在一起成一個單位，調整每種色光的比例，再配合驅動電路的設計，截取所需的色彩與影像訊號，就可產生出各式各樣的顏色，藉由數十萬個單位而形成美麗的畫面，如圖 16-30 所示。

電漿顯示器 PDP 的優點包含下列幾點：

1. 體積輕小，相同尺寸的 PDP，其深度只有 CRT 的 $\frac{1}{3}$，重量只有 $\frac{1}{3}$，因此可以輕易的掛在牆上擺設上較不占空間。
2. 視角廣大，可大到 160 度以上，且可製造出大尺寸的螢幕。
3. 不會受磁場干擾，畫質較穩定，適合使用在交通運輸工具上。
4. 壽命長可連續使用超過 20000 小時。
5. 影像不會扭曲，PDP 是數位控制的顯示器，畫面聚焦精確，即使在邊緣或轉角處，其發光效果良好，無幾何失真。

　　以目前的技術而言，電漿電視工作時所需的耗電量約 200 ～ 400 瓦特，仍比傳統電視高出 3 ～ 5 倍，與液晶電視相比也較耗電，但憑藉著超薄體積與重量遠小於 CRT 電視，畫質比液晶電視為佳，在大尺寸面板上的單位成本也較低，並兼具數位化、高解析度、不受磁氣影響、視角廣、平面畫面等特點，在市場上依然有其一定的佔有率，表 16-2 為液晶與電漿顯示器的比較。

表 16-2　液晶與電漿顯示器的比較

	電漿	液晶
畫質	較佳	可接受，反應速度較慢而有殘影
亮度	自發光，比 CRT 好	背光源，亮度較差
色彩品質	比 CRT 好，但有跳動問題	無跳動問題，但黑色不夠深
耗電量	一台 42 吋螢幕需 250 瓦特	一台 42 吋螢幕需 150 瓦特
可視角	較佳	隨著 X 與 Y 軸稍有不同
螢幕尺寸	大於 32 吋	大於 2 吋
壽命	3 萬小時	6 萬小時
重量與厚度	較重較大	較輕較小
輻射	低輻射	零輻射
瑕疵畫素	很少	比例較電漿為多

16-3.3　有機發光二極體在平面顯示器上的應用

　　有機發光二極體顯示器（organic light emitting diode）簡稱 **OLED**，又稱為**有機電激發光顯示器**（organic electro luminesence，OEL）。自

1979 年美國柯達公司的鄧青雲博士（Ching W. Tang）無意間發現到，在黑暗中一塊有機蓄電池在閃閃發光，為 OLED 拉開序幕。在 1987 年，柯達公司成功的以有機材料製成類似 p-n 二極體的元件，此元件為一低電壓而高功率的光發射器。1990 年，英國的康橋公司也成功研發出高分子有機發光原件，並持續研究。

　　LED 的材料為無機物質的元素與化合物，而 OLED 的材料為有機物質。LED 利用不同材料中的電子與電洞結合過程的能階轉換釋放出光子，並因能階的不同而產生不同顏色的光；OLED 的發光原理類似發光二極體 LED，將 OLED 外加偏壓，使電子電洞分別經過電子與電洞的傳輸層後，進入一具有發光特性的有機物質，電子與電洞結合後放出受激態的光子，當光子將能量釋放出來而回到基態時，這些被釋放出來的能量，因所選擇的發光材料的不同，使部份能量以不同顏色的光釋放出來，如圖 16-31 所示。在發光過程中，有機物質所吸收的光子頻率大多在可見光頻譜之外，故 OLED 可產生較高效率的光，表 16-3 為 OLED 的優勢分析。

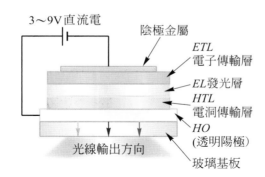

圖 16-31　OLED 的構造示意圖

表 16-3　OLED 的優勢分析

優勢		劣勢
◎自發光	◎高亮度	◎使用壽命不長
◎廣視角	◎低耗電性面板厚度薄	◎較難達到全彩化的效果
◎高對比	◎可繞曲	◎量產、核心技術
◎解析度佳	◎應用範圍方面較為廣泛	◎研發…etc.
◎快速反應		
◎低操作電壓		

如果說液晶顯示器是二十世紀平面顯示器的發展史中，一個令人驚喜的里程碑，那麼有機發光二極體顯示器則是人類在二十一世紀所夢想追求能超越液晶顯示器的平面顯示技術，主要是因爲有機發光二極體顯示器具有下列特色：

1. 自發光，視角廣達 165° 以上。

2. 反應時間快（～ 1μs），低操作電壓（3 ～ 9VDC），具高發光效率。

3. 面板厚度薄（2mm）。

4. 可製作大尺寸與可撓曲性面板。

5. 可利用印刷方式大量製造，製程簡單，具有低成本的潛力。

這幾年來，科學家正在研究以塑膠基板取代玻璃基板，製成可撓曲式的 OLED，即 Flexible OLED，也稱爲 FOLED，如果能順利研發成功，則類似捲軸式的電子書刊（e-paper）或行動電話，將不再是如好萊塢電影中的科幻情節了，如圖 16-32 所示。

圖 16-32　可撓曲式的顯示螢幕

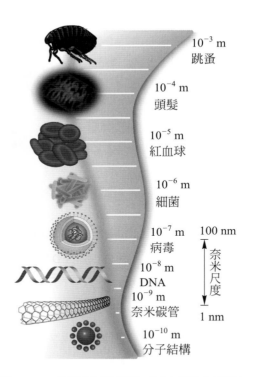

圖 16-33　奈米世界的對比（圖中單位為奈米）

16-4　奈米科技與應用

　　所謂的奈米（nanometer），並非是可食用的稻米，而是一個極小的長度單位，奈米中的「米」字代表一公尺（meter），「奈」字（nano-）來自希臘字的接頭語，有侏儒的意思，現今代表十億分之一（10^{-9}），兩個字的組合亦即代表十億分之一公尺。一個奈米到底有多小？一個奈米大概是 10 個氫原子相連的長度，約等於人類頭髮直徑的十萬分之一，病毒大小的仟分之一倍，如圖 16-33 所示。

　　微米（μm）與奈米（nm）都是度量衡單位，$1\mu m = 10^{-6}m$，奈米是微米的 $\dfrac{1}{1000}$，材料尺度由微米到奈米所代表的意義並不只是尺寸的縮小，而是產生新而獨特的物質特性。奈米技術是近廿年才開始發展，這是因為在 1980 年代各種電子顯微鏡的發展，使科學家能研究更小尺度的範疇，提供了研究奈米科技所需的「眼睛」與「手指」。這些電子顯微鏡包含電子掃描穿隧顯微鏡（scanning tunneling microscope, STM）、原子力顯微鏡（atomic force microscope, AFM）、近場光學顯微鏡（near-field microscope, NFM）等等。

　　科學家發現同樣的材料在傳統大尺度與奈米尺度中，會表現出完全不同的透光、導電、導熱與磁性等物理性質，另外腐蝕、氧化等化學作用穩定性也不同，因此也就衍生了許多新的應用。也就是說，進入奈米尺度後，所有物質都等於變成一種新物質，這也是奈米科技發展無可限量的原因，如圖 16-34 所示。

圖 16-34　利用奈米科技微小化的硬碟

　　以無人不愛的黃金為例，當它被製成金奈米粒子（nanoparticle）時，顏色不再是金黃色而呈現紅色，這說明了光學性質因尺度的不同而有所變化。又如石墨因質地柔軟而被用來製作鉛筆筆芯，但同樣由碳元素構成且結構相似的碳奈米管，強度竟然遠高於不銹鋼，又具有良好的彈性，因此成為顯微探針及微電極的絕佳材料，也可製成場效電晶體，為分子電子學的一大進步。將二氧化鈦粉末做到奈米級大小，可溶於水中塗在物體上面，製成奈米光觸媒；在特殊波長紫外線的照射下，光觸媒可分解有機物、細菌與污染物，可用於防止污染與殺菌；在表面則會形成與水分子極易結合的超親水性，形成流動性高的水膜，可帶走表面附著的灰塵，而有自我潔淨的功用；除此之外，亦可用於金屬的防鏽與玻璃的除霧上，具有許多功能，如圖 16-35 所示。

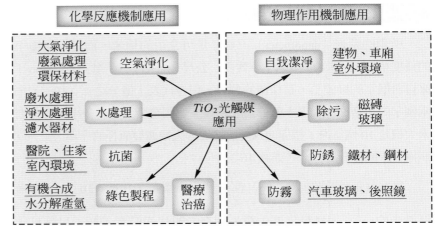

圖 16-35　光觸媒的應用範圍

奈米科技聽來先進，但奈米效應與現象長久以來即存在於自然界中，並非全然是科技產物，若能「師法自然」，應可為人類提供眾多構思及開發嶄新產品的靈感。例如昆蟲多半體積嬌小重量極輕，如果翅膀上沾有一點點灰塵或水滴，會因重量不平均而造成飛行時的問題，所以在昆蟲的翅膀表面上具有奈米結構，可以很輕易地將灰塵或小水滴抖落。

荷葉上的水珠是一顆顆圓滾滾的，而不會攤平在葉片上的現象，所謂「蓮花出淤泥而不染」，就是在敘述荷葉這樣的特性。其奧秘就在於荷葉的表面上有許多呈突起狀的表皮細胞，突起高度約 5 ～ 15 微米，表皮細胞上又覆蓋著疏水性的含蠟絨毛，長度約 100 奈米。這些突起的表皮細胞將水珠頂起，使水珠無法與葉面完全接觸，含蠟絨毛又進一步削弱水珠與葉面的吸附力量，加強荷葉的疏水能力。由於荷葉表面不沾水滴，污垢自然隨著水滴從表面滑落，目前市面上已有仿效荷葉「自潔效應」的奈米磁磚及奈米烤漆等產品。

人類文明在歷經前兩個世紀的機械、電子乃至於資訊科技所帶來的工業革命，下一次的工業革命已隨著奈米科技的興起而到來。奈米材料具有特殊的電、光、熱、聲及化學等性質，奈米科技的研究則涵蓋了金屬、半導體、電機、機械、能源、光電資訊及生技醫療等應用，其涵蓋領域甚廣，對未來科技具有極大的影響。目前世界各國無不競相投注大量的人力與資金，進行相關的研究開發，我國則在 2001 年將奈米科技列為新興高科技產業的策略性焦點項目，並於工研院成立「奈米科技研發中心」，致力於奈米材料、奈米生技、奈米電子與奈米機械四大領域的發展，開發新的科技產品以便利我們的生活。

16-1 半導體的發現及其應用

1. 半導體，顧名思義是導電能力介於導體和絕緣體之間的物質，其電阻會隨著溫度的上升而降低，可分為純半導體與雜質半導體兩大類。

2. 純半導體材料加入微量的雜質後，可以改變半導體的內部結構，使其導電能力因而改變，形成雜質半導體，此過程稱為摻雜（doping）。

3. 導體材料依其構成的元素可分為元素半導體以及化合物半導體。

4. 當我們用第五族的元素當作雜質來取代一個矽原子，就會多出 1 個自由電子（負電）做為導電用，稱為 n 型半導體。若是加入三價元素後，則是少了 1 個電子，這一個空位被稱為電洞，利用電洞造成電子的移動，而形成電流，稱為 p 型半導體。

5. 將 n 型與 p 型半導體接在一起，會成為 p-n 接面二極體，簡稱二極體，具有單向導通電流的功能，常被應用於電路的整流器。

6. 常見的電晶體包含雙極性接面電晶體與場效電晶體。

7. 雙極性接面電晶體簡稱 BJT，由三個摻雜濃度不同的半導體區域所組成，同時利用電子與電洞作為載子來傳導電流，可分成 npn 和 pnp 兩型。

8. 在電路設計時大多採用 npn 電晶體，其用途包括放大訊號與作為數位開關的功能。在使用上的優點為反應速度快，缺點則為電晶體本身消耗能量較大，溫度因而上升，需考慮到散熱的問題。

9. 場效電晶體簡稱 FET，因利用電場來控制電流得大小而得名，可分為 n 通道場效電晶體與 p 通道場效電晶體兩型。

10. 發光二極體簡稱 LED，為利用半導體材料所製成的固態發光元件。

11. 太陽電池是以 p-n 二極體為材料製作而成的。將光照射 p-n 接面的原子時，光子撞擊原子使原子釋放出電子，並造成電洞，p-n 接面上的電場會使電子往 n 型移動，使電洞往 p 型移動，因而產生電位差而向外形成電流。

16-2 人造光

1. 1879 年，美國科學家愛迪生製造出第一個炭絲燈泡，經改良後推出可以點燃 1200 小時的竹絲燈泡。

2. 現今電燈泡本身由玻璃製造，內部的燈絲是由細鎢絲製成的，燈泡內為真空或灌入低壓的惰性氣體中，以防止燈絲在高溫下氧化，稱為鎢絲燈泡或白熾燈泡，所發出的光稱為白熾光。

3. 電燈泡極浪費能源，它只利用電能的 10%-20%，其餘的 80%-90% 的電能則變成無用的熱能。

4. 雷射（Laser），乃 light amplification by stimulated emission of radiation 等五字大寫首字之縮寫，其意思為受激發輻射而產生光的放大。

5. 雷射光與其他的光源比較，有四個特點：(1) 高亮度；(2) 高方向性；(3) 單色性；(4) 高相干性。

16-3　平面顯示器

1. 液晶是一種兼具液體之流動性與晶體之一定規則排列性的特殊材料，故稱為液態晶體。

2. 液晶的種類繁多，每一個的性質都不同，但都有著低溫呈現固體結晶，溫度上升後會形成保持部分結晶性的液態物質，若再加溫時則變為液體狀的現象。

3. 在整個顯示器元件中，液晶其實扮演著光閥的作用；藉由不同的驅動電壓改變液晶的配列狀態，進而控制照明光穿透的程度，加上 RGB 三原色彩色濾光片的協助，而達到顯像的功能。

4. 電漿乃為一群荷電粒子與中性粒子所組成的高度離子化之高溫氣體，因為它的一些性質與氣體截然不同，故有人稱電漿為物質的第四態。

5. 電漿顯示器簡稱為 PDP，發光原理和日光燈管十分類似。

6. 有機發光二極體顯示器簡稱 OLED，又稱為有機電激發光顯示器。OLED 的發光原理類似發光二極體 LED，但 OLED 的材料為有機物質。

16-4　奈米科技與應用

1. 奈米是一個極小的長度單位，一個奈米大概是 10 個氫原子相連的長度；材料尺度由微米到奈米所代表的意義並不只是尺寸的縮小，而是產生新而獨特的物質特性。

2. 進入奈米尺度後，所有物質都等於變成一種新物質，這也是奈米科技發展無可限量的原因。

3. 奈米科技聽來先進，但奈米效應與現象長久以來即存在於自然界中，並非全然是科技產物，若能「師法自然」，應可為人類提供眾多構思及開發嶄新產品的靈感。

習　題

一、選擇題

(　) 1.　下列有關奈米科技的敘述，何者正確？
　　　　(A) 一般光學顯微鏡無法觀察到奈米尺度的結構
　　　　(B) 雷射的發光原理與奈米科技相關
　　　　(C) 一個原子的直徑大約為一百奈米
　　　　(D) 奈米材料的物理特性和一般大尺寸材料沒有重大差異
　　　　(E) 奈米科技與化學、生物領域無關。

(　) 2.　在矽半導體內摻雜下面哪一種原子，可以製造 p 型半導體？　(A) 碳　(B) 硼　(C) 硫　(D) 磷。

(　) 3.　二極體內之擴散電流發生的原因是　(A) 溫度不均勻　(B) 內部有電場施力　(C) 兩端載子濃度不均勻　(D) 兩端有電壓。

(　) 4.　右圖為一個二極體在未接上偏壓時，其接面處的空乏區（網底內）的示意圖，則當此二極體接上正向偏壓時，其空乏區（虛線內）應為？

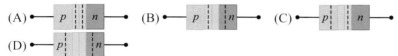

(　) 5.　下列有關雷射的敘述，何者錯誤？
　　　　(A) 雷射光的強度很集中，不可用眼睛直視
　　　　(B) 雷射的方向性很好，集中度高
　　　　(C) 雷射與一般光源的差距，僅在於強度較大
　　　　(D) 雷射光可用於眼科手術的工具。

(　) 6.　下列有關發光二極體的敘述，何者錯誤？
　　　　(A) 發光二極體會發出可見光，但不能發出不可見光
　　　　(B) 發光二極體的發光強度已能用於室內外照明
　　　　(C) 發光二極體較燈泡輕巧、省電、壽命長
　　　　(D) 發光二極體可用於短距離的訊號傳輸，如遙控器、自動門。

二、填充題

1. 以五價元素來取代半導體內部份矽原子時，會多出一個_____，稱為_____。若改以三價元素取代時，則會多出一個_____，稱為_____。

2. 常見的電晶體包含_____與_____。

3. 雷射光與其他的光源比較，有四個特點：(1) _____；(2)_____；(3)_____；(4) _____。

4. 發光二極體簡稱_____；液晶顯示器簡稱_____；電漿顯示器簡稱_____；有機發光二極體顯示器簡稱_____。

5. 液晶的特性為_____。

簡答

第一章　緒論

類題解答

P11
類題一　580 奈米，0.58 微米

P12
類題二　19.3 g/cm³

P13
類題三　$W : \text{kg} \cdot \text{m}^2 \cdot \text{s}^{-2}$
　　　　$P : \text{kg} \cdot \text{m}^2 \cdot \text{s}^{-3}$

P14
類題四　(1) 不相等。　(2) 不相等。　(3) 相等。
　　　　(4) 相等。

本章習題解答

一、選擇題
1.(D)　2.(B)　3.(B)　4.(A)　5.(A)　6.(B)
7.(C)　8.(D)　9.(D)　10.(D)

二、填充題
1. 9.46×10^{15}
2. 古典力學、熱物理學、光學、電磁學
3. 量子論、相對論
4. 數值、單位
5. 時間、長度、質量
6. 10^7
7. 2：3，8：27
8. 6500

第二章　運動學

類題解答

P19
類題一　平均速度：-0.5 m/s，向左；
　　　　平均速率：1.5 m/s

P20
類題二　(1) 平均速度：$\frac{1}{30}$ cm/s；
　　　　　　平均速率：$\frac{\pi}{60}$ cm/s
　　　　(2) 平均速度：$\frac{\sqrt{2}}{30}$ cm/s；
　　　　　　平均速率：$\frac{\pi}{60}$ cm/s
　　　　(3) 平均速度：0 cm/s；
　　　　　　平均速率：$\frac{\pi}{60}$ cm/s

P22
類題三　初速度：20 公尺／秒；
　　　　末速度：40 公尺／秒
類題四　20 秒

P25
類題五　(1)29.4 公尺／秒　(2)44.1 公尺

P26
類題六　75 公里／小時，向南

P29
類題七　(1)3π m/s　(2)π rad/s；(3)$3\pi^2$ m/s²

本章習題解答

一、選擇題
1.(D)　2.(C)　3.(D)　4.(B)　5.(C)　6.(D)
7.(C)　8.(C)　9.(B)　10.(C)　11.(C)　12.(D)
13.(D)

二、填充題
1. 2000　2. (1) $\sqrt{\frac{MgR}{m}}$　(2) $2\pi\sqrt{\frac{mR}{Mg}}$

三、計算題
1. 10 秒
2. (1)$1^2 : 2^2 : 3^2 : 4^2$　(2)1：2：3：4
　(3)1：1：1：1
3. 1.6 秒時相撞，撞擊處距離地面 50.176 公尺高
4. 98 分鐘

第三章　牛頓運動定律與萬有引力

類題解答

P35
類題一　135 牛頓

P40
類題二　3 m/s^2，向右

P45
類題三　$\dfrac{1}{9}g$

P48
類題四　40 牛頓，24 牛頓

P50
類題五　(1)2.8 m/s^2　(2)0 m/s^2，木塊不動
類題六　(1)4 m/s^2　(2)72 m

本章習題解答

一、選擇題
1.(C)　2.(B)　3.(D)　4.(D)　5.(D)　6.(C)
7.(B)　8.(C)　9.(C)　10.(C)

二、填充題
1. 大小、方向、作用點
2. 49
3. 2
4. 30，20
5. 2

三、計算題
1.(1)8 m/s　(2)16 m
2.(1)3 m/s^2　(2)9 N
3.(1)1.0 m/s^2　(2)0.20

第四章　靜力學

類題解答

P57
類題一　48 N・m

P59
類題二　20 N，向上，距左端 6 m 處

P60
類題三　支點左側 1.2 m 處

P62
類題四　(1.2, 1.9)

P64
類題五　距父親 0.75 m 處

P65
類題六　$T = 200$ N，$F = 100\sqrt{3}$ N

P66
類題七　130 N

本章習題解答

一、選擇題
1.(B)　2.(D)　3.(B)　4.(A)　5.(D)　6.(B)
7.(A)　8.(A)　9.(C)　10.(B)

二、填充題
1. 移動，轉動
2. 逆時針，順時針
3. 150，逆時針
4. 10，1.4
5. 1900

三、計算題
1. 200$\sqrt{3}$ N
2. (1)1.25 m　(2)$\dfrac{4}{3}$ m

第五章　功與能量

類題解答

P75
類題一　(1)240 J　(2) − 200 J

P77
類題二　(1)150 N　(2)600 W　(3)3600 J

P79
類題三　350000 J

P84

類題四　第一次：100 J；第二次：16 J

P86

類題五　(1)28 m/s　(2)30 m

P87

類題六　10 公分

P88

類題七　(1)40 J　(2)25 J　(3)14.96 J

本章習題解答

一、選擇題

1.(D)　2.(A)　3.(A)　4.(C)　5.(C)　6.(A)

7.(C)　8.(A)　9.(A)

二、填充題

1. 746

2. 4

3. 180

4. $10\sqrt{2}$

5. 1200

三、計算題

1. 8 N

2. (1)2 m/s　(2) 在伸長約 14.14 公分處

3. (1)30000 焦耳　(2)1500 瓦特

第六章　動量守恆及其應用

類題解答

P94

類題一　-42 kg・m/s

P97

類題二　(1)36 kg・m/s　(2)36 kg・m/s

　　　　(3)12 N

類題三　60 N

P99

類題四　2 m/s

P102

類題五　甲球：-2 m/s；乙球：19 m/s

P103

類題六　(1)1 m/s　(2)3 J

本章習題解答

一、選擇題

1.(D)　2.(A)　3.(D)　4.(A)　5.(D)　6.(C)

7.(C)　8.(B)　9.(B)　10.(A)

二、填充題

1. 5

2. 2.4

3. 300

4. 0.5

5. 0

三、計算題

1. 9.0 kg・m/s

第七章　熱學

類題解答

P110

類題一　98.6 ℉

P112

類題二　147910 卡

P113

類題三　$T = 40$ ℃

P116

類題四　91 ℃

P118

類題五　118.81 公分

本章習題解答

一、選擇題

1.(C)　2.(A)　3.(C)　4.(D)　5.(E)　6.(B)

7.(B)　8.(B)　9.(B)　10.(B)

二、填充題

1. 0.23，46

2. 14400

3. 5011.7

4. 176，353

5. 75

6. (1)0.75　(2)6　(3)40

7. 0.1

三、計算題

1. 略

第八章　波動

類題解答

P133

類題一　0.2Hz，2cm/s

本章習題解答

一、選擇題

1.(C)　2.(D)　3.(C)　4.(C)　5.(A)　6.(C)

7.(D)　8.(C)　9.(B)　10.(C)　11.(C)　12.(A)

13.(B)　14.(B)

二、填充題

1. (1)A、B　(2)A、C　(3)10，200，2000

2. 相反，相同

3. 相長，相消

4. 繞射，干涉

5. 60　1／秒

6. 橫波

7. 波長，波峰，波谷

8. (1)40，6　(2)40　(3)1，1　(4)0.5，20

第九章　聲波

類題解答

P145

類題一　(1)0.5 公尺，340 公尺／秒

　　　　(2)2.29 公尺

P147

類題二　175 公尺

本章習題解答

一、選擇題

1.(B)　2.(C)　3.(C)　4.(A)　5.(D)　6.(A)

7.(C)　8.(D)　9.(D)　10.(B)　11.(B)　12.(A)

二、填充題

1. (1)343　(2)1.715　(3)0.005

2. 85.75

3. (1)0.02　(2)6.68

4. 17 ～ 0.017

5. 1666

三、計算題

1. 略

2. 559 秒

第十章　光學

類題解答

P164

類題一　80 ～ 175 公分，95 公分

P168

類題二　倒立縮小實像，在鏡前 9 公分處

P172

類題三　(1) $\frac{4}{3}$　(2) $\frac{3}{8}$

P175

類題四　$\frac{8}{3}$

P179

類題五　(1) 成像在鏡前 24 公分處　(2)1.2 公分
　　　　(3) 正立縮小虛像

本章習題解答

一、選擇題

1.(A)　2.(A)　3.(C)　4.(A)　5.(A)　6.(B)
7.(A)　8.(B)　9.(D)　10.(D)　11.(A)　12.(C)
13.(C)　14.(C)

二、填充題

1. 0.1
2. 90
3. 100
4. 2.25×10^8

三、討論題

1. 略

第十一章　靜電學

類題解答

P188

類題一　(1)360 牛頓　(2)180 牛頓
　　　　(3)540 牛頓，方向向右

P189

類題二　150 牛頓／庫侖，方向爲東偏南 37 度

P193

類題三　0J

P195

類題四　$360\sqrt{2}$V，360 牛頓／庫侖

P196

類題五　90V

本章習題解答

一、選擇題

1.(D)　2.(B)　3.(D)　4.(B)　5.(A)　6.(A)
7.(A)　8.(D)　9.(B)　10.(B)

二、填充題

1. 2×10^6
2. 270
3. (1)5　(2)3　(3)8
4. 9
5. (1)4.5　(2)9　(3)9×10^4

第十二章　電流

類題解答

P203

類題一　44 歐姆

P205

類題二　9 倍

P207

類題三　1 安培，12 伏特

P209

類題四　(1)4 安培　(2)0.5 歐姆

P211

類題五　1250 秒

P212

類題六　60 元

本章習題解答

一、選擇題

1.(C)　2.(C)　3.(B)　4.(B)　5.(C)　6.(C)
7.(D)　8.(C)　9.(D)　10.(B)　11.(C)

二、填充題

1. 化學，電
2. 3.6×10^6
3. 8.64×10^6
4. 4，$\frac{8}{3}$，16
5. 2，5
6. 2400，1.5×10^{22}
7. $\frac{4}{3}$，0，$\frac{4}{3}$

第十三章　電流的磁效應

類題解答

P226

類題一　0.8 高斯，方向向北

類題二　7.85×10^{-3}T

P230

類題三　20 安培，方向相反

本章習題解答

一、選擇題

1.(A)　2.(D)　3.(B)　4.(D)　5.(D)　6.(B)

7.(C)　8.(A)

二、填充題

1. 向右

2. (1)16　(2) $8\sqrt{2}$　(3)0

3. 10^{-6}

4. 2.512×10^{-4}

5. 並，低，串，串，高，並

第十四章　電磁感應

類題解答

P242

類題一　(1)0.06Wb　(2)9V

P244

類題二　1.(1)N　(2)$Y \to X$

　　　　2.(1) 無　(2) 無

P246

類題三　(1)250 匝　(2)2.5 安培　(3)20 安培

本章習題解答

一、選擇題

1.(D)　2.(B)　3.(D)　4.(C)　5.(A)　6.(B)

7.(B)

二、填充題

1. 1250，250

2. 渦電流

3. 順時針

4. (1)150　(2)20

三、討論題

1. 略

第十五章　近代物理

本章習題解答

一、選擇題

1.(C)　2.(B)　3.(B)　4.(B)　5.(C)　6.(C)

二、填充題

1. (1) 湯姆森　(2) 侖琴　(3) 普朗克
　(4) 愛因斯坦　(5) 德布羅意

2. 小，基

3. 原子序，原子量

4. 10^{15}，6.626×10^{-19}，2.209×10^{-27}

5. 1.8×10^{12}

6. $h\nu$，$h\nu/c$

三、討論題

1. 略

第十六章　現代科技簡介

本章習題解答

一、選擇題

1.(A)　2.(B)　3.(C)　4.(A)　5.(C)　6.(A)

二、填充題

1. 自由電子，n 型半導體，電洞，p 型半導體

2. BJT，FET

3. (1) 高亮度　(2) 高方向性　(3) 單色性
　(4) 高相干性

4. LED，LCD，PDP，OLED

5. 兼具液體之流動性與晶體之一定規則排列性

圖片來源

第一章

圖 1-1　　　　http://www.math.nyu.
edu/~crorres/Archimedes/Claw/claw_lazos.jpg
圖 1-2　　　　富爾特科技股份有限公司。
圖 1-4　　　　http://www.scitechantiques.com/
Galileotelescope/
圖 1-5　　　　wikipedia 網站提供。
圖 1-7　　　　John Wiley & Sons：
Fundamentals of physics
圖 1-9　　　　wikipedia 網站提供。
圖 1-10　　　富爾特科技股份有限公司。
圖 1-11(a)　　富爾特科技股份有限公司。
圖 1-11(b)　　wikipedia 網站提供。
圖 1-11(c)　　富爾特科技股份有限公司。
圖 1-12　　　wikipedia 網站提供。
圖 1-13　　　http://tf.nist.gov/cesium/
atomichistory.htm
圖 1-15　　　國家度量衡準實驗室提供。

第二章

圖 2-1(a)　　富爾特科技股份有限公司。
圖 2-1(b)　　富爾特科技股份有限公司。
圖 2-1(c)　　達志有限公司。
圖 2-7　　　　達志有限公司。

第三章

圖 3-11 上　　富爾特科技股份有限公司。
圖 3-11 中　　富爾特科技股份有限公司。
圖 3-22　　　wikipedia 網站提供。
圖 3-23　　　flickr 網站，OregonDOT 提供。

第四章

圖 4-8　　　　富爾特科技股份有限公司。
圖 4-13　　　wikipedia 網站提供。

第五章

圖 5-4　　　　wikipedia 網站提供。
圖 5-6(a)　　flickr 網站，lolodrake 提供。

第六章

圖 6-4(b)　　裕隆日產汽車股份有限公司。
圖 6-7(a)　　wikipedia 網站提供。
圖 6-7(b)　　wikipedia 網站提供。
圖 6-10　　　YHS Physics Classroom 網站提供。

第七章

圖 7-2　　　　富爾特科技股份有限公司。
圖 7-3　　　　wikipedia 網站提供。
圖 7-8　　　　大同訊電股份有限公司。
圖 7-17　　　國有正和，高等學校物理 II，p168。

第八章

圖 8-1(a)　　富爾特科技股份有限公司。
圖 8-1(b)　　富爾特科技股份有限公司。
圖 8-1(c)　　富爾特科技股份有限公司。
圖 8-1(d)　　富爾特科技股份有限公司。
圖 8-12　　　達志有限公司。

第九章

圖 9-8(b)　　富爾特科技股份有限公司。

第十章

圖 10-16(a)　　John Wiley & Sons：
Fundamentals of physics
圖 10-26(a)　　flickr 網站，sfmine79 提供。

第十一章

圖 11-1　　富爾特科技股份有限公司。
圖 11-5　　wikipedia 網站提供。
圖 11-6　　wikipedia 網站提供。

第十二章

圖 12-3　　富爾特科技股份有限公司。

第十三章

圖 13-8　　富爾特科技股份有限公司。

第十五章

圖 15-2　　wikipedia 網站提供。

第十六章

圖 16-23　　上海晟盤太陽能設備有限公司

參考資料

1. 楊宗哲等 6 人著（2007）。普通高級中學物理（上）。臺北：全華圖書股份有限公司。

2. 楊宗哲等 6 人著（2008）。普通高級中學物理（下）。臺北：全華圖書股份有限公司。

3. 楊宗哲等 6 人著（2007）。普通高級中學選修物理（上）。臺北：全華圖書股份有限公司。

4 楊宗哲等 6 人著（2008）。普通高級中學選修物理（下）。臺北：全華圖書股份有限公司。

5. 鄭仰哲著（2006）。職業學校基礎物理 B。臺北：科友圖書股份有限公司。

6. 田麗文、王行達、莫定山、李佳榮、陳宗緯譯，David Halliday、Robert Resnick、Jearl Walker 著（2005）。*Fudamentals of physics, 7th Edition*。臺北：全華圖書股份有限公司。

7. Harris Benson 著（1995）。*University Physics, Revised Edition*。美國：John Wiley & Sons。

8. Cutnel、Johnson 著（2003）。*Physics 6th Edition*。美國：John Wiley & Sons。

9. 郭奕玲、沈慧君著（1994）。物理通史。新竹：凡異出版社。

10. 郭奕玲、沈慧君著（1996）。物理學演義。新竹：凡異出版社。

11. 梁衡著（2008）。數理化通俗演義。新竹：理藝出版社。

12. 陳可崗譯，Paul G. Hewitt 著（2003）。觀念物理。臺北：天下文化。

國家圖書館出版品預行編目資料

物理/葉泳蘭, 鄭仰哲編著. -- 二版. -- 新北市：
全華圖書股份有限公司, 民 112.10
面；　公分
ISBN 978-626-328-718-1(平裝)
1.CST: 物理學

330　　　　　　　　　　　　　112015705

物理

編著者 / 葉泳蘭、鄭仰哲

發行人 / 陳本源

執行編輯 / 陳俊健

封面設計 / 楊昭琅

出版者 / 全華圖書股份有限公司

郵政帳號 / 0100836-1 號

圖書編號 / 0910001

二版二刷 / 2024 年 9 月

定價 / 新台幣 450 元

ISBN / 978-626-328-718-1（平裝）

全華圖書 / www.chwa.com.tw

全華網路書店 Open Tech / www.opentech.com.tw

若您對本書有任何問題，歡迎來信指導 book@chwa.com.tw

臺北總公司(北區營業處)
地址：23671 新北市土城區忠義路 21 號
電話：(02) 2262-5666
傳真：(02) 6637-3695、6637-3696

南區營業處
地址：80769 高雄市三民區應安街 12 號
電話：(07) 381-1377
傳真：(07) 862-5562

中區營業處
地址：40256 臺中市南區樹義一巷 26 號
電話：(04) 2261-8485
傳真：(04) 3600-9806(高中職)
　　　(04) 3601-8600(大專)

歡迎加入 全華會員

● 會員獨享

會員享購書折扣、紅利積點、生日禮金、不定期優惠活動…等。

● 如何加入會員

掃 QRcode 或填妥讀者回函卡直接傳真 (02) 2262-0900 或寄回，將由專人協助登入會員資料，待收到 E-MAIL 通知後即可成為會員。

如何購買 全華書籍

1. 網路購書

全華網路書店「http://www.opentech.com.tw」，加入會員購書更便利，並享有紅利積點回饋等各式優惠。

2. 實體門市

歡迎至全華門市（新北市土城區忠義路 21 號）或各大書局選購。

3. 來電訂購

(1) 訂購專線：(02) 2262-5666 轉 321-324
(2) 傳真專線：(02) 6637-3696
(3) 郵局劃撥（帳號：0100836-1　戶名：全華圖書股份有限公司）

※ 購書未滿 990 元者，酌收運費 80 元。

全華網路書店 www.opentech.com.tw
E-mail: service@chwa.com.tw

※ 本會員制如有變更則以最新修訂制度為準，造成不便請見諒。

讀者回函卡

掃 QRcode 線上填寫 ▶▶

姓名：　　　　　　　　生日：西元　　　年　　月　　日　　性別：□男 □女

電話：（　　）　　　　　　　手機：

e-mail：（必填）

通訊處：□□□□□

註：數字零，請用 Φ 表示，數字 1 與英文 L 請另註明並書寫端正，謝謝。

學歷：□高中・職　□專科　□大學　□碩士　□博士

職業：□工程師　□教師　□學生　□軍・公　□其他

學校／公司：　　　　　　　　　　　　　　科系／部門：

· 需求書類：

□ A. 電子 □ B. 電機 □ C. 資訊 □ D. 機械 □ E. 汽車 □ F. 工管 □ G. 土木 □ H. 化工 □ I. 設計
□ J. 商管 □ K. 日文 □ L. 美容 □ M. 休閒 □ N. 餐飲 □ O. 其他

· 本次購買圖書為：　　　　　　　　　　　　　　　書號：

· 您對本書的評價：

封面設計：□非常滿意　□滿意　□尚可　□需改善，請說明
內容表達：□非常滿意　□滿意　□尚可　□需改善，請說明
版面編排：□非常滿意　□滿意　□尚可　□需改善，請說明
印刷品質：□非常滿意　□滿意　□尚可　□需改善，請說明
書籍定價：□非常滿意　□滿意　□尚可　□需改善，請說明
整體評價：請說明

· 您在何處購買本書？

□書局　□網路書店　□書展　□團購　□其他

· 您購買本書的原因？（可複選）

□個人需要　□公司採購　□親友推薦　□老師指定用書　□其他

· 您希望全華以何種方式提供出版訊息及特惠活動？

□電子報　□DM　□廣告（媒體名稱　　　　　　　　）

· 您是否上過全華網路書店？（www.opentech.com.tw）

□是　□否　您的建議

· 您希望全華出版哪方面書籍？

· 您希望全華加強哪些服務？

感謝您提供寶貴意見，全華將秉持服務的熱忱，出版更多好書，以饗讀者。

填寫日期：　　/　　/

2020.09 修訂

親愛的讀者：

感謝您對全華圖書的支持與愛護，雖然我們很慎重的處理每一本書，但恐仍有疏漏之處，若您發現本書有任何錯誤，請填寫於勘誤表內寄回，我們將於再版時修正，您的批評與指教是我們進步的原動力，謝謝！

全華圖書　敬上

勘　誤　表

書　號		書　名	作　者
頁　數	行　數	錯誤或不當之詞句	建議修改之詞句

我有話要說：（其它之批評與建議，如封面、編排、內容、印刷品質等・・・）